职业教育国家在线精品课程

浙江省高职院校"十四五"重点立项建设教材

高等职业教育计算机系列教材

U0287652

网页制作
（HTML5+CSS3）

郑 哲 傅 冬 主 编

孙超红 李兆明 卢秋锦 副主编

葛茜倩 主 审

电子工业出版社·

Publishing House of Electronics Industry

北京·BEIJING

内 容 简 介

基于工业和信息化部 1+X 职业技能等级证书《Web 前端开发职业技能等级标准》（初级），本书以静态网页制作所需的 HTML5 及 CSS3 语法为主要内容，包括 10 个项目，分别为开发前的准备、HTML 基础、使用 CSS 基本选择器美化页面、使用 CSS 高级选择器美化页面、盒子模型、表格和表单、浮动和定位、Flex 布局、过渡和动画、多媒体应用。通过学习本书，学生能够掌握网页制作开发工具的使用方法、开发流程和实用技能，为自己的职业发展打下坚实的基础。

本书主要面向高职院校和应用型本科院校，适合想要学习网页制作的初学者和进阶者，也适合有一定基础的开发人员，以进一步提高自己的技能。本书可以作为高职高专院校计算机类、电子信息类、电子商务类等专业的教材，也可以作为开放大学、中职学校、培训机构的教材，以及从事网站开发及应用的社会工作者的参考用书。

图书在版编目（CIP）数据

网页制作：HTML5+CSS3 / 郑哲，傅冬主编.

北京：电子工业出版社，2025. 2. -- ISBN 978-7-121-49437-6

Ⅰ. TP312.8；TP393.092.2

中国国家版本馆 CIP 数据核字第 20250H41R7 号

责任编辑：杨永毅
印　　刷：三河市鑫金马印装有限公司
装　　订：三河市鑫金马印装有限公司
出版发行：电子工业出版社
　　　　　北京市海淀区万寿路 173 信箱　　　　　邮编：100036
开　　本：787×1 092　　1/16　　印张：20.25　　字数：545 千字
版　　次：2025 年 2 月第 1 版
印　　次：2025 年 2 月第 1 次印刷
印　　数：1 200 册　　定价：59.80 元

凡所购买电子工业出版社图书有缺损问题，请向购买书店调换。若书店售缺，请与本社发行部联系，联系及邮购电话：(010) 88254888，88258888。

质量投诉请发邮件至 zlts@phei.com.cn，盗版侵权举报请发邮件至 dbqq@phei.com.cn。

本书咨询联系方式：(010) 88254570，xujj@phei.com.cn。

网页制作是 Web 前端技术的重要组成部分。无论是传统互联网应用系统、跨界移动应用开发，还是大数据、人工智能、数字孪生和云计算等新兴领域，都离不开网页制作这一重要技术基础。

本书是浙江省职业教育在线精品课程"网页制作（HTML5+CSS3）"的配套教材，也是浙江省课程思政示范课程"网页制作（HTML5+CSS3）"的配套教材，同时还是 2023 年职业教育国家在线精品课程的配套教材。本书深度结合对应的职业技能大赛技术文件和试题，教师可以通过项目引领、任务驱动、师生结对的形式开展教学内容。同时，本书深入学习贯彻党的二十大精神，推进文化自信自强，弘扬民族的、科学的、大众的社会主义文化。书中选取的案例大多源自国内文化教育行业、科技创新行业等的优秀案例，在培养学生技能水平的同时，更加注重为学生讲好中国故事、传播好中国声音。

本书的主要特色介绍如下。

1．覆标准

本书由 1+X 职业技能等级标准制定企业的技术总监李兆明把关书中的内容与行业技术的贴合度，并以《Web 前端开发职业技能等级标准》（初级）为框架，分为 10 个项目，覆盖开发前的准备、HTML 基础、使用 CSS 基本选择器美化页面、使用 CSS 高级选择器美化页面、盒子模型、表格和表单、浮动和定位、Flex 布局、过渡和动画、多媒体应用。本书结合线上开放平台，便于教师开展混合式教学设计。建议混合式教学总学时为 48 学时，这样可满足大多数院校对于该课程的日常教学需要。

2．融思政

本书深入贯彻党的二十大精神，深入实施科教兴国战略、人才强国战略、创新驱动发展战略。书中的案例主要围绕信息技术领域的新技术、新产业，内容积极向上。项目中的思政课堂让学生在学习过程中，充分认识到我国发展独立性、自主性、安全性的重要性，激发学生的爱国情怀。本书在注重知识、技能提升的同时，实现课程与思政同向同行。

3．巧启发

本书摒弃传统的平铺直叙、面面俱到的陈述方式，基于结对编程开发模型，以虚拟教师和学生之间的启发诱导形式，展开教材内容，不仅更加符合初学者的阅读视角，还能解决经常困扰初学者学习的难点、要点。同时，本书提供与职业技能相关的资源、作业和试题，为快速提高学生的专业技能提供了丰富的学习资源。

4. 重实操

在内容设计上，本书将知识点融入项目开发的各项子任务中。本书以项目为引领，以任务为驱动，实现边做、边学、边引导的教学模式。

5. 多资源

对于学生，本书项目中提供了微课视频二维码。学生可以通过扫描二维码，在移动终端中实现快速、高效学习；还可以在浙江省高等学校在线开放课程共享平台中搜索"网页制作"加入课程，并下载书中配套的全部素材，与在校师生进行线上讨论、交流和互动。

对于教师，本书提供了全套的教学大纲和教学计划，以及教学课件、作业和参考答案，书中所有的源代码都以 Gitee 开源库的方式免费开放。教师可以在浙江省高等学校在线开放课程共享平台中引入课程，实现课程资源的共享、共建；还可以定时发布作业、测验和考试，大大方便了教师开展基于线上、线下的混合式教学。

6. 可同步

自 2021 年开始，课程团队与新疆石河子职业技术学院开展了基于清华大学雨课堂的异地同步克隆课探索，经过多年打磨，与新疆石河子职业技术学院共同组建了教材编写团队，解决了东、西部不同教学背景下的教材需求。这不仅让本书具有更好的适应性，还为教育公平视角下东、西部教材资源协同发展做出探索性的贡献。

本书由宁波城市职业技术学院的郑哲和新疆石河子职业技术学院的傅冬担任主编，由北京中软国际的李兆明，宁波城市职业技术学院的孙超红、卢秋锦担任副主编，由浙江工商职业技术学院的葛茜倩担任主审。本书在编写过程中，得到了宁波城市职业技术学院的徐济惠、潘世华、毛特瑞、林聪等的大力支持与帮助，在此向他们表示诚挚的谢意。

本书是浙江省教育厅 2022 年省级课程思政教学项目建设立项项目（文件编号：浙教函〔2022〕51 号，序号：687），同时也是教育部 2023 年职业教育国家在线精品课程。

为了方便学生学习，本书配有教学课件、知识点和技能点微视频、实训手册及参考答案等相关资源，请有此需要的学生登录华信教育资源网注册后免费下载，如有问题可在网站留言板留言或与电子工业出版社联系（E-mail：hxedu@phei.com.cn）。

教材建设是一项系统工程，需要在实践中不断完善和改进。由于编者水平有限，书中难免存在疏漏和不足之处，敬请同行专家和广大读者给予批评与指正。

编　者

目 录

项目 1

开发前的准备

思政课堂

随着全球新一轮科技革命和产业变革突飞猛进，新一代信息通信、生物、新材料、新能源等技术不断突破，并与先进制造技术加速融合，为制造业高端化、智能化、绿色化发展提供了历史机遇。当前，我国已转向高质量发展阶段，正处于转变发展方式、优化经济结构、转换增长动力的攻关期，基于新一代信息技术与先进制造技术的深度融合，培养复合型人才，加快构建智能制造发展生态，持续推进制造业数字化转型，为促进制造业高质量发展、加快建设制造强国、发展数字经济、构筑国际竞争新优势提供有力的支撑。

学习目标

- 了解 Web 前端技术的发展现状
- 掌握全栈工程师的技术特点
- 掌握 Web 开发环境搭建的基本步骤
- 掌握网站工作原理

技能目标

- 能正确使用浏览器实现页面访问和请求
- 能观察与分辨本地页面访问和服务器请求的区别
- 能安装软件、搭建开发环境并编写测试页面

素养目标

- 明确职业岗位道德标准
- 培养网络安全思想和技术报国情怀
- 培养严谨务实的劳动态度
- 培养不断探索、勇于创新的精神

1.1 Web 前端技术简介

Web 前端技术难学吗？

> 👨‍💼 Web 前端技术主要包括静态网页设计和动态交互，前者主要通过 HTML5 和 CSS3 等相关技术实现，而后者主要通过 JavaScript、jQuery 等动态交互技术实现。例如，使用 PPT 软件，虽然软件本身功能不多，学着也觉得不难，但要通过它制作一件"艺术品"，那就是另一回事了。如果没有一点艺术修养，缺乏常见的配色理论知识，不投入足够的时间与精力去实践一番，那么要制作出专业的网页还真不是一件容易的事。

1.1.1 Web 前端开发职业技能等级标准

2019 年为贯彻落实《国家职业教育改革实施方案》，积极推动"学历证书+若干职业技能等级证书"制度，进一步完善计算机软件行业技术技能专业标准体系，为技术技能人才教育和培训提供科学、规范的依据，工业和信息化部教育与考试中心依据当前计算机软件行业发展的实际情况，在实施工业和信息化人才培养工程 Web 前端开发专业技术技能人才培养项目的基础上，以及在教育部的指导下，组织有关专家编写了《Web 前端开发职业技能等级标准》（以下简称"标准"）。

该标准将 Web 前端开发职业技能分为初、中、高 3 个等级，其中，初级证书持有者具有静态网页设计开发能力；中级证书持有者具有动态网页设计开发能力；高级证书持有者具有复杂网页设计开发能力和网站架构设计规划能力。

1.1.2 什么是全栈工程师

"全栈"翻译自英文 full-stack，表示为了完成一个项目所需要的一系列技术的集合。"栈"是指一系列子模块的集合。全栈工程师（full-stack engineer）也叫全端工程师，是指掌握多种技能、对前端知识和后端架构都有深入的了解，并且拥有足够的学习能力，能利用多种技能解决问题、独立完成产品的人。

全栈工程师熟悉多种开发语言，同时具备前端和后端开发能力，对从需求分析、原型设计到产品开发、测试、部署、发布的全流程都十分熟悉。

> 👨‍💼 假如你是一个 Web 开发者，你既能开发前端（需要熟悉 HTML、CSS、JavaScript、H5，以及 Bootstrap、EasyUI 等各种前端框架），又能开发后端（需要熟悉 Java、ASP.NET、PHP、Node.js 或 Go 等），同时可以独立完成一个简单的电子商务网站的制作，那么你就算是全栈工程师了。
>
> 简单来说，全栈工程师就是可以独立开发产品的人。全栈工程师的思维方式更开阔、更新颖、更综合，其强大的学习能力体现在方方面面，并且不局限于特定的知识或技能。

1.1.3 哪些人适合学 Web 前端

（1）**大学毕业生**：大学毕业生的人数越来越多，其就业面也越来越宽。随着互联网相关企业的蓬勃发展，越来越多的人看到了 Web 前端工程师这一有利职位，其技术门槛相对较低，需求量较大，薪资待遇良好，具备广阔的发展空间。此外，对大学毕业生而言，其在校园储备的知识量还是很适合继续深造的。

（2）**设计师**：设计师学习 Web 前端是一种比较常见的情况，因为设计师通常都或多或少地了解一些 Web 前端方面的知识，所以他们可能会对其样式和数据分离的特性产生兴趣。设计师出身的 Web 前端工程师有一个优势是他能更好地把握设计稿的表现重点。

（3）**电商推广从业者**：移动互联网应用的大量普及造就了许多商业运营的新模式，线上/线下的电商促销活动都需要大量应用推广和活动促销页面的策划与制作，最终通过移动端、PC 端快速地分发给终端用户，形成高流量、高频的商业新模式。因此，无论是电商平台提供者，还是线上店铺的商家都需要雇佣大量熟悉 Web 前端页面设计与制作的员工。

（4）**网虫**：随着互联网的普及，越来越多的青少年很早便接触了互联网，如玩 3D 游戏、做网站等，如果想学点与互联网相关的内容，那么首选自然是 Web 前端。

（5）**策划编辑**：现代的策划编辑类人员不仅要熟悉文字和图形的创作，还要顺应时代潮流，需要对常见的代码有一定的认识和了解，学习 Web 前端的相关知识。

（6）**后端工程师**：Web 前端作为与代码有关的工作，适合后端工程师学习。由于思维方式相似，因此后端工程师经常会因业务需求或能力倾向被推到前端工作，实现基于 AJAX 和各种复杂架构的 Web 应用，这种情况非常普遍。

1.1.4 W3C 组织与 W3C 标准

W3C 是万维网联盟（world wide web consortium）的英文简写。它创建于 1994 年，是国际上最著名的标准化组织之一，主要致力于 Web 技术的标准化。

为解决 Web 应用中不同平台、技术和开发者带来的不兼容问题，保障 Web 信息的顺利和完整流通，W3C 组织制定了一系列标准，并负责督促 Web 应用开发者和内容提供者遵循这些标准。标准的内容包括使用语言的规范、开发中使用的导则和解释引擎的行为等。W3C 组织也制定了包括 XML 和 CSS 等众多影响深远的标准规范，有效促进了 Web 技术互相兼容，对互联网技术的发展和应用起到了基础性与根本性的支撑作用。

1.2 认识网页

随着移动互联网的迅速发展，每天都会产生大量的信息在网络中传播，如医疗、娱乐、教育等方面的信息，形形色色的网络应用充斥着人们生活的每个角落。当人们徜徉其中，各得其乐时，是否想知道这些网页是如何构成的，又是如何制作的呢？关心 Web 前端开发技术的用户也许听过 HTML、CSS、JavaScript、jQuery、AJAX、React、Angular、Vue、Node.js 等技术和框架，这些不同的技术和框架又该如何学习呢？事实上，不管 Web 前端开发技术如何发展，其核心就在于 HTML、CSS、JavaScript 这 3 种技术。只有牢固掌握这些核心技术才能顺利学习 React、Vue、Angular 这类前端框架。毕竟这些框架层出不穷，更新又快，有些昙花一现只流行一时。从这个意义来看，掌握基础的原生语言是网页开发技能初学者的基本功。

1.2.1 网页与网站

用户通过浏览器看到的包含表单、文字、图片、链接，有时还包含动画、音频、视频等内容的页面，被称为网页（web page）。网站（website）就是各种各样内容的网页及其相关资源的集合，有的网站包含的信息内容繁多，如腾讯、网易这样的门户网站；而有的网站可能只有几个产品页面，如小型公司的产品网站，但它们都是由多个基本网页构成的。

在这些网页中，有一个特殊的网页，它是浏览者输入某网站的域名后看到的第一个网页，它有一个专用的名称——主页（homepage），通常也被称为"首页"。

> 正因为主页是浏览一个网站的起始网页，所以主页有时也就成了网站的代名词。例如，日常讲的"个人主页"，它本质是分享个人爱好、日志的网站，而不是具体的某个页面。

1.2.2 网页的构成要素

虽然网页的形式和内容各不相同，但是网页的构成要素是大体相同的。以图 1-1 为例，网页的构成要素如下。

图 1-1 网页的构成要素

- **文字和图片**：它们是网页的基本构成要素，早期的网页主要通过文字或图片来表达内容。
- **链接**：它分为"文字链接"和"图片链接"，只要浏览者单击带链接的文字或图片，网页就可以自动跳转到对应的文件或网址。这让不计其数的网页链接交错在一起，使网络成为一个整体，这也正是网页的魅力所在。
- **动画**：目前常见的动画类型有 Flash 动画、GIF 动画、CSS3 动画和使用 JS 控制的脚本动画。通常运动的内容比静止的内容要更吸引人的注意力，所以精彩的动画让网页变得魅力四射。
- **表单**：它是一种可以在浏览者与服务器之间进行数据信息"交互"的控件集合体，使用表单可以实现信息搜索、数据提交等交互功能。
- **音/视频**：如今，网页不再局限于播放单调的 MIDI 音乐，它已经发展为了一个能够展示视频、直播和游戏的新兴平台。

1.3 网站工作原理

当用户打开浏览器输入网址时，如输入教育部的网址，并按"Enter"键，这就意味着客户端（client）向互联网（internet）发送了一个请求（request），该请求通过互联网的不同设备路由被转发到 Web 服务器（web server）上。Web 服务器是一个驻留在互联网上的计算机程序，它可以处理浏览器等 Web 客户端的请求并返回相应响应，将放置在其上的网站文件提供给用户浏览，最终通过浏览器呈现出用户能够直观查看的页面，网站工作原理如图 1-2 所示。

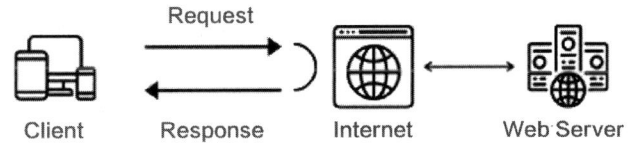

图 1-2　网站工作原理

👨 幸运的是，这些处理过程非常快速（通常都是毫秒级的），后台技术处理了所有复杂的细节，对前台的用户而言只需打开一个浏览器、输入网址、查看请求页面在浏览器中的显示。

任务 1-1　使用浏览器访问课程网站

📝 使用浏览器，按照下列步骤打开课程网站，并查看页面显示效果。

在计算机设备中，选取任意一款主流浏览器工具（推荐 Google Chrome 浏览器），在地址栏中输入如下地址，按"Enter"键，并查看页面显示结果。

www.moe.gov.cn

👨 仔细观察一下你的地址栏，发生了什么变化？

🧑 在地址栏中，自动添加了 http://。

👨 HTTP 是请求中包含的协议名称，除此之外，HTTPS、FTP 等都是协议名称。初学者比较容易搞混的就是 HTTP 和 HTTPS，下面简单了解一下这两个协议和它们之间的区别吧。

　　HTTP 全名是 hypertext transfer protocol，即"超文本传输协议"。它是一种用于分布式、协作式和超媒体信息系统的应用层协议。简单来说，HTTP 就是一种发布和接收 HTML 页面的方法，用于在 Web 浏览器和网站服务器之间传递信息。

　　HTTPS 全名是 hypertext transfer protocol secure，即"超文本传输安全协议"。它是一种通过计算机网络进行安全通信的传输协议。HTTPS 经由 HTTP 进行通信，但利用 SSL/TLS 来加密数据包。HTTPS 开发的主要目的是提供对网站服务器的身份认证，确保交换数据的私密性与完整性。

🧑 HTTPS 更加安全，是不是现在很多网站都采用 HTTPS？

👨 没错，出于安全的考虑，现在很多主流网站都采用 HTTPS。HTTPS 和 HTTP 在开发过程中一个非常重要的区别：HTTP 默认工作在 TCP 的 80 端口，而 HTTPS 默认工作在 TCP 的 443 端口。至于这两个协议的工作原理和详细区别，已经超出了本书的讨论范围，大家可以查阅计算机网络基础的相关书籍。

🧑 那什么是端口呢？它不需要在地址中写出来吗？

如果把服务器地址比作一间房子，则端口就是出入这间房子的门，它是一个 $0 \sim 2^{16}$ 之间的整数。默认端口可以不用书写出来，但是如果访问的不是默认端口，则需要在地址栏中明确书写出来，并使用冒号分隔。例如，http://localhost:8081 使用 8081 端口来访问对应的资源。表 1-1 列举了常用协议及其默认端口。

表 1-1 常用协议及其默认端口

协议	端口	说明
FTP	21	FTP 服务器所开放的默认端口
HTTP	80	超文本传输协议
HTTPS	443	使用 SSL/TLS 对数据包进行加密，HTTP 传输
SMTP	25	简单邮件传送协议，用于发送邮件
POP3	110	邮件接收协议

原来是这样，那 www.moe.gov.cn 一定就是服务器地址了吧。

是的，这里的 www.moe.gov.cn 是一个域名（domain name）。域名是互联网基础架构的重要组成部分，它的出现是为了给人们提供可理解的网络地址。

自从有了互联网，对于任何连接到互联网的计算机，用户都可以通过一个公共 IP 地址访问到。对 IPv4 地址来说，该地址有 32 位，通常被写成 4 个范围在 0～255，并由点分隔的数字（如 223.252.199.73）；而对 IPv6 地址来说，该地址有 128 位，通常被写成 8 组由冒号分隔的 4 个十六进制数（如 2027:0da8:8b73:0000:0000:8a2e:0370:1337）。计算机可以很容易地处理这些 IP 地址，但人们在使用它们时却很难记忆和书写。更麻烦的是，IP 地址可能会随着时间的推移而发生改变。为了解决这些问题并方便人们记忆，可以使用域名来对应 IP 地址。例如，使用 http://www.moe.gov.cn/ 来对应 223.252.199.73。

任务 1-2 使用域名访问课程网站

请使用 moe.gov.cn 作为请求地址，再次通过浏览器访问课程网站，并查看结果

本任务中的请求地址和任务 1-1 中的请求地址的区别是少了 www。但显示的页面结果还是一样的，这是为什么？

www.moe.gov.cn
① ② ③ ④

图 1-3 域名结构

要想知道原因，就需要知道域名的基本结构。如图 1-3 所示的域名拥有一个固定的结构，通常由点分隔成几个部分。在理解域名时，需要从右往左阅读。

图 1-3 中的④也被称为顶级域名（top-level domain name），它表示用户域名所提供的服务类型。例如，包含顶级域名.cn 和.us（分别代表中国和美国）等的域名表示必须提供指定语言的服务器或托管在指定国家；包含顶级域名.gov 的域名通常只能被政府部门使用；包含顶级域名.edu 的域名只能被教育或研究机构使用；包含顶级域名.org 的域名主要适用于各种类型的组织机构，包括非营利组织等；包含顶级域名.com 的域名一般表示企业性质的网站。

gov.cn 是一个一级域名，.gov 是政府机构的顶级域名，.cn 是中国国家顶级域名，位于一级域名之前的 moe 是一个二级域名，通常用来表示某个特定的机构或部门，这里它是教育部

的英文简称。它们与图 1-3 中的①对应的 www 构成了一个三级域名。当人们在工程实践中解析域名时，在默认的情况下，www.moe.gov.cn 这个三级域名会指向它的二级域名 moe.gov.cn。因此，在地址栏中输入的 moe.gov.cn 会被解析成对应的 www.moe.gov.cn。

 技巧

> 同样地，www.do**in.com 这样的二级域名会指向它的一级域名 do**in.com，从而在实际访问时，可以省略 www。

1.4　常用开发工具简介

目前，前端开发工具非常多，如 Dreamweaver、Sublime Text、Atom、HBuilderX、VSCode、WebStorm 等，而初学者面对这么多工具往往是不知所措、无从下手的。要想选择合适的开发工具，还需要对这些常用开发工具的特性有所了解。

VSCode（visual studio code）是一款由微软开发且跨平台的免费开源软件，它的界面如图 1-4 所示。该软件支持语法高亮、代码自动补全（又称 intelliSense）、代码重构、查看定义功能，并且内置了命令行工具和 Git 版本控制系统。用户可以通过更改主题和键盘快捷方式以实现个性化设置，也可以通过内置的扩展程序商店安装扩展插件以拓展软件功能。

图 1-4　VSCode 的界面

> 👨 这些品种繁多的扩展插件可以让你快速搭建出进行网站开发的集成环境，非常适合那些喜欢 DIY 的用户，在按需定制、灵活配置、享受个性化的同时，能很好地体验 VSCode 插件的开放生态系统。

> 👨 也就是说，通过 VSCode 这款免费开源软件，我可以像拼乐高那样，根据不同的项目任务，选择合适的插件工具搭建对应的开发环境是吗？

> 👨 是的，正因为它的可玩性比较高，所以深受专业用户的喜爱。

Dreamweaver 旨在让代码设计人员更快地进行 Web 开发，为用户提供更加便捷的功能，它的界面如图 1-5 所示。它通过提供全面的工具来创建、设计、编码与发布响应式网站和 Web 程序，使用户能够更加轻松地进行各种精美网页的制作和发布，并能够很好地适配各种浏览器及设备。另外，它还通过集成实时浏览器来提供实时预览功能，在简化代码实现、提高性能的同时，保持代码的整洁性。为帮助用户提高网站的开发速度，它还提供了众多模板，用户可以直接在这些模板上进行快速构建和修改，省时又省力。

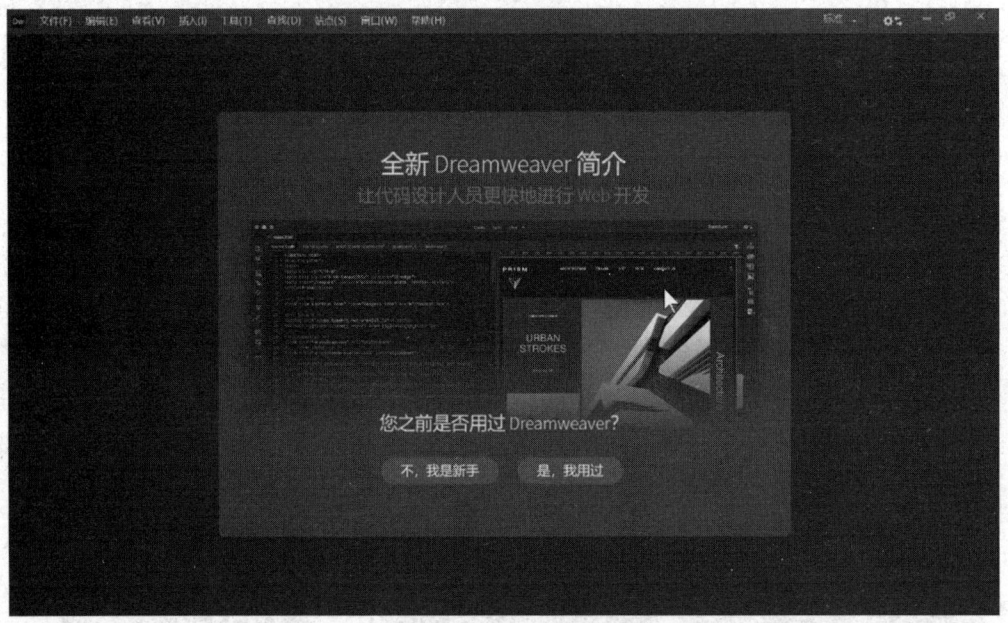

图 1-5　Dreamweaver 的界面

Dreamweaver 是源自 Adobe 的一款老牌商业软件，其功能是提供一个高效、易学、好用的网站设计开发一体式集成开发平台，该软件自带网站开发所用到的常用工具，用户无须安装额外的插件。最妙的还在于作为 "Adobe 全家桶" 的一员，它与 Photoshop 等其他产品可以实现无缝对接。但是，在享受 "开袋即用" 的优点时，Dreamweaver 也失去了 VSCode 丰富的免费功能插件的支持。网页开发技术的快速发展往往让用户承受焦急等待官方更新的痛苦，因为只有软件更新了，用户才能使用新技术和框架。

不过，对于像我这样的 "菜鸟"，有人帮我搭建好一个高效的集成环境，能快速上手并做出东西还是挺重要的。

HBuilderX 是国内 DCloud（数字天堂）推出的一款支持 HTML5 的 Web 开发 IDE。又轻又快是 HBuilderX 的突出优势，通过完整的语法提示和代码输入法、代码块等，大幅度提升HTML、JS、CSS 的开发效率。由于最新的 HBuilderX 产品基于 Eclipse，其主体由 Java 编写，因此它顺其自然地兼容了 Eclipse 的插件，界面如图 1-6 所示。HBuilderX（也被简称为 HX）中的 H 是 HTML 的首字母，Builder 表示构造者，X 表示 HBuilder 的下一代版本。HBuilderX 是轻如编辑器、强如 IDE 的合体版本。

VSCode、HBuilderX 都是以轻快好用作为自己的特色吗？

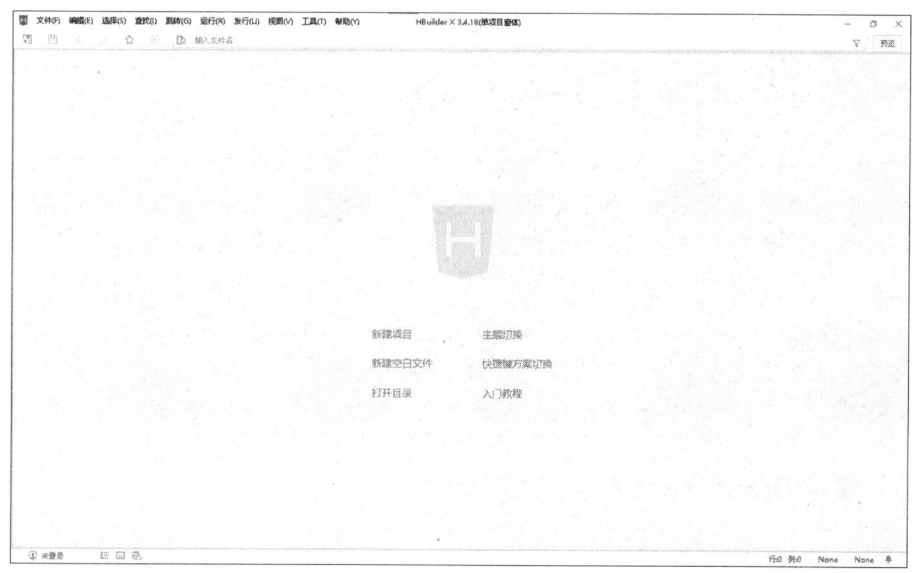

图 1-6　HBuilderX 的界面

　"天下武功，唯快不破"，对开发人员而言，熟悉一个轻快好用的工具是非常重要的。HBuilderX 是基于开源开发平台 Eclipse 的插件架构进行拓展开发的产品，并且针对网页和移动开发进行了特殊的优化。VSCode 是微软团队开发的现代化轻量级代码编辑器，其团队成员很多都是来自 Eclipse 项目组的开发人员，因此 VSCode 天生自带了 Eclipse 的"微内核+扩展"的产品设计理念。

常用开发工具产品特性对照如表 1-2 所示。

表 1-2　常用开发工具产品特性对照

序号	产品	开源	轻量级	可扩展	备注	易用性
1	Eclipse	是	是	是	提供 Web 开发的集成套件	★★★
2	VSCode	是	是	是	通过扩展插件进行开发环境的定制	★★★
3	HBuilderX	否	是	是	针对 Web、移动开发优化有一定的扩展性	★★★★
4	Dreamweaver	否	否	否	与 Adobe 产品集成，具有从设计、开发到发布的全流程集成环境	★★★★

 常见问题

虽然 Eclipse 和 VSCode 都可以通过插件进行扩展，但是这两款产品的插件各成体系，无法直接使用对方的插件，而 HBuilderX 和 Eclipse 系出同门，它们的插件可以相互通用。

技巧

从产品的轻量级角度看，Eclipse 可提供最小的微内核架构；VSCode 在此基础上集成了常用的代码编辑、版本管理等轻量级功能；HBuilderX 集成了更多适用于网页开发、移动开发的集成开发环境；Dreamweaver 是这几款开发工具中自带功能最为全面的集成开发环境。这些特征也可以从产品的安装文件大小上得到验证。

> 那作为零基础的用户，应该如何选择第一款开发工具呢？

这些开发工具各有特色，口碑也因人而异。由于 Dreamweaver 功能齐全，是一款具备网页开发全流程的集成开发环境，其一致性的用户开发界面便于教学和演示，因此对于没有代码编写经验的用户更为适用。同时，为满足本专业学生和专业爱好者的学习需求，以更好地对接 1+X Web 前端开发职业技能等级考试（考试要求选用国产软件 HBuilderX），本书重点演示了 Dreamweaver 和 HBuilderX 的相关操作。至于其他工具的使用方法，大家可以举一反三，或者通过百度搜索了解。虽然操作有所不同，但是页面的最终显示效果取决于 HTML 代码和 CSS 样式代码。只要代码相同，不管使用哪款工具都可以达到同样的效果。

任务 1-3　安装 Dreamweaver

> 根据 Windows 或 macOS 操作系统环境，选择下载相应的 Dreamweaver 版本，并将其安装在指定目录下。

用户可以从官网产品页面中下载 Dreamweaver 的最新试用版。双击下载的 Set-up.exe 文件即可执行安装程序。

在安装过程中需要设置两个重要选项，一是语言，这里选择默认的"简体中文"选项；二是位置，软件默认被安装在系统盘中，单击文件夹图标，在弹出的下拉列表中选择"更改位置"选项可以自定义安装位置，如图 1-7 所示。例如，将其安装在 M:\Adobe 下。设置完成后，单击图 1-8 中的"继续"按钮继续执行安装。系统将提示如图 1-9 所示的信息表示安装完成，同时在桌面上生成对应的快捷方式图标 Dw 。

在 Windows 10
操作系统中安装
Dreamweaver

图 1-7　设置语言和位置

图 1-8　单击"继续"按钮

双击桌面上生成的快捷方式图标，打开 Dreamweaver。打开后显示如图 1-10 所示的

Dreamweaver 欢迎界面，单击"不，我是新手"按钮后，将打开设置向导。首先，需要选择工作区，这里将它指定为标准工作区，如图 1-11 所示。

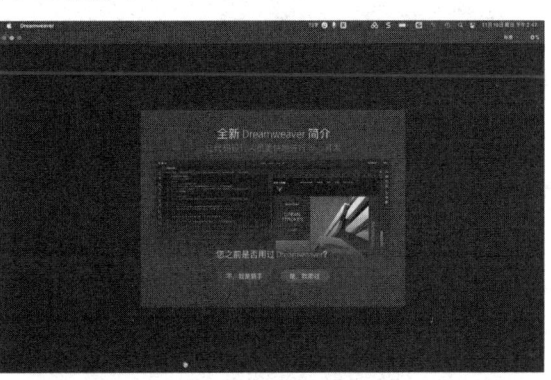

图 1-10　Dreamweaver 欢迎界面

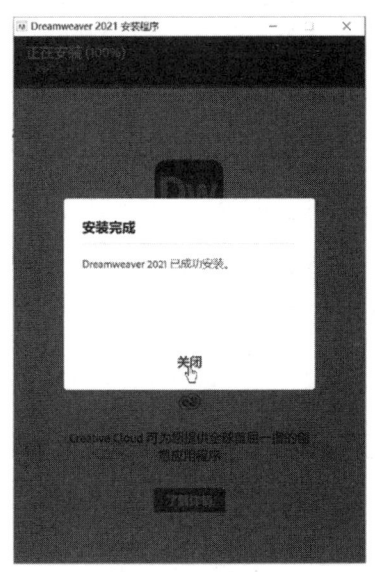

图 1-9　安装完成

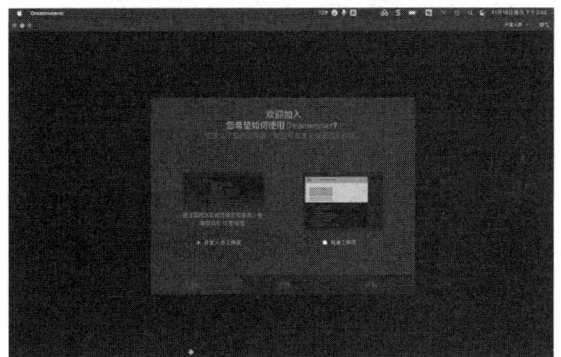

图 1-11　选择工作区

　　然后，根据向导提示选择自己喜欢的颜色主题，这里选择默认配色，如图 1-12 所示。最后，选择开始模式，如图 1-13 所示。选择"从示例文件开始"选项可以打开自带的示例文件。通过该示例文件，用户可以快速了解 Dreamweaver 的相关功能，并测试 Dreamweaver 是否安装正确。

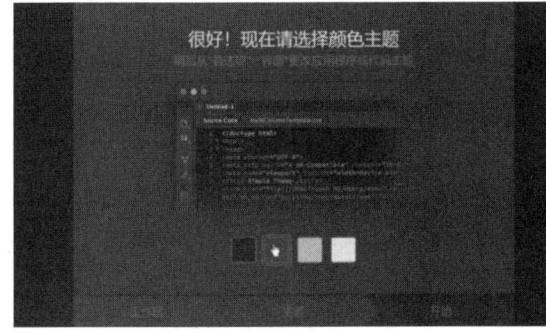

图 1-12　选择颜色主题

图 1-13　选择开始模式

　　图 1-14 展示了 Dreamweaver 的主要工作区。
　　在 macOS 操作系统中安装 Dreamweaver 的方法与之大体相同。首先，从官网中下载后缀名为".dmg"的安装程序文件，双击该文件，开始安装 Dreamweaver，如图 1-15 所示。然后，设置语言和位置，如图 1-16 所示。

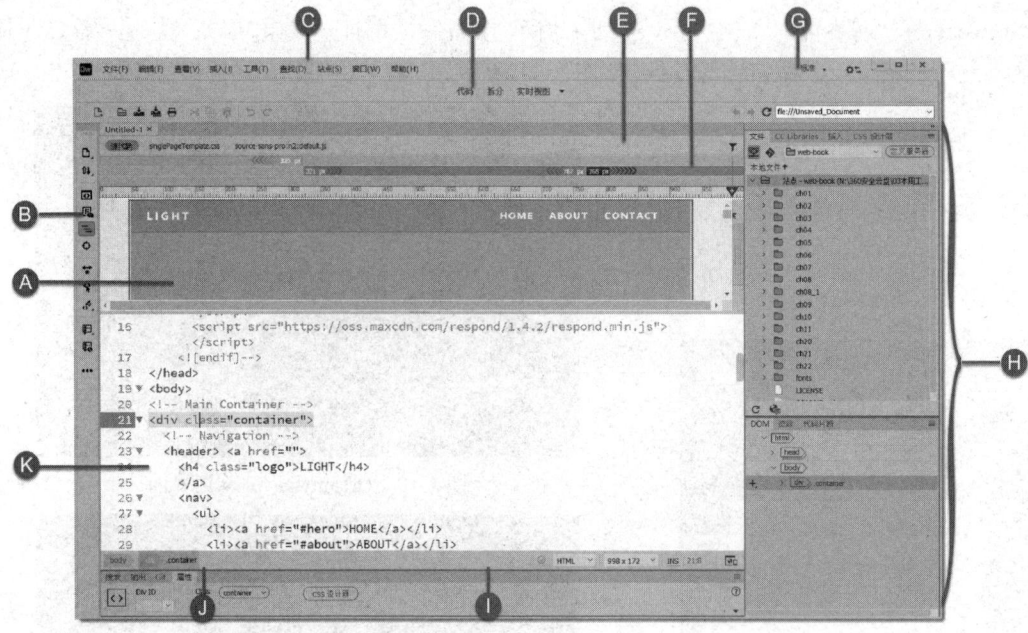

A. 设计视图；B. 常用工具栏；C. 菜单栏；D. 文档工具栏；E. 文档标签栏；
F. 可视媒体查询栏；G. 工作区切换器；H. 面板；I. 状态栏；J. 标签选择器；K. 代码视图。

图 1-14　Dreamweaver 的主要工作区

在 macOS 操作
系统中安装
Dreamweaver

图 1-15　安装 Dreamweaver

图 1-16　设置语言和位置

任务 1-4　安装 HBuilderX

> 根据 Windows 或 macOS 操作系统环境，选择下载相应的 HBuilderX 版本，并将其安装在指定目录下。

在 Windows 10
操作系统中安
装 HBuilderX

用户需要在 HBuilderX 的官网中下载一款适合自身操作系统的对应软件版本。以 Windows 10 操作系统为例，选择如图 1-17 所示的 Windows 标准版，下载后得到类似 HBuilderX.3.2.9.20210927.zip 的压缩包文件。

HBuilderX 是一款纯绿色、免安装的软件。用户只需将压缩包文件中的 HBuilderX 文件夹解压缩到自定义安装路径下，双击文件夹中的 HBuilderX.exe 可执行文件即可打开 HBuilderX，如图 1-18 所示。

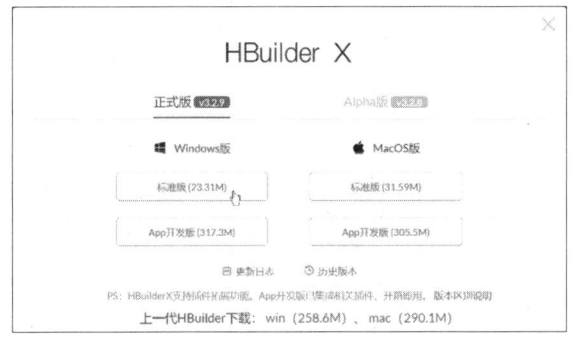

图 1-17　选择 Windows 标准版

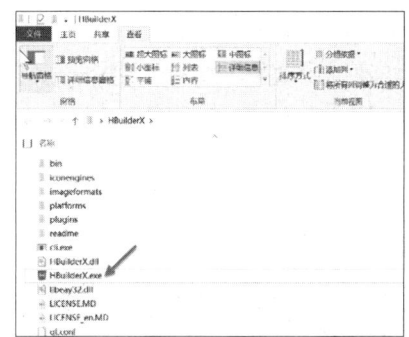

图 1-18　双击 HBuilderX.exe 可执行文件

HBuilderX 同样提供了 macOS 版本，用户可以在官网中下载对应软件版本，如图 1-19 所示。在安装时，将程序图标拖曳到 Applications 文件夹中，如图 1-20 所示。

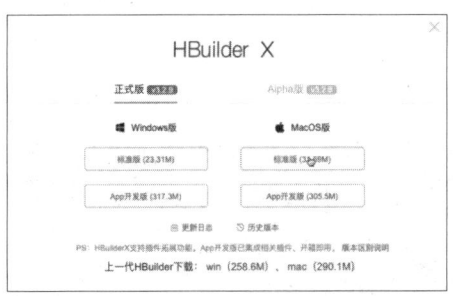

图 1-19　下载 macOS 版本的 HBuilderX

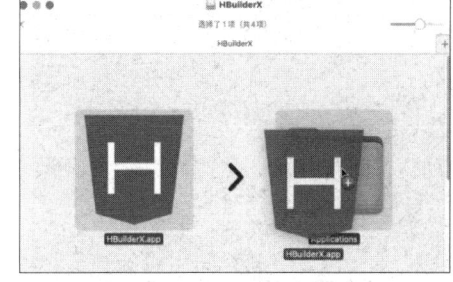

图 1-20　将程序图标拖曳到 Applications 文件夹中

在 macOS 操作
系统中安装
HBuilderX

1.5　创建第一个 HTML 页面

任务 1-5　使用 Dreamweaver 创建第一个 HTML 页面

使用开发工具创建一个站点（或项目），并创建一个 HTML 页面，显示文字"欢迎一起学习 Web 前端技术"。

在创建第一个 HTML 页面之前，还需要创建一个站点，在 Dreamweaver 中，它专门用于存放某个网站的所有相关文档的本地或远程存储位置。利用站点，可以组织和管理所有页面文档与资源。在开发完成后，用户可将站点整体上传到 Web 服务器中，确保页面之间的链接引用关系不变。

使用 Dreamweaver
创建第一个 HTML
页面

 良好的编程习惯

确保新建的每个页面文件都放置在指定的站点（或项目）中。

在 Dreamweaver 的界面中，选择"站点"→"新建站点"命令，如图 1-21 所示。在打开的站点设置对话框中设置"站点名称"为"web"，选择"本地站点文件夹"为"F:\website\"，如图 1-22 所示。

接着，在站点中创建 HTML 页面文件。在 Dreamweaver 的界面中，选择"文件"→"新建"命令，在打开的"新建文档"对话框中，选择"文档类型"为"HTML5"，并单击"创建"按钮，如图 1-23 所示。

　　将光标置于设计视图中，输入"欢迎一起学习 Web 前端技术"。设计视图提供了所见即所得的快速编辑效果。如果在拆分视图下，则用户可以观察到代码视图中的第 9 行也同步发生了变化，如图 1-24 所示。

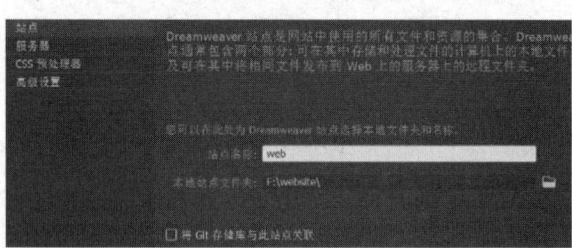

图 1-21　选择"站点"→"新建站点"命令　　　　图 1-22　设置站点名称和本地站点文件夹

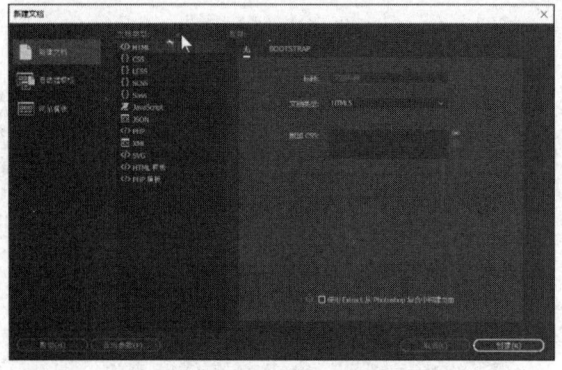

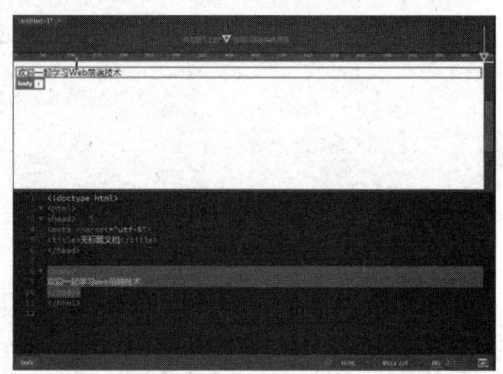

图 1-23　创建 HTML 页面文件　　　　　　　　图 1-24　所见即所得的快速编辑效果

良好的编程习惯

　　　Dreamweaver 对创建的文件默认以 Untitled-x.html 命名，及时将创建的文件进行保存是一个良好的编程习惯。

　　选择"文件"→"保存"命令，将创建的文件保存。打开"另存为"对话框，在"文件名"文本框中输入"index.html"，确认保存的文件夹路径为站点的根目录（本任务中的 F:\website），并单击"保存"按钮，如图 1-25 所示。完成后，Dreamweaver 的"文件"面板中的站点文件树将更新，显示出用户创建的"index.html"节点，如图 1-26 所示。

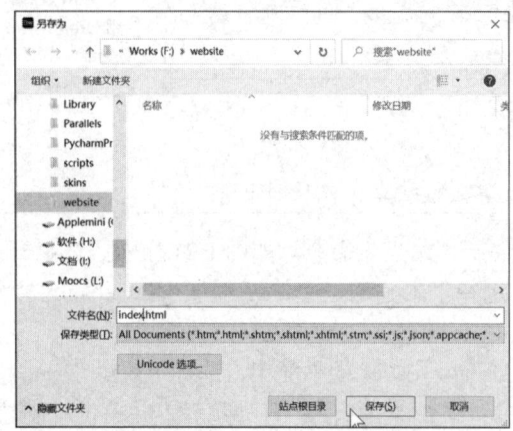

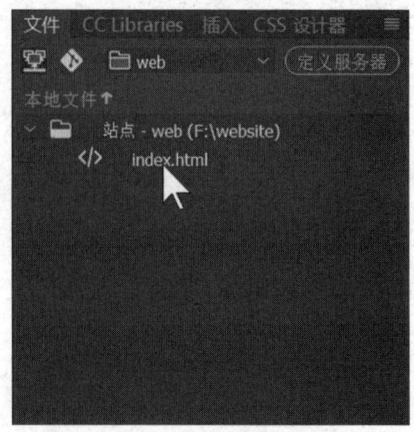

图 1-25　"另存为"对话框　　　　　　　　　　图 1-26　"文件"面板

技巧

单击"另存为"对话框中的"站点根目录"按钮可以快速定位到创建好的当前站点位置。

这里需要补充一些小知识，本书以静态页面制作为主，而 html、htm 都是静态页面文件的默认扩展名。静态页面具有不需要通过服务器编译或解释，直接发送给浏览器显示的特点。另外，文件名 index、default 常常在服务器应用中被配置为网站的首页。

原来 index.html 就是网站的首页，类似于程序语言的 main 是程序的入口。

页面创建完成后，往往需要在不同的浏览器中预览其运行效果。Dreamweaver 提供了便捷的预览操作，单击状态栏右下角的 图标。在打开的浏览器列表中，选择 Google Chrome 浏览器预览页面，如图 1-27 所示。在默认情况下，Dreamweaver 会自动识别用户操作系统上已安装的浏览器，用户也可以在"首选项"对话框的"分类"列表框中选择"实时预览"选项，在"实时预览"选区中自行添加/删除浏览器，并指定一个浏览器作为主浏览器，如图 1-28 所示。

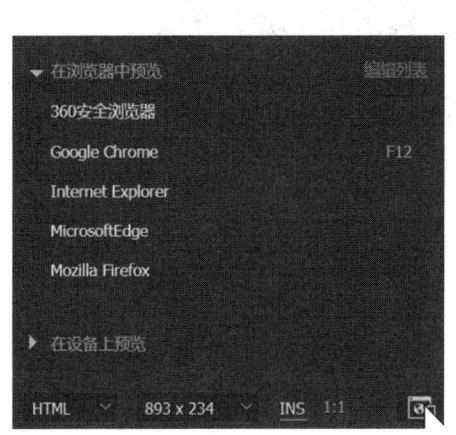

图 1-27　选择 Google Chrome 浏览器预览页面

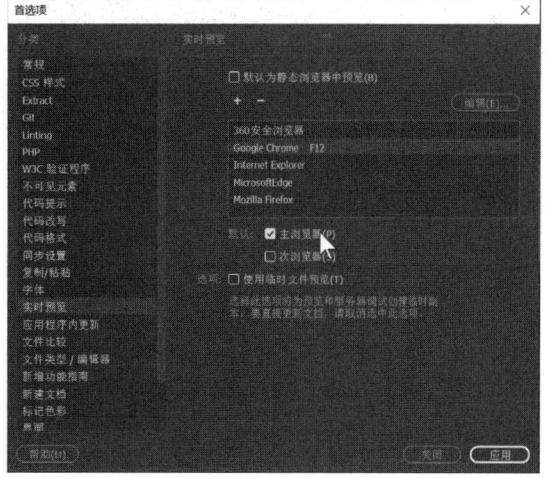

图 1-28　设置主浏览器

技巧

按"F12"键（Windows）或快捷键"Option+F12"（macOS）将打开主浏览器；按快捷键"Ctrl+F12"（Windows）或快捷键"Command+F12"（macOS）将打开次浏览器。

Dreamweaver 自带 Node.js 服务器，并在打开的浏览器窗口中以服务器模式提供页面显示，如图 1-29 所示。根据网站工作原理（见 1.3 节），使用服务器模式进行页面调试，目的就是模拟 Web 服务器交付

图 1-29　服务器模式

页面的真实效果，用户看到的页面就是其将来上传到服务器后的效果。

这种模式被众多主流前端工具使用。尤其在页面中具有服务端执行的动态脚本时，该模式下具有正确的交互反馈。当然，Dreamweaver 也提供了非服务器模式，该模式也被称为静态浏览器模式。

在"首选项"对话框的"分类"列表框中选择"实时预览"选项，在"实时预览"选区中勾选"默认为静态浏览器中预览"复选框，如图 1-30 所示。再次按"F12"键快速预览，此时将显示如图 1-31 所示的页面效果。

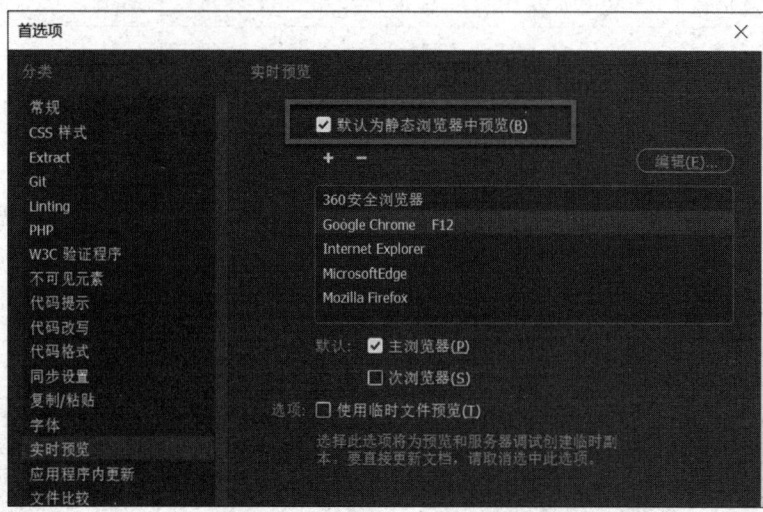

图 1-30 勾选"默认为静态浏览器中预览"复选框

图 1-31 静态浏览器模式下的页面效果

我观察到地址栏中的内容完全不同，服务器模式下地址栏中的内容以 127.0.0.1 开始，而静态浏览器模式下地址栏中的内容类似文件资源管理器的文件路径。

静态浏览器模式下的页面效果和在本地文件夹中直接使用浏览器打开该文件的效果是一样的，它无法执行那些需要服务器执行的动态脚本。因此在制作具有动态脚本效果的页面时，一定要注意这个细节。

技巧

127.0.0.1 是一个特殊的 IP 地址，也被称为"回送地址"（loopback address），指向本地主机，通常用于测试。它与一个系统保留的域名 localhost 对应。通常，使用 127.0.0.1

的地方可以使用 localhost 来替换，如 http://127.0.0.1/index.html 和 http://localhost/index.html 是等价的。

任务 1-6 使用 HBuilderX 创建第一个 HTML 页面

与 Dreamweaver 不同，在使用 HBuilderX 时，站点以项目的形式呈现。因此，首先需要创建一个项目。在 HBuilderX 界面中选择"文件"→"新建"→"项目"命令，在打开的新建项目向导（见图 1-32）中需要进行如下操作：①选择项目类型为"普通项目"；②将项目命名为"web"；③指定项目存放的本地位置（在本任务中，将其存放至"N:/文档/HBuilderProjects"中）；④选择模板为"基本 HTML 项目"；⑤单击"创建"按钮。

使用 HBuilderX 创建第一个 HTML 页面

图 1-32 新建项目向导

> 这里的"项目"对应 Dreamweaver 中的"站点"，它们的作用都是管理该网站的所有资源。

HBuilderX 自动为项目创建 css、img、js 等常用文件夹和 index.html 文档。双击打开 index.html 文档，即可以源代码方式进行编辑，如图 1-33 所示。在第 8 行中输入"欢迎一起学习 Web 前端技术"，可以看到图 1-33 中箭头所指的文档标签上有一个星号（*），用于提示用户这个文档被修改了，尚未保存。用户可以通过选择"文件"→"保存"命令来保存文档。

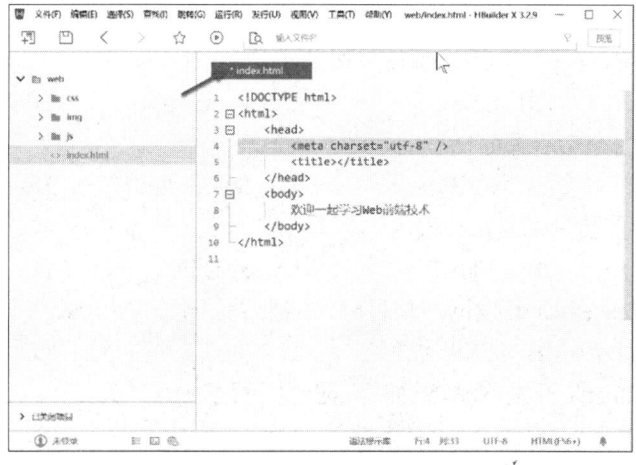

图 1-33 编辑 index.html 文档

单击文档工具栏右侧的"预览"按钮，弹出 HBuilderX 自带的 Web 浏览器，该浏览器会加载并显示当前页面效果，如图 1-34 所示。

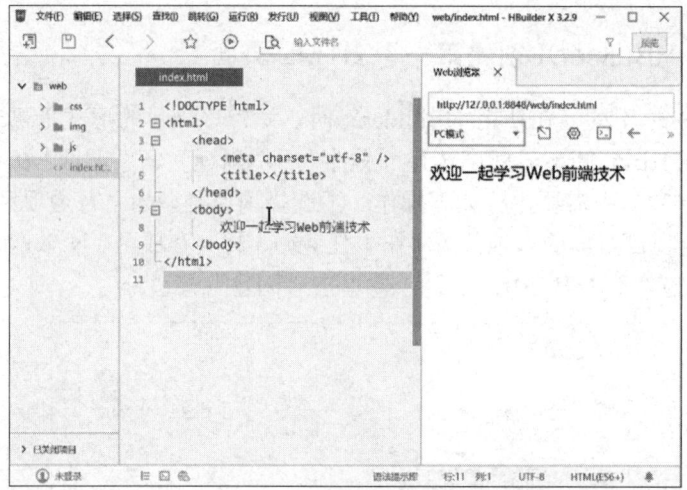

图 1-34　Web 浏览器加载并显示当前页面效果

在图 1-34 的 Web 浏览器地址栏中，http://127.0.0.1:8848 中的 127.0.0.1 表示指定本地主机作为服务器，而 8848 则表示端口号，页面请求地址访问的是 web 项目下的 index.html 页面资源。因此，其完整的访问路径为 http://127.0.0.1:8848/web/index.html。

1.6　小结

本章介绍了网页的构成要素，以及相关技术的发展趋势，使我们了解了对应岗位的要求，以及学习本课程的意义和价值。通过理解网页开发的原理，使我们进一步了解了网站开发的相关要素。同时，通过环境的搭建和集成开发环境的使用，创建了第一个 HTML 页面。

1.7　作业

一、选择题

1．在静态页面中，（　　　）用来制作页面的结构。

A．HTML　　　　　　　B．CSS　　　　　　　　C．JavaScript　　　　D．以上都不是

2．下列选项中用来实现页面交互的是（　　　）。

A．HTML　　　　　　　B．CSS　　　　　　　　C．JavaScript　　　　D．以上都不是

3．在请求 Web 页面时，通常使用（　　　）。

A．HTTP　　　　　　　B．FTP　　　　　　　　C．SMTP　　　　　　　D．以上都不是

4．在使用 Dreamweaver 开发网站项目时，需要先创建（　　　）。

A．HTML5 页面　　　　B．CSS 文件　　　　　C．站点　　　　　　　D．项目

5．在使用 HBuilderX 开发网站项目时，需要先创建（　　　）。

A．HTML5 页面　　　　B．CSS 文件　　　　　C．站点　　　　　　　D．项目

二、操作题

1. 请在计算机上安装 HBuilderX 或 Dreamweaver CC 2023 以上版本的集成开发环境。
2. 查看上述集成开发环境的帮助文档，学习软件的基本使用方法和快捷键用法。

三、项目讨论

 讨论主题

　　目前，网络安全对于国民经济有着重大影响。作为新时代的 Web 前端技术开发工程师，请结合岗位，讨论并回答如何有效保障网页设计安全、网站运行和管理安全？

项目 2

HTML 基础

思政课堂

"十四五"以来，我国数字经济发展取得了显著成就，人工智能、大数据、区块链、云计算等新兴数字产业异军突起。新业态新模式日新月异，移动支付、电子商务、网络购物、视频直播、在线学习、远程会议、个性化定制、智慧物流等竞相发展，但数字经济发展不平衡，关键核心技术的自主创新能力不强。不同行业、区域、群体间的"数字鸿沟"尚未弥合。数据资源价值潜力有待释放、数字经济治理体系亟待完善，迫切需要补齐短板，推动数字经济高质量发展。

学习目标

- 了解 HTML 页面的基本结构
- 掌握 HTML 标签的写法
- 掌握常见 HTML 标签的语法和语义
- 使用 HTML5 中的标签语义化页面

技能目标

- 能使用符合语义的 HTML 标签描述文档结构
- 能使用符合语义的 HTML 标签表达文档内容
- 能正确使用链接和锚点
- 能使用图片标签引入图片

素养目标

- 培养严谨务实的劳动态度
- 培养精益求精的工匠精神
- 培养勇于探索、敢于尝试的创新精神
- 培养网络安全意识，做遵法守规的 Web 前端工程师

2.1　HTML 简介

在上一个项目中，我们创建了第一个 HTML 页面。HTML 作为一种"超文本标记语言"，由它构成的页面有一个非常大的特点，即由许多 HTML 标签（也叫元素）组成。不管多么复杂、多么精美的页面都是通过这些 HTML 标签相互嵌套或并列组合而成的。HTML 标签是定义页面内容的核心。以下是第一个 HTML 页面的实现代码 2-1。

代码 2-1　第一个 HTML 页面

```
#001    <!DOCTYPE html>
#002    <html>
#003        <head>
#004            <meta charset="utf-8" />
#005            <title>第一个 HTML 页面</title>
#006        </head>
#007        <body>
#008            欢迎一起学习 Web 前端技术
#009        </body>
#010    </html>
```

📷 是不是可以将 HTML 标签理解成乐高组件，就像乐高组件可以搭建物体一样，通过 HTML 标签就可以搭建出各种复杂的页面呢？

👤 正如图 2-1 所描述的 HTML、CSS 与 JavaScript 的关系，你也可以将 HTML 理解成一个人的"骨架"，页面的内容和布局就是靠它支撑的；后面马上要接触的 CSS 用于美化内容和布局，就好像给人穿搭和化妆一样，让她看起来漂漂亮亮的，以便用户愉快地浏览和阅读网页；而 JavaScript 则主要用于实现网页交互，就好像可以用它来赋予人动作和行为。

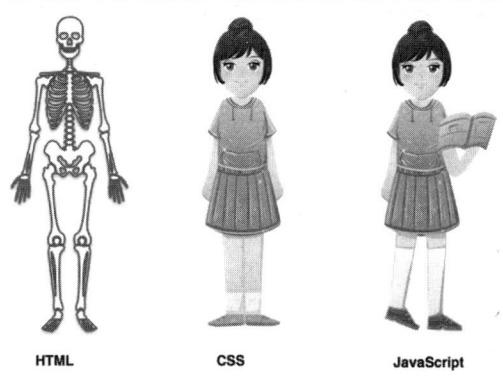

HTML　　　CSS　　　JavaScript

图 2-1　HTML、CSS 与 JavaScript 的关系

2.2　HTML 页面的基本结构

图 2-2 所示为 HTML 页面的基本结构，下面结合图 2-2 讲解代码 2-1 的含义及 HTML 标签的使用方法。

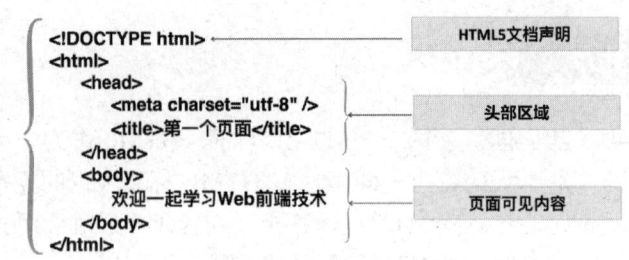

HTML 页面的
基本结构

图 2-2　HTML 页面的基本结构

1．文档类型声明

DOCTYPE 是 document type 的缩写，用来告诉浏览器 HTML 文档的类型，是 HTML 或 XHTML，以及如何来解析该网页。在 HTML5 之前，必须通过 DTD（文档类型定义）来指定文档的解析规范，它规定了使用通用标签语言的网页语法。下面是完整的 XHTML 过渡类型的文档声明。

```
<!DOCTYPE html PUBLIC "-//W3C//DTD XHTML 1.0 Transitional//EN"
"http://www.w3.o**/TR/xhtml1/DTD/xhtml1-transitional.dtd">
```

在 HTML5 以后，采用了相对宽松的规则，没有要求指定 DTD 的描述，可以统一简写成如下形式。

```
<!DOCTYPE html>
```

 良好的编程习惯

尽管 DOCTYPE 不区分大小写，但是统一写成大写形式是良好的编程习惯。

目前，浏览器对页面的渲染有两种模式：怪异模式（浏览器使用自己的模式解析渲染页面）和标准模式（浏览器使用 W3C 官方标准解析渲染页面）。不同的渲染模式会影响浏览器对 CSS 代码，甚至是对 JavaScript 脚本的解析。如果使用 DOCTYPE，则浏览器将按标准模式解析渲染页面，否则将按怪异模式解析渲染页面。使用怪异模式对运行在低版本 IE 浏览器下的页面影响很大。

 技巧

由于浏览器的两种不同渲染模式有时会有很大差异，因此正确使用 DOCTYPE 对一个页面的渲染来说很重要。

2．<html>标签

<html>标签是 HTML 页面中所有标签的顶层标签（也叫根标签），页面中的所有标签都必须放在<html>标签内部。

3．<head>标签

<head>标签位于<html>标签内部，用于标识 HTML 页面的头部区域，包裹在<head>开始标签和</head>结束标签之间的内容都属于头部区域定义部分。该区域主要用来设置一些与网

页相关的信息，如网页标题、字符集、网页描述等。这里设置的相关内容一般不会直接显示在浏览器窗口的内容区域中。

4．<meta>标签

<meta>标签位于<head>标签内部，不包含任何文字内容，主要用来定义文档的一些元数据。这些元数据以属性形式呈现，使用"名称=值"的方式进行书写。该标签可以设置页面字符集、关键字、网页描述信息、作者等内容。下面来看几个示例。

1）使用<meta>标签设置页面字符集

<meta>标签常用于设置页面字符集，浏览器会据此调用相应的字符编码以正确显示页面内容。如果当前页面没有设置字符集，则浏览器会使用默认的字符编码显示。在简体中文操作系统下，浏览器的默认字符编码是 GB2312。Google Chrome 浏览器的默认字符编码是 GBK。所以当字符集设置不正确或没有设置，造成文档的编码和页面内容的编码不一致时，会导致页面显示乱码。

> 使用 UTF-8 可以同时显示中文、英文吗？

> UTF-8，又叫"万国码"，它涵盖了地球上几乎所有地区的文字，包括英文、繁体中文、简体中文、日文、韩文等。因此，它是最常用的文字编码之一。

 技巧

要想保持页面内容的编码和浏览器的编码一致，通常需要使用 UTF-8，以确保页面正常显示而不出现乱码。

在 HTML 中设置字符集主要有两种写法，一种是 HTML5 的写法，另一种是 HTML4/XHTML 的写法。

（1）HTML5 的写法如下。

```
<meta charset="UTF-8">
```

<meta>开始标签中的 charset 是字符集属性的名，包裹在双引号之间的 UTF-8 则是该属性的值。

> 像<meta>这样只有开始标签，没有结束标签的特殊标签被称为"单标签"，可以写成<meta />形式。

 良好的编程习惯

根据 HTML5 规范，单标签的"/"建议省略。

（2）HTML4/XHTML 的写法如下。

```
<meta http-equiv="Content-Type" content="text/html; charset=UTF-8">
```

一个标签可以有多个属性，属性之间使用空格分隔。综上所述，<meta>标签中包含 http-equiv 和 content 两个属性。

对一个属性而言，如果有多个取值，则使用分号进行分隔。如 content 属性有两个值，分别是 text/html 和 UTF-8。

2）使用<meta>标签设置关键字

<meta>标签中的关键字主要用于帮助搜索引擎，理解当前页面的主要特征。对终端用户而言，这些关键字是不可见的。也就是说，它的作用主要体现在搜索引擎优化上，使用合适的关键字可以提高网页在搜索引擎中被搜索到的概率。

 技巧

关键字一般在 10 个以内比较合理，多了会分散关键字权重，反而影响排名。

```
<meta keyword="keyword1,keyword2,keyword3…">
```

5．<title>标签

<title>标签的作用主要有两个：一是用于设置网页的标题，以告诉浏览器当前网页的标题是什么，<title>标签设置的标题将出现在浏览器的标签栏中；二是用于搜索引擎索引，作为搜索关键字及搜索结果的标题来使用。

搜索引擎会根据<title>标签设置的标题将网站或文章合理归类。它是搜索引擎优化（SEO）中十分关键的优化项目，一个合适的标题可以使网站获得更好的搜索排名，所以标题对一个网站或一篇文章来说很重要。通常，每个网页都可以使用一个简短的、含有关键字的描述文字来命名标题，并且该标题在页面中是唯一的。

6．<body>标签

<body>标签指定了浏览器显示的主体部分，而主体部分是程序员呈现页面、放置内容的主要位置。也就是说，所有需要显示的内容都需要放置在<body>开始标签和</body>结束标签之间。

2.3 HTML 语法规则

通过 2.2 节的介绍，可以发现 HTML 主要有两种写法：单标签和双标签，语法 2-1 给出这两种标签的语法。

语法 2-1　单标签和双标签语法

定义语法：单标签	示例
<标签名 属性1="属性值1" 属性2="属性值2" … />	<img src="../images/pic01.png" />
定义语法：双标签	**示例**
<标签名 属性1="属性值1" 属性2="属性值2" …> [内容元素]… </标签名>	<h1> 欢迎一起学习Web 前端技术 </h1>

通过观察上述标签的定义语法及示例，可以总结出 HTML 标签语法的书写规则。

（1）HTML 标签通常是由一组尖括号包围的关键字词，如<html>、<body>、<title>等。这些字词具有特定语义，需要严格书写，不能自行更改和创作。例如，<book>不是合法的 HTML 标签。

（2）HTML 标签通常是成对出现的，如<body>和</body>。我们把第一个标签称为开始标签，它表示标签作用的开始位置；把第二个标签称为结束标签，它表示标签作用的结束位置。为了加以区别，结束标签中有一个正斜杠"/"。

（3）开始标签和结束标签之间的内容被称为内容元素。它可以是要呈现的文字，也可以是其他元素。例如，"<body>欢迎一起学习 Web 前端技术</body>"，这里的文字"欢迎一起学习 Web 前端技术"就是<body>标签的内容元素；再如，"<body><h2>欢迎一起学习 Web 前端技术</h2></body>"，这里的<h2>标签就是<body>标签的内容元素。

（4）并不是所有标签都有开始标签和结束标签的（即双标签），有些特殊的标签只有开始标签，没有结束标签（也就没有内容元素），这样的标签被称为单标签（也叫空标签），如<meta>、<hr>、
等。

（5）标签组合有时可以是嵌套的，可以把这种嵌套关系理解成"父子关系"。被嵌套的标签为子标签，而包裹其他标签的标签为父标签。例如，图 2-3 中<head>标签和<meta>标签就是父子关系。需要注意的是，在嵌套时不能使用如图 2-4 所示的交叉嵌套。

（6）标签组合有时也可以是并列的，可以把这种并列关系理解为"兄弟关系"。图 2-3 中的<meta>标签和<title>标签就是并列的兄弟关系。

```
1  <!DOCTYPE HTML PUBLIC "-//W3C//DTD HTML 4.01 Transitional//EN" "http://www.w3.org/TR/html4/
   loose.dtd">
2  <html lang="en">
3  <head>
4      <meta http-equiv="Content-Type" content="text/html;charset=UTF-8" />
5      <title>Document</title>
6  </head>
7  <body>
8      <h1>Welcome</h1>
9  </body>
10 </html>
```

图 2-3　标签组合的父子关系和兄弟关系

```
1  <!DOCTYPE HTML PUBLIC "-//W3C//DTD HTML 4.01 Transitional//EN" "http://www.w3.org/TR/html4/
   loose.dtd">
2  <html lang="en">
3  <head>
4      <meta http-equiv="Content-Type" content="text/html;charset=UTF-8" />
5      <title>
6  </head>
7      Document</title>
8  <body>
9      <h1>Welcome</h1>
10 </body>
11 </html>
```

图 2-4　<head>标签和<title>标签交叉嵌套

常见的编程错误

（1）标签名误拼错拼、多字少字、包含空格等。

（2）在嵌套标签时，进行交叉嵌套。

（3）在书写双标签或嵌套子标签时，双标签或嵌套子标签未成对。

以上都是常见的编程错误。

良好的编程习惯

尽管标签不区分大小写，但在书写时使用全小写的形式是良好的编程习惯。

2.4 认识更多语义化标签

HTML5 中提供了许多为页面内容添加语义的标签。在传统 HTML 中，经常会用<b>标签代表加粗（bold），用<i>标签代表倾斜（italic）。随着技术的发展，现代 HTML 会将页面的语义、呈现和行为进行分离，更多地使用 CSS 实现页面的呈现效果，而不是由<b>、<i>等标签实现页面的呈现效果。因此，理解 HTML5 中的语义化标签将对页面的构建有着非常重要的意义，也深刻影响着 CSS 的实现。

2.4.1 文档结构标签

表 2-1 所示为常用的文档结构标签及语义描述。它们的主要作用是构建页面的基本框架。

表 2-1 常用的文档结构标签及语义描述

序号	标签名	语义
1	<header>	用于定义文档的头部区域
2	<nav>	用于定义页面的导航区域
3	<section>	用于对页面内容进行分块
4	<main>	用于定义页面的主体内容，并且通常是唯一的
5	<article>	用于定义页面独立的内容区域，常用于显示正文
6	<aside>	用于定义页面的侧边栏区域
7	<footer>	用于定义页面的页脚区域

下面我们通过示例来理解表 2-1 中的文档结构标签吧。

图 2-5 所示为一种常见的页面布局形式。对于这样的页面，使用 HTML5 提供的文档结构标签可以非常清晰地描述它的基本结构。

从上往下看，顶部是一组导航菜单（图 2-5 中的②），而与导航语义最接近的标签就是<nav>标签了，所以应该使用<nav>标签来定义导航区域。你知道包裹导航区域的图 2-5 中的①所代表的区域使用什么标签最符合语义吗？

header 代表头部区域，①所代表的区域应该使用<header>标签吧。整个<nav>标签被包裹在<header>标签内部，成为它的子元素。

正是这样。对于头部区域的描述，可以利用 HTML5 的标签嵌套形式来表示。代码 2-2 给出了使用 HTML5 文档结构标签实现的一种方案。

图 2-5　一种常见的页面布局形式

代码 2-2　头部区域

```
#001    ...
#002    <head>
#003        <meta charset="utf-8">
#004    </head>
#005    <body>
#006        <header>
#007            <nav>导航菜单</nav>
#008        </header>
#009    ...
#010    </body>
```

常见的编程错误

将<header>标签和<head>标签搞混是初学者的常见错误。需要特别注意：头部区域是浏览器可见部分，<header>标签放在<body>标签内部；而<head>标签用于设置 HTML 文档头部描述信息，相关内容并不在浏览器视口中显示，该标签置于<body>标签之前，并与<body>标签并列。

下面再看中间的主体内容，它包括 3 个区块（图 2-5 中的③）。

要描述主体内容，可以使用<section>标签，它的语义是对内容进行分块。

你说得没错，不过在这 3 个<section>标签之外，最好使用<main>标签来包裹。让它们作为一个整体，便于控制。

我来试试，通过代码 2-3 就可以构成该页面的主体内容结构。

代码 2-3　主体内容结构

```
#001    ...
#002    <main>
#003        <section>区块 1</section>
#004        <section>区块 2</section>
#005        <section>区块 3</section>
#006    </main>
#007    ...
```

图 2-5 中的④作为侧边栏区域，使用<aside>标签是最符合语义的。

我明白了，图 2-5 中的⑤所代表的区域是页脚，使用<footer>标签是最符合语义的。

非常棒！考考你，<aside>标签和<main>标签的关系是兄弟关系还是父子关系？

它们之间没有明显的包含关系，应该是一种兄弟关系吧。

可以这么理解。但如果非要将侧边栏也作为主体内容的一部分，也行得通。所以 HTML5 的文档结构设计没有唯一答案，只需要在语义上符合规范，尽量避免标签的滥用。下面结合你的理解，赶快写出它们的代码结构吧。

嗯，代码 2-4 是我的完成效果。老师，我还有一个疑问，页面结构中还有一个轮播图的结构，对照常见的文档结构标签，我找不到一个用于承载轮播图的文档结构标签，可以使用<article>标签吗？

代码 2-4　侧边栏和页脚

```
#001    <main>
#002        <section>区块 1</section>
#003        <section>区块 2</section>
#004        <section>区块 3</section>
#005    </main>
#006    <aside>侧边栏区域</aside>
#007    <footer>页脚区域</footer>
```

👨 <article>标签常用于显示一篇文章的正文。例如，一篇博客或新闻的正文。图 2-6 所示为使用<article>标签的示例，是一篇关于获奖结果的文章，它的正文就可以使用<article>标签。至于你说的轮播图部分，HTML5 没有提供现成的对应标签。对于这种情况，可以使用一个特殊的<div>标签，它专门用于指定文档结构中无法使用现有文档结构标签的特定区域。

图 2-6　使用<article>标签的示例

2.4.2　<div>标签

div 是 division 的缩写，表示一个区块或小节。每个<div>标签对应一个区块，和 2.4.1 节中给出的文档结构标签一样，可以使用<div>标签进行页面区块的划分。它可以包含除<body>、<html>、<head>等标签之外的几乎所有主要标签。

👨 <div>标签的出现由来已久，在 HTML5 文档结构标签出现之前，人们经常使用它进行页面布局。

❓ 有了文档结构标签后,还继续保留<div>标签的主要原因就是满足那些不确定的结构需求吧。

👨 是的。例如，要实现轮播图效果，轮播图区域就没有特定的 HTML5 文档结构标签与之对应。这时，你就可以使用<div>标签来包裹整个轮播图区域了。

任务 2-1　使用语义化标签构建 HTML 页面

📝 请根据 2.4.1 节和 2.4.2 节的相关描述,使用集成开发工具写出如图 2-5 所示的 HTML 页面的基本代码框架。

使用语义化标签
构建 HTML 页面

本任务的实现代码 2-5 如下。

代码 2-5　HTML 页面的基本代码框架

```
#001    <!DOCTYPE html>
#002    <html>
#003        <head>
#004            <meta charset="utf-8">
#005            <title>课程介绍页</title>
#006        </head>
#007        <body>
#008            <head>
#009                <nav>导航区域</nav>
#010            </head>
#011            <div>
#012                轮播图
#013            </div>
#014            <main>
#015                <section>课程展示区</section>
#016                <section>活页教材区</section>
#017                <section>课堂实验区</section>
#018            </main>
#019            <aside>
#020                个人介绍区
#021            </aside>
#022            <footer>页脚区域</footer>
#023        </body>
#024    </html>
```

2.4.3　常用的文本标签

文本是网页中十分重要的组成部分，它所包含的文字是用户和页面进行信息传递的一种重要表现形式。为了有效地组织文字内容并区分不同的文字信息部分，HTML 中提供了一些常用的文本标签和字符实体，下面依次进行介绍。

1. 标题标签

标题标签可以在描述段落标题时使用，也可以作为页面区域模块 div 的局部标题使用。HTML 自带了<h1>、<h2>、<h3>、<h4>、<h5>、<h6> 6 个不同级别的标题标签。在默认情况下，数字越小，层级越高，字体也相应越大，标题标签及使用效果如图 2-7 所示。

> 这点和 Word 的标题样式非常相似，通常标题都是加粗显示的，一级标题字体较大，二级标题字体次之，以此类推。

> 不仅如此，它们的语义也极为类似。一级标题级别最高，通常作为整个页面的大标题，二级标题次之，通常作为次级标题，以此类推。这里尤其需要注意的是，标题标签是一种块状标签（block tag）。它有一个特性，即在默认情况下占据父容器的一整行，不允许其他元素出现在它的左右。

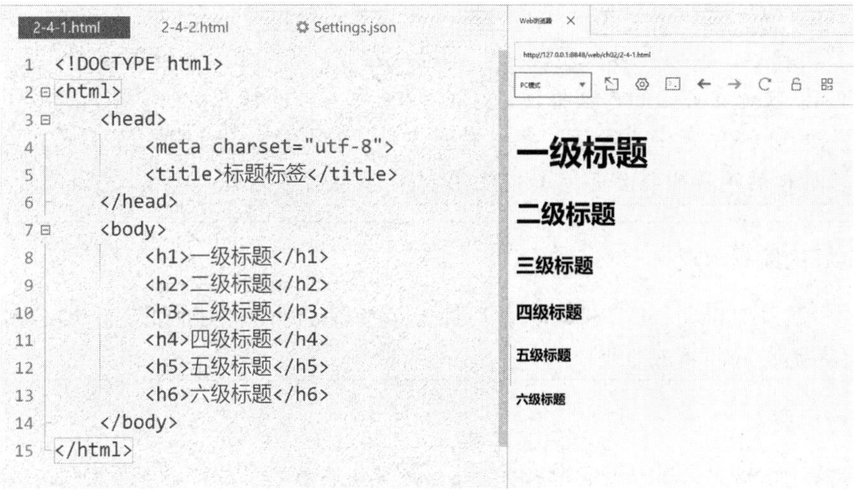

图 2-7　标题标签及使用效果

💡 **技巧**

块状标签又被称为块级元素（block-level elements），其 display 样式属性值为 block。

2. 段落标签

段落标签（<p>标签）用于定义页面正文的段落文字，它同样是块状标签，占据父容器的一整行。在默认的自带样式中，段落文字是左对齐的。同时，段落中行与行之间有一定间隔。

📹 老师，Word 中段落文字有左对齐、居中、右对齐的对齐方式。在网页中是如何实现不同的对齐方式的呢?

👨 由于段落标签是块状标签，因此当文字不足一行时，段落文字默认左对齐。要想实现不同的对齐方式，通常有两种做法，一种是使用标签的 align 属性，另一种是使用 text-align 样式属性来进行对齐控制。图 2-8 演示了使用 align 属性控制段落文字的对齐方式。

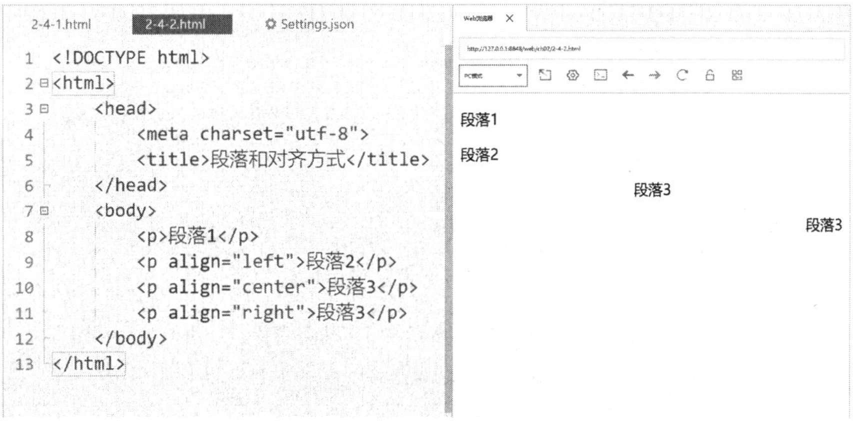

图 2-8　使用 align 属性控制段落文字的对齐方式

📹 在 align 属性的不同取值中，left 对应左对齐、center 对应居中、right 对应右对齐。

不过，这种做法有一个明显的缺点：虽然目的是控制段落文字的对齐方式，但是增加了 HTML 标签的内容。根据页面内容和样式分离的原则，这样的做法并不推荐。还记得 2.1 节中强调 HTML 仅负责页面的内容描述，而 CSS 负责内容的样式控制。因此，将页面内容和样式分开，通过 CSS 来实现段落文字的对齐方式是一种比较好的做法。目前，我们先记住这一点，在后续的项目中将会介绍如何使用 CSS 控制对齐方式。

✅ **良好的编程习惯**

> 厘清 HTML 和 CSS 的职责与分工，使用 HTML 描述内容，使用 CSS 控制显示样式是良好的编程习惯。

3. 换行标签

如果段落文字较多，则可以通过输入
标签进行换行，该标签是一种典型的行内标签。

 技巧

> 行内标签也被称为"行内元素"，其 display 样式属性值为 inline。与块状标签相反，行内标签具有允许其他元素出现在它的左右，并同占一行的特性。

图 2-9 演示了换行标签的使用方法。

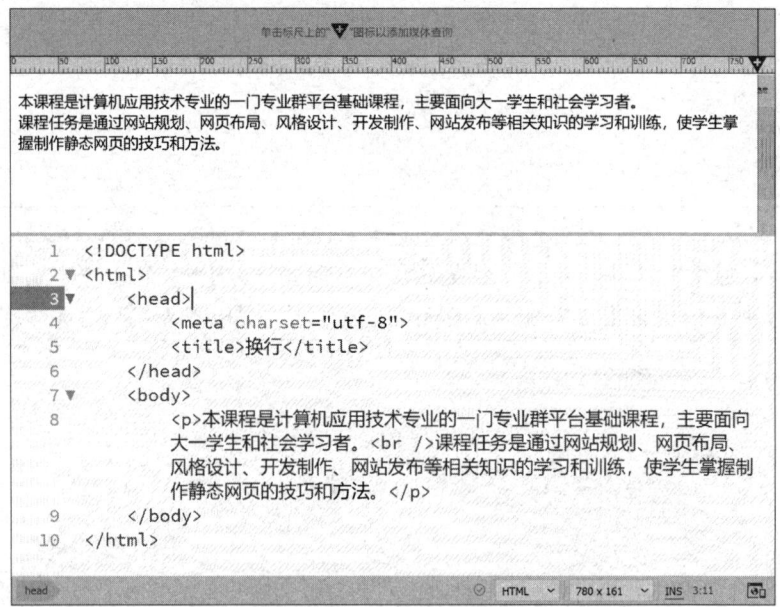

图 2-9　换行标签的使用方法

 在 HTML 段落中，如果使用"Enter"键换行，则浏览器在渲染时将仅显示一个空白字符大小。即使连续按"Enter"键，也仅显示一个空白字符大小。

 老师，在有些代码中，我还经常看到
的写法，那应该写成
还是
呢？

在 HTML5 之前的一段时间里，人们曾使用 XHTML，它要求所有的标签都有闭合标签。如果一个标签是单标签的形式，则需要在开始标签部分写上 "/"。因此，
 这种写法符合 XHTML 的语法规范。而 HTML5 并没有严格要求这点，
 的写法符合 HTML5 的语法规范。

这样看来，这两种写法都是可以被浏览器正确渲染的。

如果是新开发的基于 HTML5 的项目，则建议直接写成
 这种形式。这里需要特别注意的是，与标题标签、段落标签不同，
 标签是一个典型的行内标签。在后续的 CSS 介绍中，你会了解到行内标签和块状标签的特性有很大的不同。因此，我们在学习各种 HTML 标签时，需要特别留意标签的类型。

 技巧

在 Dreamweaver 的设计视图中，使用快捷键 "Shift+Enter" 可以快速插入一个
 标签。

 良好的编程习惯

在 HTML5 项目中，单标签的开始标签部分不需要写上 "/"。

4. 强调标签

在一段文字中，经常需要强调局部文字。这时就需要使用强调标签了。

早期，人们使用 <i> 和 <b> 标签，i 表示 italic，而 b 表示 bold，它们分别用于实现文字倾斜和加粗的特殊化显示。

但您说过，倾斜、加粗这种文字的特殊化显示应该交给 CSS 去完成。

所以，人们开始使用新的 <strong> 和 <em> 标签代替 <b> 和 <i> 标签。em 表示 emphasized text，即强调的局部文字；而 strong 表示 strong emphasized text，即特别强调的重要文字。

图 2-10 演示了 <strong>、<em> 等强调标签的使用方法。

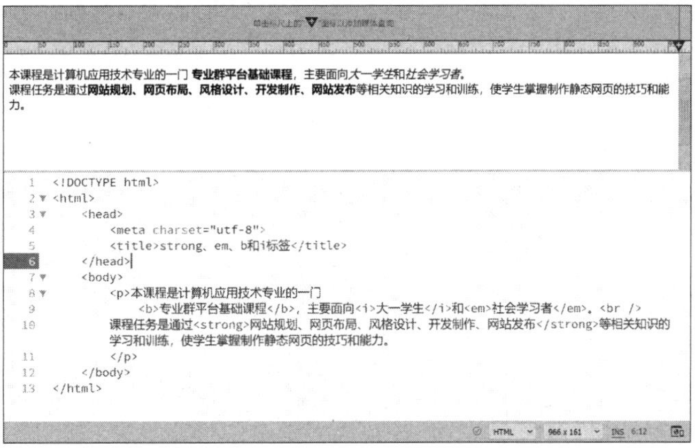

```
1  <!DOCTYPE html>
2  <html>
3    <head>
4      <meta charset="utf-8">
5      <title>strong、em、b和i标签</title>
6    </head>
7    <body>
8      <p>本课程是计算机应用技术专业的一门
9        <b>专业群平台基础课程</b>，主要面向<i>大一学生</i>和<em>社会学习者</em>。<br />
10       课程任务是通过<strong>网站规划、网页布局、风格设计、开发制作、网站发布</strong>等相关知识的
         学习和训练，使学生掌握制作静态网页的技巧和能力。
11     </p>
12   </body>
13 </html>
```

图 2-10 强调标签的使用方法

从显示效果来看，<em>和<i>标签的显示效果是一样的，均可以让强调的文字倾斜显示；而<strong>和<b>标签的显示效果是一样的，均可以让重点强调的文字加粗显示。尽管<b>和<i>标签未被废弃，但在新的规范中建议使用<strong>和<em>标签代替<b>和<i>标签，以具有更好的语义。

良好的编程习惯

使用<strong>和<em>标签来强调文字。

技巧

（1）在 Dreamweaver 中可以通过配置首选项指定使用<strong>和<em>标签代替<b>和<i>标签，如图 2-11 所示。

（2）由于<i>和<b>标签是典型的行内标签，因此它们也常被用作行内容器。例如，实现在内容元素前面添加图标等装饰效果。

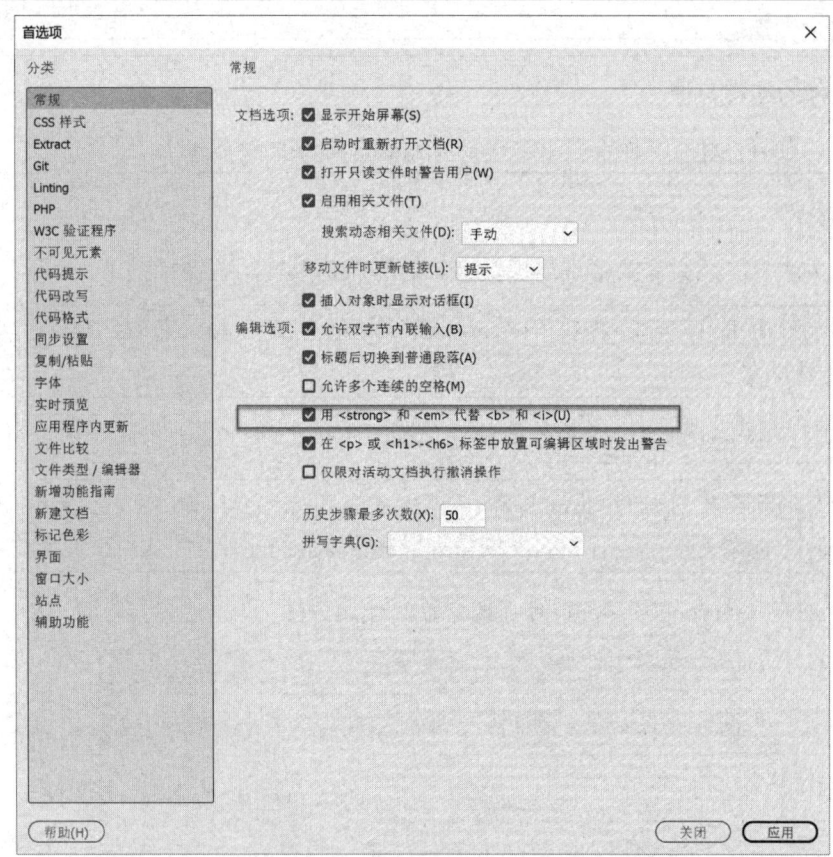

图 2-11　Dreamweaver 中<strong>和<em>标签的配置

5．字符实体

在编辑网页文字的过程中，由于一些常用的特殊符号（如"<"">"）在 HTML 中已用于标签的构成，因此对这些特殊符号而言，需要使用字符实体（character entity）来代替。常用的字符实体如表 2-2 所示。

表 2-2　常用的字符实体

字符	描述	数字实体（八进制）	命名实体
"	双引号	&#034;	&quot;
&	和号	&#038	&amp;
<	小于号	&#060;	&lt
>	大于号	&#062;	&gt
空格	空格	&#0240;	
'	单引号	&#047;	&apos;
¥	人民币	&#165;	&yen;
©	版权	&#169;	&copy;
®	注册商标	&#174;	&reg;
™	商标	&#8482;	&trade;
×	乘号	&#215;	&times;
÷	除号	&#247;	&divide;

字符实体有两种写法，分别为数字实体和命名实体。但不管哪种写法，其语法规则都是一样的，以 "&" 开始，以 ";" 结束，如语法 2-2 所示。在使用数字实体时，这些对应的数值通常难以记忆，使用起来不方便。因此，使用对应的命名实体可以有效提高使用效率，它们通常是这些特殊符号的英文缩写，如 lt 表示 less than，而 nbsp 表示不换行空格 non-break backspace。

语法 2-2　字符实体语法

定义语法	示例
& 字符实体 ；	

需要注意的是，" " 在不同的浏览器中显示的宽度可能是不一样的。例如，在某些浏览器中 2 个 " " 等于 1 个汉字宽度，而有些则是 1 个 " " 等于 1 个汉字宽度。在传统的 IE 浏览器中，甚至是 4 个 " " 等于 1 个汉字宽度。正是由于各浏览器默认使用的请求和响应编码不同，造成了空格宽度显示各不相同。因此，在使用 CSS 样式实现缩进时，可以使用诸如 text-indent 的样式进行段落首行缩进。

常见的编程错误

初学者将字符实体以中文分号结尾是一种常见的编程错误。

技巧

要想了解更多实体引用的内容，可以参考 RUNOOB 网站中的相关介绍。

6．<span>标签

<span>标签是一个装饰性的行内标签，可用于局部文本的特殊效果，以形成视觉差异。语义上类似于<div>标签，表示行内特殊的某个局部区域。与<div>标签最大的区别在于，<div>标签是块状标签，而<span>标签则是典型的行内标签。例如，在京东商品页面中，要想将价格文字突出显示，可以使用<span>标签来包裹这些价格文字，如图 2-12 所示。

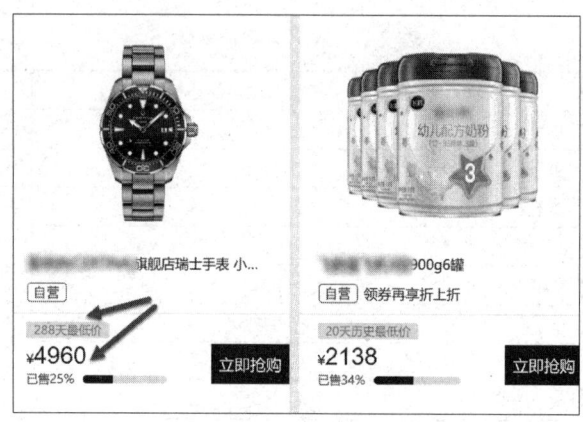

图 2-12　<span>标签的应用示例

7．列表标签

列表标签主要用于制作目录、导航菜单、列举条目等，可分为无序列表（unordered list）、有序列表（ordered list）和自定义列表（definition list）3 种。语法 2-3 给出了这 3 种列表的语法。

语法 2-3　3 种列表的语法

定义语法	示例
无序列表语法 <ul> 　　<li>列表项 1</li> 　　<li>列表项 2</li> 　　<li>…</li> </ul>	<ul> 　　<li>香蕉</li> 　　<li>苹果</li> 　　<li>哈密瓜</li> </ul>
有序列表语法 <ol> 　　<li>列表项 1</li> 　　<li>列表项 2</li> 　　<li>…</li> </ol>	<p>选择你最喜欢的水果</p> <ol type="A"> 　　<li>香蕉</li> 　　<li>苹果</li> 　　<li>哈密瓜</li> </ol>
自定义列表语法 <dl> 　　<dt>列表标题 1</dt> 　　<dd>列表描述 1</dd> 　　<dt>列表标题 2</dt> 　　<dd>列表描述 2</dd> </dl>	<dl> 　　<dt>姓名</dt> 　　<dd>张三</dd> 　　<dt>电话</dt> 　　<dd>13324567812</dd> </dl>

无序列表 ul 和有序列表 ol 都包含若干列表项 li（list item）。但从语义上来看，它们之间有明显区别，无序列表的列表项无顺序要求，而有序列表的列表项对顺序有一定要求。对自定义列表 dl 而言，它多了一个标题和描述的功能。3 种列表的代码和运行效果可以参考图 2-13。

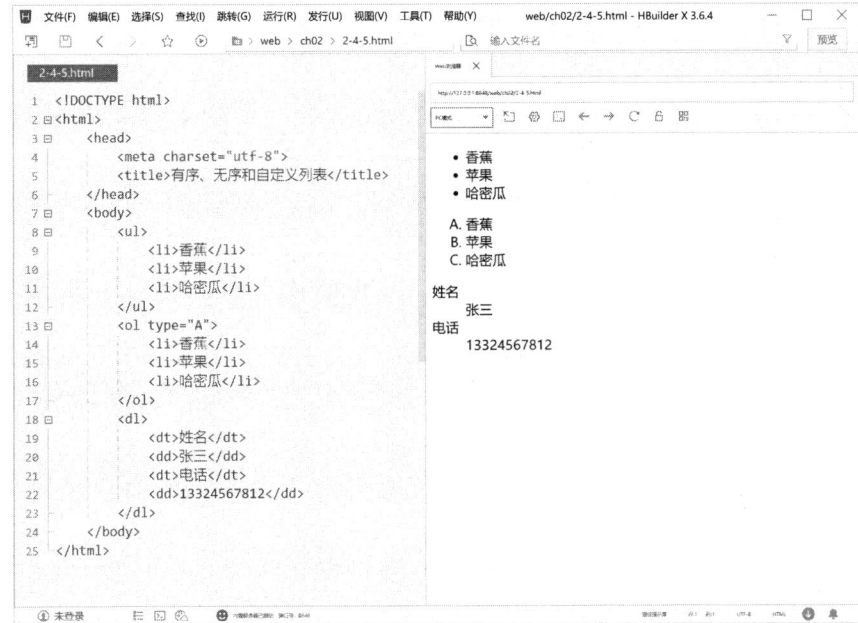

图 2-13　3 种列表的代码和运行效果

列表标签

 需要注意的是，有序列表默认的是数字序号，上述第 13 行代码通过添加 type 属性，将其修改为 A、B、C 序号。对于无序列表也是一样的，默认的符号样式是黑心实圈 "disc"，可以添加 type 属性，将其修改为空心圆圈 "circle" 或方块 "square"。

技巧

列表中的每个列表项都可以嵌套其他列表。利用这个特性，可以实现多级菜单的效果。

8. 其他常用的文本标签

在实际使用中，还需要用到一些特殊文本标签。常用的特殊文本标签如表 2-3 所示。

表 2-3　常用的特殊文本标签

标签	描述	示例	效果
sup	上标	x²	x^2
sub	下标	x₂	x_2
mark	高亮标记	<mark>高亮标记</mark>	高亮标记
ins	插入字	<ins>在此填入</ins>	在此填入
del	删除字	<del>请删除</del>	请删除
abbr	缩略词	<abbr title="etcetera">etc.</abbr>	etc.
acronym	取首字母的缩写	<acronym title="world wide web">www</acronym>	www
q	引用	古人云<q>天将降大任于是人也</q>	古人云"天将降大任于是人也"
cite	引用，引证	<cite>回复</cite>	回复
blockquote	块引用	<blockquote>这段引自他处</blockquote>	这段引自他处

续表

标签	描述	示例	效果
address	地址	\<address>学府路 9 号</address>	*学府路 9 号*
code	计算机输出	\<code>output</code>	output
kbd	计算机输入	\<kbd>input</kbd>	input
tt	打字机文本	\<tt>打字机</tt>	打字机

2.4.4 链接和锚点

在浏览页面的过程中，我们经常可以通过单击一段文字或一张图片实现快速跳转到页面的某个位置，或者从一个页面跳转到另一个页面的功能。实现这个功能的背后，就是超链接的使用，超链接通常也被简称为"链接"。

1. 链接语法

链接语法

链接的主要功能是实现从一个源点到目标点的跳转。因此，找准源点和目标点可以帮助我们正确制作链接效果。通常，源点是页面中被单击的对象，也就是需要实现跳转的文字或图片；而目标点就是链接跳转后到达的位置或页面，如页面中的某个特定锚点位置，或者另一个网址等。链接的示例语法如下。

```
<a href="http://www.nb**.cn">单击跳转</a>
```

使用\<a>标签包裹文字"单击跳转"，从而实现源点的制作。目标点需要通过 href 属性指定，上述示例将跳转到宁波城市职业技术学院的首页。在创建有效的链接时，除了需要使用 href 属性，还需要使用一些配套的属性。链接的常用属性如表 2-4 所示。

表 2-4　链接的常用属性

属性	描述
href	必设属性。用于指定目标点，需要保证路径可达
target	定义目标窗口。指定跳转的页面在哪个目标窗口中打开
title	定义链接提示信息。当鼠标悬停时弹出该提示信息

老师，href 属性用于指定目标点，目标点必须是一个 HTTP 的地址吗？

这个问题问得很好，我们把包含协议和你要访问的资源地址的部分统称为 URL（uniform resource locator）地址，除了使用资源定位，href 属性还可以取"#""JavaScript:…"这样的值。在后续课程中，当我们学习脚本交互时，你就会了解"JavaScript:…"的具体含义了。这里我们只需要知道，如果 href 属性值为"#"，相当于设置了一个空链接，则不会发生任何跳转行为。此时，我们也将这种链接称为"哑链接"。

2. 定义目标窗口

在默认情况下，单击链接后，当前的页面会发生跳转。有时为了某种目的，需要开启一个新窗口用于打开目标内容，这时就需要指定 target 属性值。表 2-5 所示为 target 属性值及其描述。

表 2-5　target 属性值及其描述

属性值	描述
_blank	开启一个新窗口，显示目标内容
_self	默认属性值，在链接所在的当前窗口中打开目标内容
_parent	在上一级窗口中打开目标内容，一般用在框架结构中
_top	在浏览器的整个窗口中打开目标内容，忽略任何框架
框架名称	在指定的框架窗口中打开目标内容

target 属性的应用示例如下。

```
<a href="http://www.nb**.cn" target="_blank">单击跳转</a>
```

与前面不同，上述示例通过 target 属性显式指定开启一个新窗口以显示目标内容。
链接和目标窗口的实现代码 2-6 如下。

代码 2-6　链接和目标窗口

```
#001    <!DOCTYPE html>
#002    <html>
#003        <head>
#004            <meta charset="utf-8">
#005            <title>链接和目标窗口</title>
#006        </head>
#007        <body>
#008            <p><a href="http://www.nb**.cn">默认打开目标窗口</a></p>
#009            <p><a href="http://www.nb**.cn" target="_blank">_blank 打开目标窗口</a></p>
#010            <p><a href="http://www.nb**.cn" target="_self">_self 打开目标窗口</a></p>
#011        </body>
#012    </html>
```

👨 需要注意的是，使用"_blank"打开目标窗口后，当前浏览器无法使用"后退"按钮进行返回。

3. 相对路径和绝对路径

👨 链接能否实现正确的跳转，路径的描述至关重要。通常，链接的路径可以分成相对路径和绝对路径两类，正确理解相对路径和绝对路径非常重要。在网页中所有需要引用资源的地方，如图片、字体、音频、视频、文件下载等，都会用到它们。

🔍 那什么是相对路径呢？

所谓相对路径，是指基于某个参照对象的路径，以这个参照对象的路径所在位置为起点查找目标文件的路径。通常，这个参照对象就是当前文件，即链接所在的文档页面。

链接路径一般可以分成以下 3 类。

（1）两个文件同属一个目录。

（2）目标文件在当前文件的某个下级目录中。

（3）目标文件在当前文件的某个上级目录中。

针对上述情况，可以使用如下特定的路径符号来表示相对路径中的位置关系。表 2-6 所示为常用的路径符号及其描述。

表 2-6　常用的路径符号及其描述

路径符号	描述
. 或./	当前目录
..	上一级目录
/	进入下一级目录
../	进入上一级目录

假设当前 2-4-7.html 文档和 target.html 文档的位置结构如下所示。与 2-4-7.html 文档同级的目录中存在 sub 文件夹，而 sub 文件夹中存在 target.html 文档。

```
|   2-4-7.html
└─sub
        target.html
```

如果你在 2-4-7.html 文档中设置一个链接，那么如何设置相对路径以实现跳转到 target.html 文档的功能？

以当前页面作为参考，要想找到 target.html 文档，可以使用 ./sub 在当前目录中找到 sub 文件夹，进而通过"/"找到 sub 文件夹中的 target.html 文档。完整的写法应该是<a href="./sub/target.html"> </a>。

非常正确。如果两个文档的位置同属一个目录呢？

```
|   2-4-7.html
|   target.html
```

以当前页面作为参考，要想找到同一个目录中的 target.html 文档，只需要在当前目录中找到 target.html 文档就可以了。所以应该写成<a href="./target.html"></a>。

非常棒！在使用相对路径时，如果当前文件和目标文件同属一个目录，则可以直接将目标文件名作为链接文件名。所以也可以简化为<a href="target.html"></a>。

什么是绝对路径呢？

所谓绝对路径，是指文件的完整路径。绝对路径不需要参照对象，可以是从磁盘根目录出发的完整路径，也可以是一个网页的完整 URL 地址。

要想正确描述绝对路径还需要知道两个重要概念：磁盘路径和 URL 地址。
- 磁盘路径：文件或资源在磁盘中的路径。通过文件资源管理器，可以查看 target.html 文档在磁盘中的完整路径为"N:\360 安全云盘\03 本周工作\教材教案\网页制作\cn.nbcc.web.book\ch02\sub\target.html"，如图 2-14 所示。
- URL 地址：也被称为统一资源定位器，它是因特网的万维网服务程序中用于指定信息位置的表示方法。

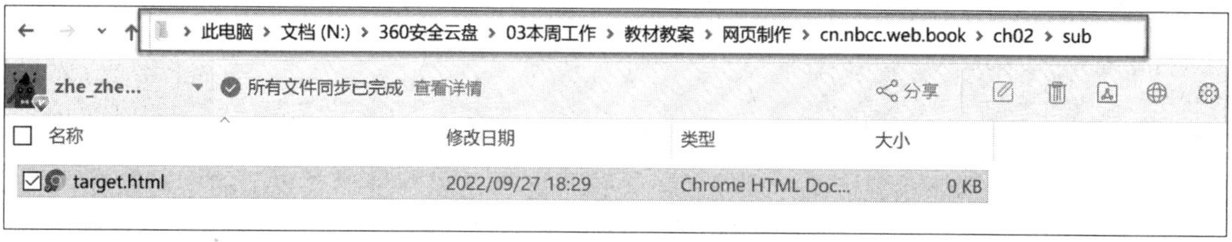

图 2-14　target.html 文档的磁盘路径

```
<a href=" https://www.nb**.cn/2022/0505/c121a14741/page.htm">城院校训</a>
```

在上述示例中，href 使用网址作为目标地址，https://是一个协议头，类似的协议头还有 files://、http://、ftp://、ed2k://等。

URL 地址通常由协议头、磁盘路径、资源名称构成，而它们共同构成了绝对路径。例如，这里的 URL 地址 https://www.nb**.cn/2022/0505/c121a14741/page.htm 就是一个绝对路径。https://www.nb**.cn 通常指定了 Web 服务器中网站根文件夹的位置。2022/0505/c121a14741/page.htm 是相对于该网站根文件夹的路径。

因此可以通过指定服务器的协议头，加上磁盘路径构成一个绝对路径，示例如下。

```
files://N:\360 安全云盘\03 本周工作\教材教案\网页制作\cn.nbcc.web.book\ch02\sub\
target.html
```

👨 如果将上述路径设置为链接的目标路径，则不管从哪个页面的链接进行跳转，最终指向的目标文件都将是 target.html。

❓ 这么说来，绝对路径和相对路径都能实现同样的目的，是不是推荐使用绝对路径呢？

👨 不是这样的，使用绝对路径不仅不便于书写，而且一旦文件或磁盘位置发生变化，还将导致工作无法正常运行。更重要的是，在本地计算机中正常工作的页面将来要上传到服务器中运行，而真正部署的服务器环境跟本地计算机的环境完全不同，甚至操作系统也完全不同。因此，要实现网站的正确部署，应该优先考虑使用相对路径，而不是绝对路径。只要源文件和目标文件的相对位置不变，将它们整体上传到服务器中也同样能够正常工作。出于安全考虑，很多服务器根本不支持绝对路径的地址访问。

4．链接的类型

按照目标内容的不同，链接可以分成如下 5 种类型。

- 内部链接：同一个网站内部，不同页面之间的链接关系。
- 外部链接：跳转到网站外部，和其他网站元素之间的链接关系。
- 锚点链接：在当前或外部页面的特定位置进行跳转。
- 脚本链接：将脚本作为链接目标，实现 HTML 无法完成的功能。
- 资源链接：实现站点资源、文件的下载。

1）内部链接

内部链接的基本语法如下。

```
<a href="file_url">文本/图片</a>
```

其中，file_url 是由相对路径表达的内部链接路径，如<a href="./sub/target.html">跳转</a>。

2）外部链接

外部链接的基本语法如下。

```
<a href="URL">文本/图片</a>
```

其中，URL 表示外部链接文件的路径，该路径通常是以网址形式表示的绝对路径。常用的 URL 协议如表 2-7 所示。

表 2-7 常用的 URL 协议

URL 协议	描述
http://	超文本传输协议
mailto:	邮件发送协议
ftp://	文件传输协议
telnet://	远程上机协议
news://	新闻讨论组协议

要想通过链接打开邮件发送地址，可以使用 mailto 协议，其基本语法如下。

```
<a href="mailto:邮箱地址1?subject=主题&cc=抄送邮箱地址&bcc=暗抄送邮箱地址">文本/图片</a>
```

其中，邮箱地址 1 为收件人邮箱地址，subject 用于指定邮件的主题，cc 用于设置抄送邮箱地址，bcc 用于设置暗抄送邮箱地址。除了收件人邮箱地址是必选项，其余均是可选项，多个参数之间使用"&"分隔，参数和收件人邮箱地址之间使用"?"分隔。示例代码如下。

```
<a href="mailto:nb**_support@126.com?subject=help">请求课程帮助</a>
```

 技巧

在使用 mailto 协议启用邮件发送程序时，需要在本地计算机中事先安装并配置好邮件收发软件，如 Outlook。

 常见的编程错误

"?""&"后面出现空格是一种常见的编程错误，要确保其后面不能出现空格。

任务 2-2 制作常用链接

制作常用链接

根据链接的相关知识，实现常用链接的制作。
（1）使用相对路径实现内部资源跳转。
（2）使用外部链接实现绝对路径跳转。
（3）使用邮件链接发送邮件。

本任务的实现代码 2-7 如下。

代码 2-7 常用链接

```
#001    <!DOCTYPE html>
#002    <html>
```

```
#003        <head>
#004            <meta charset="utf-8">
#005            <title>相对路径和绝对路径</title>
#006        </head>
#007        <body>
#008        <p><a href="./sub/target.html">相对路径</a></p>
#009        <p><a href="target.html">相同目录下的文件</a></p>
#010        <p><a href="N:\ cn.nbcc.web.book\ch02\target.html">绝对路径</a></p>
#011        <p><a href="http://www.nb**.cn">宁波城市职业技术学院</a></p>
#012        <p><a href="mailto:nb**_support@126.com?subject=help">请求课程帮助</a></p>
#013        </body>
#014    </html>
```

3）锚点链接

<a>标签不仅可以实现在 target 属性指定的窗口中加载目标页面，还可以实现页面不同位置的跳转，类似于 PDF/Word 中的书签功能。因此，锚点链接通常也被称为"书签"链接。

图 2-15 演示了锚点链接的快速回到顶部功能。图 2-16 演示了锚点链接的文档大纲功能，用户可以通过单击文档大纲中的章节进行快速定位。

图 2-15　快速回到顶部功能

原来锚点链接还有这些用法。

要实现锚点链接，需要进行两个操作，一是设置锚点，也被称为创建书签；二是设置链接跳转。

在 HTML5 中，可以使用任意标签的 id 属性设置锚点，其 id 属性值就是锚点名称（也称书签名）。示例代码如下。

```
<p id="ch02">第二节</p>
```

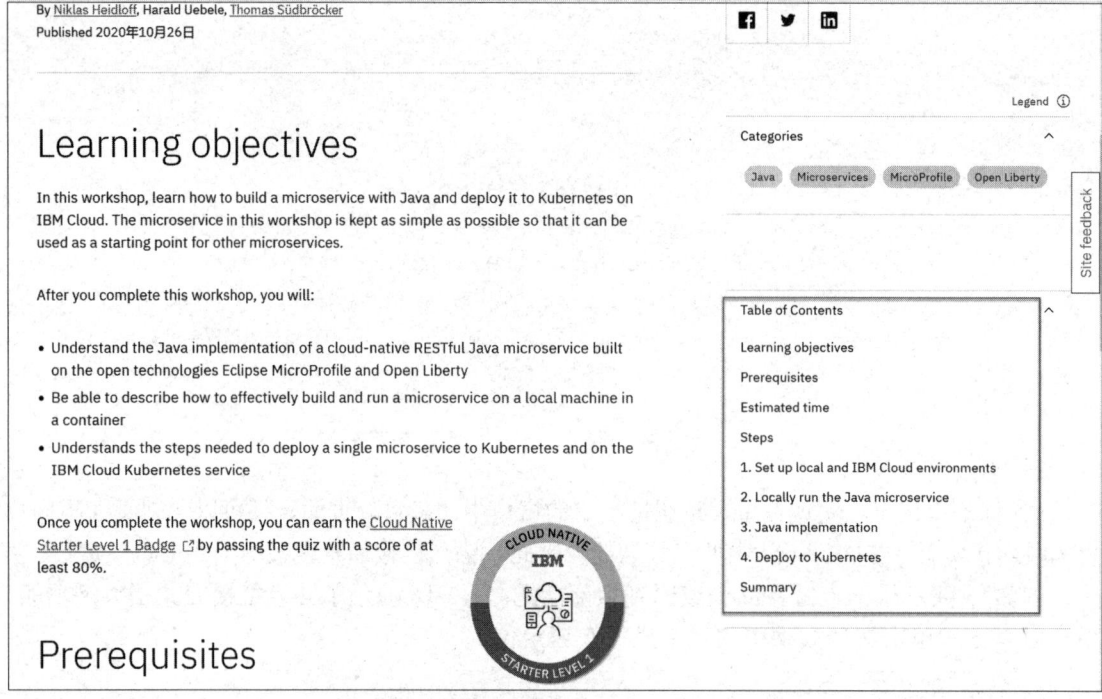

图 2-16　文档大纲功能

　　id 属性是 HTML 标签的一个常见属性，该属性可以唯一标识标签元素，犹如身份证可以唯一标识每个人一样。因此，在同一个页面中要求 id 属性值必须是唯一的。利用这个特性进行锚点定位标识，其所对应的位置也是唯一的。

　　创建好锚点之后，需要在跳转的位置设置链接。根据该位置是否在当前页面中，可以使用内部锚点链接或外部锚点链接。

　　内部锚点链接：链接到当前页面的特定锚点位置，语法如下。

```
<a href="#锚点名">源点名</a>
```

　　外部锚点链接：链接到其他页面的特定锚点位置，语法如下。

```
<a href="file_url#锚点名">源点名</a>
```

　　如果锚点和链接在同一个页面中，则直接使用"#锚点名"实现特定锚点位置的跳转。如果要跳转到其他页面的特定锚点位置，则必须在"#"前面添加该页面的页面路径，语法如下。

```
<a href="02.html#ch01">第二章第一节</a>
```

任务 2-3　使用锚点链接

使用锚点链接

　　以本书所附的教学项目源文件中的 T02-02.html 文档为模板，实现如图 2-17 所示的锚点链接效果。用户单击浮动目录中的相应章节链接，浏览器将自动定位到对应章节的位置。

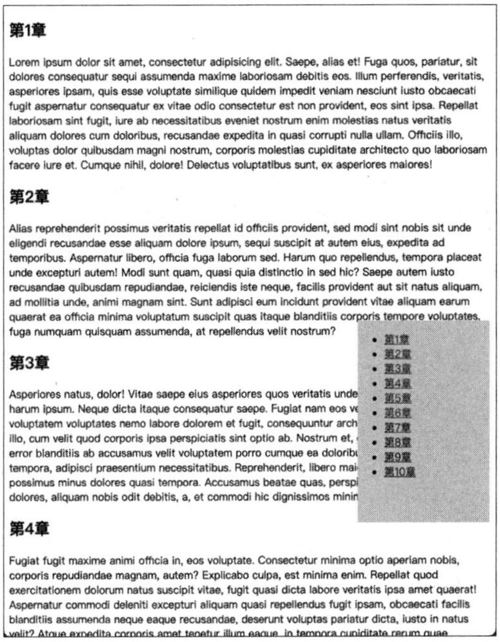

图 2-17　锚点链接效果

本任务的实现代码 2-8 如下。

代码 2-8　锚点链接

```
#001    <!DOCTYPE html>
#002    <html>
#003    <head>
#004    <meta charset="UTF-8">
#005    <title>锚点链接</title>
#006    <style type="text/css">
#007        #outline{
#008            width: 200px;
#009            height: 300px;
#010            border: 1px solid #ccc;
#011            position: fixed;
#012            top: 50%;
#013            right: 10px;
#014            background: #ECCF91;
#015        }
#016
#017    </style>
#018    </head>
#019
#020    <body>
#021        <div id="outline">
#022            <ul>
#023                <li><a href="#ch01">第 1 章</a></li>
```

```
#024        <li><a href="#ch02">第 2 章</a></li>
#025        <li><a href="#ch03">第 3 章</a></li>
#026        <li><a href="#ch04">第 4 章</a></li>
#027        <li><a href="#ch05">第 5 章</a></li>
#028        <li><a href="#ch06">第 6 章</a></li>
#029        <li><a href="#ch07">第 7 章</a></li>
#030        <li><a href="#ch08">第 8 章</a></li>
#031        <li><a href="#ch09">第 9 章</a></li>
#032        <li><a href="#ch10">第 10 章</a></li>
#033      </ul>
#034    </div>
#035    <main>
#036      <section>
#037        <h2 id="ch01">第 1 章</h2>
#038        <p>Lorem ipsum dolor sit amet, consectetur adipisicing elit. Saepe, alias
      et! Fuga quos, pariatur, sit dolores consequatur sequi assumenda maxime laboriosam
      debitis eos. Illum perferendis, veritatis, asperiores ipsam, quis esse voluptate
      similique quidem impedit veniam nesciunt iusto obcaecati fugit aspernatur consequatur
      ex vitae odio consectetur est non provident, eos sint ipsa. Repellat laboriosam sint
      fugit, iure ab necessitatibus eveniet nostrum enim molestias natus veritatis aliquam
      dolores cum doloribus, recusandae expedita in quasi corrupti nulla ullam. Officiis
      illo, voluptas dolor quibusdam magni nostrum, corporis molestias cupiditate
      architecto quo laboriosam facere iure et. Cumque nihil, dolore! Delectus voluptatibus
      sunt, ex asperiores maiores!</p>
#039      </section>
#040      <section>
#041        <h2 id="ch02">第 2 章</h2>
#042        <p>Alias reprehenderit possimus veritatis repellat id officiis provident,
      sed modi sint nobis sit unde eligendi recusandae esse aliquam dolore ipsum, sequi
      suscipit at autem eius, expedita ad temporibus. Aspernatur libero, officia fuga
      laborum sed. Harum quo repellendus, tempora placeat unde excepturi autem! Modi sunt
      quam, quasi quia distinctio in sed hic? Saepe autem iusto recusandae quibusdam
      repudiandae, reiciendis iste neque, facilis provident aut sit natus aliquam, ad
      mollitia unde, animi magnam sint. Sunt adipisci eum incidunt provident vitae aliquam
      earum quaerat ea officia minima voluptatum suscipit quas itaque blanditiis corporis
      tempore voluptates, fuga numquam quisquam assumenda, at repellendus velit
      nostrum?</p>
#043      </section>
#044      <section>
#045        <h2 id="ch03">第 3 章</h2>
#046        <p>Asperiores natus, dolor! Vitae saepe eius asperiores quos veritatis
      unde alias, perferendis fuga harum ipsum. Neque dicta itaque consequatur saepe. Fugiat
      nam eos veritatis saepe eveniet voluptatem voluptates nemo labore dolorem et fugit,
      consequuntur architecto esse, vel recusandae illo, cum velit quod corporis ipsa
```

perspiciatis sint optio ab. Nostrum et, quas omnis, iste architecto error blanditiis ab accusamus velit voluptatem porro cumque ea doloribus. Eaque asperiores quas tempora, adipisci praesentium necessitatibus. Reprehenderit, libero maiores impedit suscipit possimus minus dolores quasi tempora. Accusamus beatae quas, perspiciatis est quasi dolor dolores, aliquam nobis odit debitis, a, et commodi hic dignissimos minima ipsa.</p>

```
#047            </section>
#048            <section>
#049                <h2 id="ch04">第 4 章</h2>
```

#050 　　　　　　　　<p>Fugiat fugit maxime animi officia in, eos voluptate. Consectetur minima optio aperiam nobis, corporis repudiandae magnam, autem? Explicabo culpa, est minima enim. Repellat quod exercitationem dolorum natus suscipit vitae, fugit quasi dicta labore veritatis ipsa amet quaerat! Aspernatur commodi deleniti excepturi aliquam quasi repellendus' fugit ipsam, obcaecati facilis blanditiis assumenda neque eaque recusandae, deserunt voluptas pariatur dicta, iusto in natus velit? Atque expedita corporis amet tenetur illum eaque, in tempora cupiditate rerum quae reprehenderit porro similique, quidem ipsa reiciendis. Atque suscipit maiores possimus voluptas, vitae necessitatibus, accusamus iste, molestiae soluta assumenda dolorem repudiandae, sint numquam aliquam porro sed dolorum id.</p>

```
#051            </section>
#052            <section>
#053                <h2 id="ch05">第 5 章</h2>
```

#054 　　　　　　　　<p>Dolores ab sunt repudiandae voluptates natus sequi corporis in suscipit quisquam, magni dolor aut id, quaerat libero dicta quod voluptas. Laborum ducimus, excepturi officia accusamus qui quia quasi dolorum tempore placeat nam sint id sapiente sed autem, voluptatum dolorem nisi enim consequuntur similique ad aut molestias perspiciatis voluptatibus a rerum! Fuga ab minima officiis distinctio porro nihil delectus, dignissimos ipsa, beatae pariatur. Recusandae, distinctio, ratione molestiae eos voluptatem in expedita minima eveniet nostrum quasi sed praesentium tempora consectetur laboriosam obcaecati, aliquid voluptatum numquam quibusdam ea quas. Explicabo suscipit qui illum modi laborum voluptatum eos, perspiciatis dicta cupiditate, eius, quod veniam.</p>

```
#055            </section>
#056            <section>
#057                <h2 id="ch06">第 6 章</h2>
```

#058 　　　　　　　　<p>Ipsam reiciendis veritatis eum aperiam est dolor necessitatibus fugiat tempore labore delectus expedita quod, facere eveniet sint ea fugit doloribus. Consequuntur voluptatum quia deserunt asperiores nisi vel reprehenderit, harum temporibus nemo reiciendis odio alias, veritatis est voluptas. Vero error, enim aut quo modi recusandae ab ad natus. Aut optio eius nisi, dicta ratione doloremque quae et, quis odio minus nostrum autem quibusdam iste nobis necessitatibus excepturi ab facere. Sint, dignissimos. Maxime magnam aliquid pariatur, eligendi illum culpa deleniti architecto libero sunt voluptas odio amet praesentium omnis sint laudantium ipsum ad modi, repudiandae cumque laboriosam ut! Deleniti doloremque dignissimos, nostrum nemo.</p>

#059	`</section>`
#060	`<section>`
#061	`<h2 id="ch07">第 7 章</h2>`

#062 `<p>Eos nobis ullam velit quidem perferendis sed, odio nam provident repudiandae labore consequuntur aperiam nulla repellendus, dignissimos aspernatur blanditiis in aliquam, officia accusamus! Qui, quae, corporis fuga obcaecati necessitatibus minus nulla quidem perspiciatis id. Est, cum aliquid quod vel saepe dolore inventore, exercitationem iusto quia fugiat aperiam in recusandae optio aspernatur ea minus sequi, deserunt sit. Dolore rem modi ratione harum aliquam nam expedita unde tempore tempora, doloribus mollitia possimus perferendis voluptates eaque, aspernatur, laborum in veniam quos aperiam ipsum. Quas soluta qui possimus ipsum laboriosam, magni quidem perspiciatis aliquam nihil reiciendis ipsa deserunt delectus labore repellat obcaecati, tempore est.</p>`

#063	`</section>`
#064	`<section>`
#065	`<h2 id="ch08">第 8 章</h2>`

#066 `<p>Deserunt dicta ipsa velit tenetur quasi voluptatibus dolor, quas doloremque accusantium tempora! Nam eaque ipsa est cumque sunt eius laudantium nostrum, beatae similique hic earum, consequatur vitae temporibus facilis, atque veritatis. Eaque, vel iure quasi necessitatibus nesciunt recusandae rerum explicabo reiciendis aut! Aut nisi porro quis cupiditate, blanditiis minus asperiores natus quas quasi reiciendis reprehenderit debitis dolorum laborum explicabo, quaerat atque non adipisci voluptate labore illo ad eaque. Ex vel eius consequuntur distinctio. Quia quo, dicta esse repellat iste, dolore vel, facere eos beatae perspiciatis quisquam. Officiis exercitationem iure id laudantium fugit optio, harum ipsum velit, at quae, illo hic!</p>`

#067	`</section>`
#068	`<section>`
#069	`<h2 id="ch09">第 9 章</h2>`

#070 `<p>Libero fuga inventore praesentium, quaerat fugiat! Culpa consequatur minima iste magnam, eius eveniet nam esse, est ea! Non quidem rem animi saepe, aspernatur officia repellat, natus nam doloribus eaque quae nulla earum! Delectus vero aliquam, quae officiis reprehenderit unde optio nobis excepturi molestias neque sit harum, ipsa doloremque porro explicabo odio quo, voluptatem necessitatibus veniam mollitia, natus id perspiciatis expedita. Dignissimos expedita laudantium iure quas temporibus quisquam pariatur, minus quos incidunt reprehenderit, doloribus blanditiis fugiat mollitia soluta error itaque in. Deserunt esse a ipsum sed hic eius officiis porro enim similique ea repudiandae vel dolorum, voluptates, animi assumenda! Error, facilis!</p>`

#071	`</section>`
#072	`<section>`
#073	`<h2 id="ch10">第 10 章</h2>`
#074	`<p>Deserunt, voluptatum nisi, soluta eveniet odit sequi. Expedita ipsum`

nobis fugit dicta commodi laborum laboriosam, tenetur nemo vel tempora quod. Aliquid doloremque quos voluptatem enim eaque molestias aperiam atque animi, ea facilis a! Magnam sequi repellendus recusandae nihil. Quod libero sed officia sequi quidem asperiores sit totam hic voluptate rerum, sint accusantium debitis sapiente quam sunt porro perspiciatis voluptatum cum ullam temporibus similique pariatur error, corrupti iure. Aperiam error pariatur, quam. Inventore optio nemo, fugiat facilis ea consequatur beatae. Natus, placeat iste tempora, labore sunt quaerat minus quis explicabo veritatis, dolorem consequuntur nostrum tempore consequatur, ratione eos at minima! Consequatur!</p>

```
#075        </section>
#076      </main>
#077    </body>
#078  </html>
```

021～034 行代码是页面的浮动目录部分，由无序列表 ul 构成，每个 li 内都包含了一个章节的链接。为了实现浮动效果，将整个目录使用 div 区块来承载，并使用 CSS 语法。关于 CSS 的相关语法，请参考后续相应项目。

035～076 行代码是页面的主体部分，使用<main>标签来承载，它由 10 个<section>标签构成。每个<section>标签都保存了一个章节的具体内容，而每个章节又由一个标题（<h2>标签）和一段示例内容（<p>标签）构成。

为了实现锚点链接跳转，在每个章节的<h2>标签中都添加了 id 属性，并取唯一值"chxx"对应每个章节，如 ch01 对应第 1 章、ch02 对应第 2 章……设置完标签后，在目录链接位置上使用 href 属性，将每个链接都对应到相应的锚点位置。例如，在第 1 章的链接中指定如下锚点，对其余链接做同样处理即可。

```
<a href="#ch01">第 1 章</a>
```

老师，在<h2>标签的开始标签中添加 id 属性来制作锚点，那能否在<section>标签中添加 id 属性呢？

对这个例子来说，每个<section>标签都对应一个章节，将 id 属性添加到<section>标签中当然也是可以的。所以，在网页实现过程中，做法往往不是唯一的。

2.5　小结

本章介绍了 HTML 基础，包括文档结构标签、<div>标签、常用的文本标签、链接和锚点，以及它们的使用方法。了解语义化标签的含义及其相关应用示例，可以为 CSS 语法的学习奠定必要的理论基础。

2.6　作业

一、选择题

1. 在 HTML 标签中，具有"段落"语义的标签是（　　）。
A．h1　　　　　B．span　　　　　C．p　　　　　D．div

2．要想在网页中插入图片，应使用的 HTML 标签是（　　）。

A．image　　　　　　B．src　　　　　　C．img　　　　　　D．body

3．要想在网页中描述一段代码，应使用的 HTML 标签是（　　）。

A．a　　　　　　　　B．b　　　　　　　C．code　　　　　　D．p

4．需要配合外部样式表使用的 HTML 标签是（　　）。

A．style　　　　　　B．link　　　　　　C．a　　　　　　　D．p

5．在 HTML 标签中，<a>标签的（　　）属性用于指定跳转地址。

A．id　　　　　　　B．name　　　　　　C．href　　　　　　D．target

二、操作题

请在任务 2-3 的基础上，在页面的最后添加一个"返回"链接，使用锚点链接的制作方法，实现单击该链接，跳转到当前页面的开始位置。

三、项目讨论

讨论主题

采用短信链接、盗链实施电信网络诈骗是一种常见的诈骗手段，请结合你身边发生的类似事件，描述一个典型的案例。

请结合专业方向，体会确保网络空间安全的重要性，思考如何合理利用技术知识，争做一个遵法守规的 Web 前端开发工程师。

使用 CSS 基本选择器美化页面

学习目标

- 了解 CSS 的基本概念
- 了解 CSS 的发展历程
- 掌握 CSS 的基本语法
- 掌握 CSS 基本选择器的用法

技能目标

- 能使用标签选择器、id 选择器
- 能使用类选择器
- 能使用选择器对页面中的文字进行排版
- 能使用伪类选择器
- 能使用伪元素选择器

素养目标

- 培养"有始有终、精益求精"的工匠精神
- 培养极致思维、用户思维的互联网思维模式
- 具备情趣高尚的审美意识

3.1　CSS 简介

　　CSS 全称为 cascading style sheet，中文译为层叠样式表或串联样式表。它是一门为结构化

文档（如 HTML 文档或 XML 文档）添加样式，实现美化效果的计算机语言，其文件扩展名为.css。

如果说 HTML 定义了网页中要显示哪些内容，则 CSS 定义了这些内容如何显示。正是因为 CSS 允许内容和样式分离，所以使用 CSS 大大提高了网页开发的协同性和代码复用性，进而提高了工作效率。

> 👧 老师，CSS 为什么叫层叠样式表？

> 👦 对一个 HTML 元素而言，可以使用多种方式设置样式，该元素将按照特定的规则将这些层叠定义的样式计算出最终呈现的效果，所以被形象地称为层叠样式表。

> 👧 对一个 HTML 元素而言，可以设置多个样式，那这些样式不会产生冲突吗？

> 👦 确实，如果元素的多重样式中存在冲突，则冲突的样式在层叠的过程中将按优先级来确定。为什么产生冲突，如何确定优先级，以及如何解决冲突，带着这些问题学习本项目将有助于提升对 CSS 的认知和应用能力。

3.1.1　CSS 的来源

早期的网页中没有 CSS，完全以文字、链接、图片为主，网页的表现形式并没有得到特别的关注。因此，对于特殊网页效果的显示，也常常需要借助一些 HTML 标签或标签属性来实现。随着 Web 技术的快速发展，Web 应用的领域越来越广泛，用户需求也越来越丰富。为了解决网页表现形式的问题，HTML 标签添加了越来越多的显示属性，同时，W3C 也把许多用于表现样式的标签加入 HITML 规范，如<font>、<b>、<strong>标签等，甚至<table>标签也脱离了原本的用意，常被用于进行网页布局。

随着网页功能越来越复杂，人们发现这些大量用于显示设置的属性和标签将页面的显示与内容混杂在一起，无法阅读。这不仅给开发造成了巨大的困扰，还给后期的维护带来了困难。为了解决这个问题，W3C 在 Web 标准中引入了 CSS 规范。

3.1.2　CSS 的发展历程

CSS 的发展主要经历了以下 6 个阶段。

（1）1994 年 CSS 被提出，并在 1995 年获得了浏览器的支持。

（2）1996 年 12 月，W3C 发布了 CSS1.0 规范。

（3）1998 年 5 月，W3C 发布了 CSS2.0 规范。

（4）2004 年 2 月，W3C 发布了 CSS2.1 规范。

（5）2001 年 5 月，W3C 开始进行 CSS3 标准的制定。

（6）CSS3 的开发朝着模块化发展，以前的规范在 CSS3 中被分解为一些小的模块，同时 CSS3 中加入了许多新的模块。自 2001 年以来，不断有 CSS3 模块的标准发布，但到目前为止，有关 CSS3 的部分标准还没有最终定稿。

3.1.3　CSS 的优点

使用 CSS 展现网页有许多优点，归纳来说主要有以下 4 点。

1．实现格式和结构分离

CSS 和 HTML 各司其职，分工合作，分别负责格式和结构。格式和结构的分离有利于格式的复用及网页的修改与维护。

2．精确控制页面布局

CSS 扩展了 HTML 的功能，能够对网页的布局、字体、颜色、背景等图文效果实现更加精确的控制。

3．可制作体积更小、加载速度更快的网页

使用 CSS 后，用户可以在同一个网页中重用样式信息，在将 CSS 样式信息制作为一个样式文件后，也可以在不同的网页中重用样式信息。此外，还可以减少表格布局标签、表现标签，以及许多用于设置格式的标签属性的使用次数。这些变化极大地减小了网页的体积，从而使网页的加载速度更快。

4．可实现多个网页同时更新

使用 CSS 可以使站点上的多个网页指向同一个 CSS 文件，从而在更新这个 CSS 文件时，实现对多个网页的同时更新。

3.2 CSS 的基本语法

CSS 由一条条的样式规则定义，每条 CSS 样式规则都由如图 3-1 所示的基本结构组成：①选择器（selector），由它决定样式应用的对象；②样式声明（declaration），该部分被包裹在一对大括号中，可以由多条样式声明语句构成；③每条样式声明语句由如下语法结构构成，属性和值使用冒号分隔，样式声明语句以分号结尾。

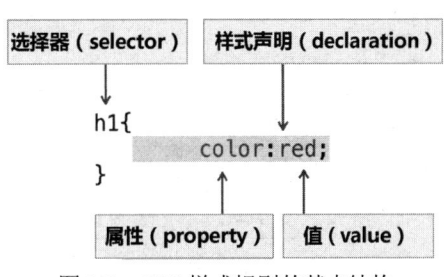

图 3-1 CSS 样式规则的基本结构

属性名:属性值;

> 🎥 这么说来，图 3-1 中 CSS 样式规则的完整含义应该是将当前文档中的所有<h1>标签的前景色（color，即文本的颜色）设置为红色（red）。

> 😐 就是这个意思，是不是很容易理解？但需要特别注意的是，这里的属性必须是 W3C 规定的样式属性，而它的值必须是规范中定义的常用取值。如果用错或误用，则会导致不可预期的结果。

由于选择器指定了样式作用的对象，因此熟练掌握选择器的使用方法非常重要。所有网页元素中的一个或一类元素都可以作为选择器来使用，如 HTML 标签、元素的类名、id 名称等。通常，根据选择器的构成，可以将选择器分为基本选择器和复合选择器。

3.3 基本选择器

基本选择器是指结构单一的选择器，主要包括：标签选择器、id 选择器、类选择器、伪类选择器和伪元素选择器。

基本选择器

3.3.1 标签选择器

标签选择器也被称为元素选择器（element selectors）。利用 HTML 固有标签进行选择，样式将作用于页面中所有该标签出现的地方，示例代码如下。

```
h1 {color: purple;}
h2 {color: purple;}
```

上述示例代码中的第 1 行指定了一级标题元素（h1）的颜色为紫色（purple）；第 2 行指定了二级标题元素（h2）的颜色为紫色。

> 需要注意的是，在 CSS 中，使用 color 属性用于指定文本颜色，这里使用 purple 指定文本颜色为紫色，purple、black、white、red 等都是 CSS 的预设颜色值。在实际使用时，如果要指定特定的颜色值，则有必要掌握 color 属性的语法，如语法 3-1 所示。

语法 3-1　color 属性的语法

定义语法	示例
color:预设颜色值 |RGB 值 |十六进制值 | inherit;	color:red; color:rgb(255,0,0); color:#ff0000;

> 在 CSS 样式属性的语法中，通常会看到使用"\|"分隔的形式，它表示属性值可取其中一种形式，这里的"\|"也可以理解成"或者"。

> 哦，原来是这样。那示例中 color:red;对应的是预设颜色值的写法、color:rgb(255,0,0);对应的是 RGB 值的写法、color:#ff0000;对应的是十六进制值的写法吗？

> 正是如此，虽然写法不同，但它们都表示将文本颜色设置为红色的样式效果。对于常用的颜色，都可以使用预设颜色值，这样方便且容易描述。但颜色有多种，都使用预设颜色值不现实。因此，对于个性化的颜色，需要使用十六进制值或 RGB 值进行更精准的描述。color 属性值如表 3-1 所示。

表 3-1　color 属性值

属性值	描述
预设颜色值	使用 CSS 预设的颜色的英文单词表示颜色，如 red 表示红色，white 表示白色等
RGB 值	使用 RGB 的十进制值表示颜色，如红色对应 rgb(255,0,0)
十六进制值	使用"#"和一组十六进制值表示颜色，如红色对应的十六进制值为#ff0000
inherit	继承父元素的颜色

1．颜色的 RGB 值表示法

使用 RGB 值表示颜色的具体语法如下。

```
rgb(num,num,num);
```

rgb()的括号内部被逗号分成 3 个部分，分别对应 r、g 和 b。其中，r 表示红色，g 表示绿色，b 表示蓝色，每个部分都使用一个 0～255 范围内的整数值来描述。

要想确切地拾取某种颜色的RGB值，可以借助 Dreamweaver、Photoshop 等辅助工具。图 3-2 展示了 Photoshop 的拾色器界面，用户可以通过①和②标识的区域拾取某种颜色。每种颜色都提供了 4 种色彩模式，分别是③HSB 模式、④Lab 模式、⑤RGB 模式和⑥CMYK 模式。不同的色彩模式使用不同的方式表示颜色。表 3-2 所示为 Photoshop 的 4 种色彩模式。

图 3-2 Photoshop 的拾色器界面

表 3-2 Photoshop 的 4 种色彩模式

色彩模式	描述
HSB 模式	以人类对颜色的感觉为基础，描述了颜色的 3 种基本特性。通过色相、饱和度和亮度来表示颜色。使用角度（0°～360°）表示色相，使用百分比（0%～100%）来表示饱和度和亮度
Lab 模式	使用一个明度通道 L 和两个色彩通道 a、b 来表示颜色。Lab 模式产生的色彩是比较明亮的，可以弥补 RGB 模式和 CMYK 模式的不足
RGB 模式	使用红、绿、蓝 3 种颜色的混合色来表示颜色，其中，R 表示红色，G 表示绿色，B 表示蓝色，各值均为 0～255 范围内的整数。不同的取值将产生不同的颜色，除了红、绿、蓝 3 种颜色为纯色，其他颜色都是由这 3 种颜色通过取不同的颜色值混合而成的。例如，rgb(255,0,0)表示红色，rgb(0,255,0)表示绿色，rgb(0,0,255)表示蓝色，而 rgb(255,255,255)表示白色
CMYK 模式	CMYK 也被称为印刷色，常用于彩色打印。它使用青色、洋红色、黄色和黑色来表示颜色。其中，C 表示青色，M 表示洋红色，Y 表示黄色，K 表示黑色

对于特定的颜色，Photoshop 的拾色器界面中 R、G、B 通道上的数值可以直接对应 CSS 的 rgb 语法中的数值。

2．颜色的十六进制值表示法

十六进制值表示法其实是 RGB 值表示法的一种变形。在该方法中，两位十六进制值恰好能表示 256 种颜色的特性，由于分别使用两位十六进制值来表示 r、g 和 b 三种颜色，因此一个完整的颜色值需要 2×3 共 6 位十六进制值来表示。为了区别于一般的十六进制值，特别添加了"#"作为标识符，因而十六进制值表示颜色的格式是"#＋6位数字或字母"。其中，数字的取值范围是0~9，字母的取值范围是A~F（分别表示10~15）。例如，#ff0000表示红色，#00ff00表示绿色。

在图3-2中，⑦标识的区域显示的是该颜色的十六进制值。将该值复制后粘贴到代码中，并在该值前面加上"#"就可以表示所选颜色了。

常见的编程错误

在书写十六进制值时，遗漏"#"标识符是初学者常见的编程错误。

---

3. 颜色的十六进制值简化表示法

在十六进制值表示颜色的完整写法中，总共需要6位，每两位对应一个颜色通道。例如，#ff0000，通过两两分组，r对应十六进制值ff，g对应十六进制值00，b对应十六进制值00。此时，可以使用如下简化规则进行表示。例如，#ff0000可以简化为#f00，这里的f等价于ff，中间的0等价于00，最后的0等价于00。其规则如下。

将相同的两位十六进制值使用一位十六进制值简化。

那#ffbbcc是不是可以简写为#fbc，#336699是否可以简写为#369呢？

是的，需要注意的是，当遇到类似#ffbb23的值时，这里的23就无法使用1位来表示了，也就不能使用简化表示法了。

良好的编程习惯

尽管CSS没有强制要求十六进制值使用大写还是小写（大小写均可），但是，在项目中保持一致的代码风格是良好的编程习惯。

任务3-1　使用标签选择器

📋创建4个<h1>标签，其内容为"第x个标题"，通过内部样式，按照下面的方式进行操作。

（1）使用预设颜色值，将标签内的文本颜色设置为红色。

（2）使用RGB值，将标签内的文本颜色设置为红色。

（3）使用十六进制值，将标签内的文本颜色设置为红色。

（4）使用十六进制值的简化形式，将标签内的文本颜色设置为红色。

使用标签选择器

本任务的实现代码3-1如下。

代码3-1　使用标签选择器

```
#001  <!DOCTYPE html>
#002  <html>
#003  <head>
#004  <meta charset="UTF-8">
#005  <title>使用标签选择器</title>
```

```
#006   <style type="text/css">
#007      h1{
#008         /* color:red; */
#009          /* color:rgb(255,0,0); */
#010         color:#ff0000;
#011         /* color:#f00; */
#012      }
#013
#014   </style>
#015   </head>
#016
#017   <body>
#018      <h1>第 1 个标题</h1>
#019      <h1>第 2 个标题</h1>
#020      <h1>第 3 个标题</h1>
#021      <h1>第 4 个标题</h1>
#022   </body>
#023   </html>
```

008 行代码使用预设颜色值指定<h1>标签内的文本颜色为红色，009 行代码使用 RGB 值指定<h1>标签内的文本颜色为红色，010 行代码使用十六进制值指定<h1>标签内的文本颜色为红色，011 行代码使用十六进制值的简化形式指定<h1>标签内的文本颜色为红色。

3.3.2 id 选择器

老师，通过观察代码 3-1 在浏览器中的运行效果，发现标签选择器会作用于网页中的所有<h1>标签，网页中所有使用<h1>标签包裹的内容都显示为红色。那如果只想将其中的一个标题，如第 1 个标题显示为蓝色，该如何实现呢？

正如你所说，有些时候，我们需要对网页中某些唯一的元素应用特定样式。例如，给导航区域应用一个固定的大小，给页面顶部区域应用一个特定的背景颜色等，这时就需要使用 id 选择器（id selectors）了。

id 选择器可以针对某个元素进行样式设定，在使用时需要分成两个步骤：①为该元素添加一个 id 属性，并赋予其唯一的值；②使用 id 选择器语法（见语法 3-2）选中该元素，并设置相应的样式。

语法 3-2 id 选择器语法

定义语法	示例

#id 选择器{
　　属性 1:属性值 1;
　　属性 2:属性值 2;
…
}
	#hd1{
	　　color:blue;
	}

👨 要实现这样的效果，首先需要在 HTML 部分中，找到第一个标签的位置并添加一个 id 属性，将其值设置为唯一的 id 名称。

```
<h1 id="hd1">第 1 个标题</h1>
```

👨 然后，在内部样式部分中，使用 id 选择器设置相应样式即可，完整代码 3-2 如下。

代码 3-2　id 选择器

```
#001  <!DOCTYPE html>
#002  <html>
#003  <head>
#004  <meta charset="utf-8">
#005  <title>id选择器</title>
#006  <style type="text/css">
#007      h1{
#008          color:#ff0000;
#009      }
#010      #hd1{
#011          color:blue;
#012      }
#013
#014  </style>
#015  </head>
#016
#017  <body>
#018      <h1 id="hd1">第 1 个标题</h1>
#019      <h1>第 2 个标题</h1>
#020      <h1>第 3 个标题</h1>
#021      <h1>第 4 个标题</h1>
#022  </body>
#023  </html>
```

上述代码的运行效果如图 3-3 所示。

第1个标题
第2个标题
第3个标题
第4个标题

图 3-3　代码 3-2 的
运行效果

👨 观察上述代码及其运行效果，针对 018 行代码中的<h1>标签，使用了两种不同的选择器语法进行样式设定（见代码 007～012 行）。该标签内的文本颜色为蓝色，其余标签内的文本颜色为红色。如果将 010～012 行的 id 选择器部分代码和 007～009 行的标签选择器部分代码进行交换，你觉得运行效果是怎样的呢？

👧 我想，如果按照就近原则，则最后一次样式设定应该将 018 行代码的<h1>标签内的文本颜色设置为红色。可我试了一下，运行效果仍然如图 3-3 所示。这是怎么回事？

这就是典型的样式冲突问题。在本项目的最后，我们将详细讨论样式冲突及其常见的解决办法。这里需要强调的是，单从语法上来看，CSS 学习起来并不难。它使用起来非常灵活和自由，但正是因为它的灵活和自由，会造成初学者误用、滥用的情况。例如，针对上述图 3-3 中的运行效果，你也完全可以通过定义 4 个不同的 id 属性，利用 id 样式单独控制和设定标题样式。但这种做法无谓地增加了复杂性，并不是一种优雅的实现方法。CSS 应用的难点往往是，如何针对用户的需求，使用较优雅的代码实现同样的功能和效果。通过合理地使用选择器，尽可能复用现有的样式并避免样式冲突。

💡 技巧

时刻保持复用思想，使用最小冲突原则应用 CSS 样式是提升 CSS 应用能力的关键。

3.3.3　类选择器

如果说 id 选择器解决了为某个特定元素设定样式的问题，那么类选择器（class selectors）主要用于解决为某些元素设定样式的问题。这些元素可以同属于一种标签类型，也可以属于不同的标签类型。

定义、使用类选择器的方法和 id 选择器的非常类似，在使用时需要分成两个步骤：①为该元素添加一个 class 属性，并赋予其一个值，即类名；②使用类选择器语法（见语法 3-3）选中所有具有该类名的元素，并设置相应的样式。

语法 3-3　类选择器语法

定义语法	示例

.类名{
　　属性 1:属性值 1;
　　属性 2:属性值 2;
…
}
	.remark{
	　　color:red;
	}

 常见的编程错误

类选择器的第一个字符不能使用数字，应使用 "." 作为类选择器的标识；类名是区分大小写的，应特别注意书写。

使用类选择器的完整代码 3-3 如下。

代码 3-3　类选择器

```
#001  <!DOCTYPE html>
#002  <html>
#003  <head>
#004  <meta charset="UTF-8">
#005  <title>类选择器的示例1</title>
#006  <style type="text/css">
#007  .remark {
```

```
#008        color: red;
#009    }
#010    </style>
#011    </head>
#012
#013    <body>
#014    <h1 class="remark">有始有终，精益求精</h1>
#015    <h1 class="remark">网页制作（HTML5+CSS3)</h1>
#016    <p>宁波城市职业技术学院校训 <span class="remark">尚德 明责 笃学 强能</span></p>
#017    </body>
#018    </html>
```

上述代码的运行效果如图 3-4 所示。

图 3-4　代码 3-3 的运行效果

007～009 行代码定义了 .remark 类样式，并指定了该样式的文本颜色为红色。014～016 行代码分别将该样式应用到<h1>标签和<span>标签中。

> 还记得在介绍 id 属性时，我们强调同一个页面中 HTML 元素的 id 属性只能有唯一的属性值。对 class 属性而言，没有这个限制，也就是说，一个 HTML 元素可以拥有多个类。下面我们一起来看使用多个类选择器的示例。

任务 3-2　使用多个类选择器

使用多个类选择器

> 在代码 3-3 的基础上添加名为 big 的类样式，其作用是将指定的元素字体放大为标准字体的 3 倍（3em），并为校训内容"尚德 明责 笃学 强能"添加 .big 类样式。

本任务的实现代码 3-4 如下。

代码 3-4　使用多个类选择器

```
#001    <!DOCTYPE html>
#002    <html>
#003    <head>
#004    <meta charset="UTF-8">
#005    <title>类选择器的示例2</title>
#006    <style type="text/css">
```

```
#007   .remark {
#008       color: red;
#009   }
#010   .big{
#011       font-size: 3em;
#012   }
#013   </style>
#014   </head>
#015
#016   <body>
#017   <h1 class="remark">有始有终，精益求精</h1>
#018   <h1 class="remark">网页制作（HTML5+CSS3）</h1>
#019   <p>宁波城市职业技术学院校训 <span class="remark big">尚德 明责 笃学 强能</span></p>
#020   </body>
#021   </html>
```

上述代码的运行效果如图 3-5 所示。

图 3-5　代码 3-4 的运行效果

010～012 行代码定义了.big 类样式，并设置 font-size 属性值为 3em。019 行代码将.big 类样式和先前定义的.remark 类样式一起应用到<span>标签中。

3.3.4　字体属性

3.3.1 节介绍了 color 属性，该属性用于控制文本颜色。除此之外，在日常文本处理过程中，经常需要将字体加粗、变大。通过使用 CSS 字体属性，可以指定使用的字体大小、字体族、字体粗细、字体风格等。

1. font-size 属性控制字体大小

使用 font-size 属性可以控制字体大小，其语法如下（见语法 3-4）。

语法 3-4　font-size 属性语法

定义语法	示例
font-size:medium | length |百分比 |inherit;	font-size:2em; font-size:200%; font-size:14px;

从上述语法可见，font-size 属性可以使用多种格式来描述字体大小，其属性值如表 3-3 所示。

表 3-3　font-size 属性值

属性值	描述
medium	如果不设置，则为浏览器的默认字体大小，通常为 16px
length	某个固定值，常用单位为像素（px）、em、点（pt）、rem
百分比	基于父元素或默认值的百分比（%），是一个相对值
inherit	继承父元素的字体大小

网页中对字体大小的设置为什么需要这么多不同的数值类型？

考虑到 CSS 的层叠样式特性，同时为了兼容不同的浏览器、移动设备的尺寸，因此需要使用不同的数值类型来表示字体大小。

使用最频繁的是 length，它通常也被称为固定大小，其特性是数值越大，字体就越大。百分比也被称为比例大小，通常根据父元素来计算自身的大小。如果父元素没有设置字体大小，则基于浏览器的默认字体大小（通常为 16px）来计算。

如果当前元素没有设置字体大小，但它的父元素设置了字体大小呢？

此时，当前元素的字体大小自动继承父元素的字体大小。

这些不同的单位 px、pt、em、rem 和%，有哪些区别呢？

结合下文，一起来看一下它们的区别吧。

（1）px：主要用于计算机屏幕。一个像素描述的是计算机屏幕上的一个像素点。因此，它是一个固定大小的单元，不具有伸缩性，在传统网页制作时通常习惯使用单位 px 做到所见即所得。但在显示种类繁多的移动设备中，使用像素固定大小的方式来定义就显得不太可行。

（2）pt：英文 point 的缩写，它主要用于印刷媒体，是 Photoshop、AI 等设计软件中默认字体大小的单位。一个点等于一英寸的 1/72，因此，它也是一个固定大小的单位，不具有伸缩性。同样不适用移动设备，现在网页中已经很少使用。

（3）em：相对长度单位。它是相对于当前元素的字体大小，如果当前元素的字体大小未被设置，则字体大小会相对于浏览器的默认字体大小。因此，它具有伸缩性。

如果某元素未指定字体大小，则参考浏览器的默认字体大小（16px），此时，1em=12pt=16px。

如果将该元素的字体大小设置为 8px，则此时，1em=8px=6pt。

em 会根据当前文本或父元素的字体大小自动重新计算值，因而具有伸缩性，适合移动设备。它在响应式页面、移动应用中正变得越来越受欢迎。

（4）rem：英文全称为 root em（即根 em），它是 CSS3 新增的一个相对单位，它总是相对于 HTML 根元素。相比 em，它更强大，可谓集相对大小和绝对大小的优点于一身。通过它既可以做到只修改根元素就可以成比例地调整所有字体大小，又可以避免字体大小逐层复合的连锁反应。目前，除了 IE8 及更早版本的浏览器，所有主流浏览器均支持 rem。

（5）%：和 em 一样，相对于父元素或默认值。当父元素设置了字体大小时，将基于父元素的字体大小，否则将基于浏览器的默认字体大小（16px）。不管该百分比相对于谁，都有 100%=1em。百分比同样具有伸缩性，也适合移动设备。

2．font-family 属性控制字体族

字体族样式属性 font-family 主要用于通过给定一个具有先后顺序的、由字体或字体族组成的列表来为选定的元素设置字体，其语法如下（见语法 3-5）。

语法 3-5 font-family 属性语法

定义语法	示例
font-family:字体族 1,字体族 2,…,通用字体族|inherit	font-family:Tahoma,"Microsoft YaHei","SimSun",Sans-Serif;

通常，当 font-family 属性使用两个或两个以上的字体族名时，需要使用逗号分隔。

为什么要提供这么多字体族列表呢？

出于页面效果考虑，在设计页面时一般设计师会选择一种特定的字体以达到理想的效果，但在更多情况下，由于用户的计算机可能没有安装该字体，因此需要一个候选的字体族列表，让浏览器决定最佳的显示效果。字体族分成通用字体和具体字体两大类。Serif、Sans-serif、Monospace、Cursive、Fantasy、SystemUI 这 6 种通用字体代表了字体的 6 种类型（见表 3-4），除此之外的字体都是具体字体。当浏览器显示文字时，会根据 font-family 属性指定的字体族列表，按照从左到右的优先顺序进行显示。

表 3-4 6 种通用字体

字体	含义
Serif	衬线字体，衬线是指除字母结构笔画之外的装饰性笔画。Serif 是典型的衬线字体
Sans-serif	非衬线字体
Monospace	等宽字体
Cursive	手写字体
Fantasy	奇幻字体
System UI	系统 UI 字体

以语法 3-5 中的示例为例，浏览器会检查系统是否支持 Tahoma 字体，如果支持，则选择该字体，否则检查第二个字体，以此类推，通常列表中的最后一个字体选用通用字体。例如，这里的 Sans-serif，如果前面的具体字体系统都不支持，则使用 Sans-serif 这种通用字体。

那为什么需要通用字体呢？

出于字体版权考虑，不同的系统安装的字体各不相同。例如，微软雅黑（Microsoft YaHei）是 Windows 系统下的一款深受欢迎的中文字体，而苹方（PingFang SC）是苹果公司为中国用户打造的一款全新中文字体。通常，设计师会将最佳的字体作为优先选用的字体，将相近的字体作为候选字体。对于某个系统的浏览器，如果前面的所有候选字体都未安装，则使用通用字体。通用字体作为所有系统安装的基础字体而存在，避免客户端没有安装指定字体的问题。

技巧

字体族列表排列原则：按照从左到右的优先顺序，将最佳备选字体置于优先顺位，候选字体置于候选顺位，通用字体作为最后保障。

? 老师，为什么有些候选字体加引号，有些不加引号？

当字体名称中包含空格时，如"Times New Roman"，就需要使用双引号将字体名称引起来作为一个整体。有时候，为了更好的兼容性，建议对所有的中文字体使用双引号。例如，示例中的微软雅黑就写成"Microsoft YaHei"，宋体就相应地写成"SimSun"。

? 为什么有些代码或书中使用中文字体名称？微软雅黑、宋体的字体名称可以写成中文形式吗？

一般情况下没什么问题，但有些时候这些由中文命名的字体会被声明无效。所以为了更好的兼容性，我们更多采用这些字体的英文名称。例如，Microsoft YaHei 表示微软雅黑，SimSun 表示宋体，SimHei 表示黑体。这里需要提醒的是，由于某些版本的 Firefox 浏览器和 Opera 浏览器不支持 SimSun，因此为了保证兼容性，甚至会将宋体写成 Unicode 编码形式，示例代码如下。

```
font-family:tahoma,"microsoft yahei","\5b8b\4f53",sans-serif
```

? 如果文本包含中、西文，则在书写候选字体族列表时，应如何安排顺序？

当遇到中、西文字体需要分别制定的情况时，通常把西文字体靠前放。因为西文字体只包含字母和数字而不包含汉字。如果将中文字体的优先级设置较高，则会导致不显示指定的西文字体。

? 在表3-4中，衬线字体 Serif 和非衬线字体 Sans-serif 之间的区别是什么呢？

衬线字体是指那些有边角装饰的字体，Serif 是它的典型代表。它非常容易识别，强调了每个字母笔画的开始和结束。这种装饰线的笔画设计多认为源于古罗马纪念碑上的拉丁字母，最初在字母被雕刻到石碑上之前，要先用方头笔刷写好字母的样子，再照样雕凿，由于直接用方头笔刷书写会导致笔画的起始处和结尾处出现毛糙，因此在笔画开始、结束和转角时增加了收尾的笔画，自然就形成了衬线，如图3-6所示。对中文而言，同样有衬线字体，常用的宋体就是一种典型的衬线字体，如图3-7所示。相应地，非衬线字体没有边角的装饰。Google 首页中的文字就是典型的非衬线字体，如图3-8所示。

 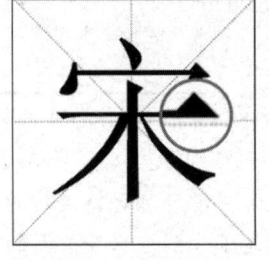 

图3-6　衬线字体　　　图3-7　中文衬线字体　　　图3-8　非衬线字体

3. font-weight 属性控制字体粗细

使用 font-weight 属性可以控制字体粗细，其语法如下（见语法 3-6）。

语法 3-6　font-weight 属性语法

定义语法	示例
font-weight:normal|bold|bolder|number|lighter|inherit;	font-weight:bold; font-weight:800;

在默认情况下，字体粗细为 normal，其对应的数值是 400，也被称为标准字体。如果想让字体凸显，则可以使用 font-weight 属性并指定其属性值为 bold（粗体）或 bolder（更粗的字体）。如果想让文字比标准字体细，则可以指定其属性值为 lighter 或 400 以下的数值。font-weight 属性值如表 3-5 所示。

表 3-5　font-weight 属性值

属性值	描述
normal	默认值，标准字体粗细
bold	粗体
bolder	更粗的字体
100 200 300 … 800 900	由细到粗的数值，400 相当于 normal，700 相当于 bold
lighter	更细的字体
inherit	继承父元素的字体粗细

👤 在使用数值来控制字体粗细时，只能整百调整，即 100、200、300、…、700、800、900。相近的数值在字体表现上不是很明显。

🧑 对于<h1>标签，默认有加粗效果，是否可以通过 font-weight:normal 去除其默认的加粗效果？

👤 当然可以，这就是 CSS 样式神奇的地方。

4. font-style 属性控制字体风格

使用 font-style 属性可以设置字体为斜体、倾斜或标准，其语法如下（见语法 3-7）。

语法 3-7　font-style 属性语法

定义语法	示例
font-style:normal|italic|oblique|inherit;	font-style:normal; font-style:italic; font-style:oblique;

font-style 属性值如表 3-6 所示。

表 3-6　font-style 属性值

属性值	描述
normal	默认值，标准字体
italic	斜体字体
oblique	倾斜字体
inherit	继承父元素的字体风格

👤 italic 和 oblique 非常相近，在实际使用时，多使用 italic 表示倾斜。

5. line-height 属性控制文字行高

大段密密麻麻的文字会让人阅读起来枯燥无味，段落文字过于松散也会影响美观。适当地调整文字行高有助于提升阅读体验，使文字的呈现效果更美观。

通常，英文字母的书写以四线三格为规范，字母在一行中显示，如图 3-9 所示。如果将一行中的文字高度进行垂直划分，则可以分成顶线、中线、基线和底线。行高（line-height）通常是指两行文字的基线之间的距离。

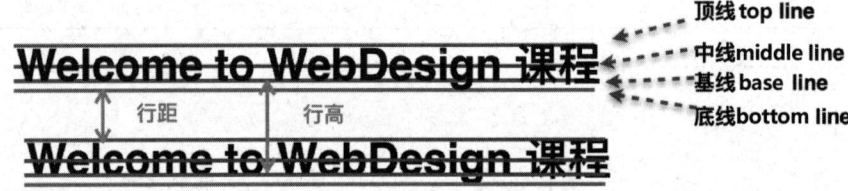

图 3-9　字母在一行中显示

👤 这里的基线是大部分字母"坐落"的一条看不见的线。默认的行高大约是当前字体大小的 110%～120%，使用 CSS 的 line-height 属性可以修改默认的行高，其语法如下（见语法 3-8）。

语法 3-8　line-height 属性语法

定义语法	示例
line-height:normal|number|length|百分比|inherit	line-height:24px; line-height:200%; line-height:1.5;

line-height 属性值如表 3-7 所示。

表 3-7　line-height 属性值

属性值	描述
normal	默认值，通常为当前字体大小的 110%～120%
number	不带任何单位的数值，行距为当前字体大小乘该数值，效果类似于 em
length	以 px、em、pt 为单位的固定值
百分比	相对于当前字体大小的百分比
inherit	继承父元素的文字行高

👤 行高是两行文字的基线之间的距离，而行距是上一行文字的底线与下一行文字的顶线之间的距离。那么它们之间是什么关系呢？

我仔细观察了图 3-9，可以得到这样的公式：行距=行高-字体高度。

非常棒，为了更好地控制行距，保证阅读的舒适性，我们通常将行高设置为当前字体大小的 1.4～1.5 倍。

如果我们将行距再分成相等的上间距和下间距，则当每行文字都具有自身的上间距和下间距时，可以看到如图 3-10 所示的第二种表示法。由于上间距和下间距是相等的，因此行高=行距+字体高度=上间距+字体高度+下间距。

就是图 3-10 中左侧的行高。

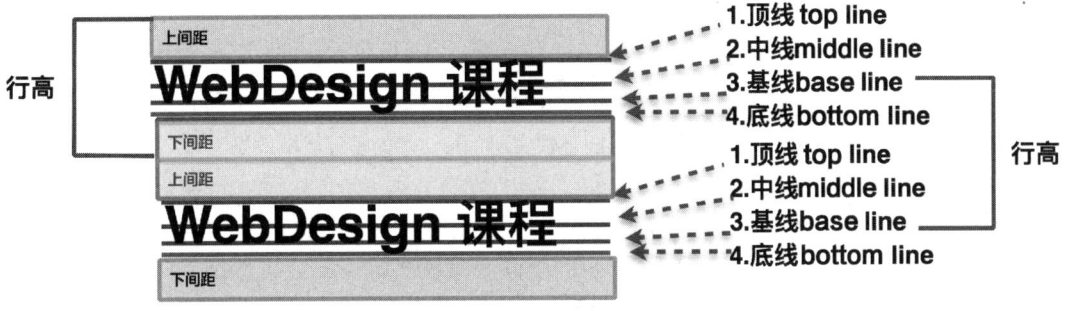

图 3-10　第二种表示法

可见，在默认情况下，上间距和下间距相等，字体高度是垂直居中的。这里有一个非常重要的应用，如果要实现元素在容器中垂直居中，则只需要将其行高设置为元素容器的高度。

 常见的编程错误

行高是一个非负的正整数，使用负数是一种常见的编程错误。

将行高指定为父容器高度，这样，上间距和下间距相等，恰好等于父容器高度减去字体高度的一半，从而实现垂直居中的特殊效果，实现原理如图 3-11 所示。

图 3-11　使用 line-height 属性实现垂直居中的原理

任务 3-3　单行文字的垂直居中

单行文字的垂直居中

使用 line-height 属性可以实现单行文字的垂直居中效果，如图 3-12 所示。

图 3-12　使用 line-height 属性实现单行文字的垂直居中效果

本任务的实现代码 3-5 如下。

代码 3-5　单行文字的垂直居中

```
#001    <!DOCTYPE html>
#002    <html>
#003        <head>
#004            <meta charset="utf-8">
#005            <title>垂直居中</title>
#006            <style>
#007                .parent{
#008                    height:300px;
#009                    border:1px solid #ccc;
#010                }
#011                p{
#012                    line-height:300px;
#013                    text-align:center;
#014                }
#015            </style>
#016        </head>
#017        <body>
#018            <div class="parent">
#019                <p>WebDesign 课程</p>
#020            </div>
#021        </body>
#022    </html>
```

👨‍💼 008 行代码和 012 行代码使用了相同的 300px，保持父容器高度和子元素的行高一致。这样可以实现单行文字的垂直居中效果。

6. font 简写属性

 前面介绍了很多与字体相关的样式属性，如果在每次使用时都要逐一定义，则会非常麻烦，有没有更加简洁高效的做法呢？

font 简写属性也被称为综合样式属性，可以一次性定义多种字体样式属性，其语法如下（见语法 3-9）。

语法 3-9 font 简写属性语法

定义语法	示例
font: font-style │ font-variant │ font-weight │ font-size/line-height │ font-family;	font: italic bold 12px/2em "SimSun",sans-serif

在上述示例中，使用 font 简写属性一次性定义了 font-style、font-weight、font-size、line-height、font-family 属性，它等价于下面语句。

```
font-style:italic;
font-weight:bold;
font-size:12px;
line-height:2em;
font-family:"simsun",sans-serif;
```

常见的编程错误

　　line-height 属性在 font 简写属性中，必须和 font-size 属性连用，并且需要使用 "font-size/line-height" 的形式。

 技巧

　　在 font 简写属性中，至少包含 font-size 和 font-family 两个值。如果不设置其他值，则使用默认值。

任务 3-4 字体综合练习

 使用字体的相关属性制作并完成如图 3-13 所示的效果。

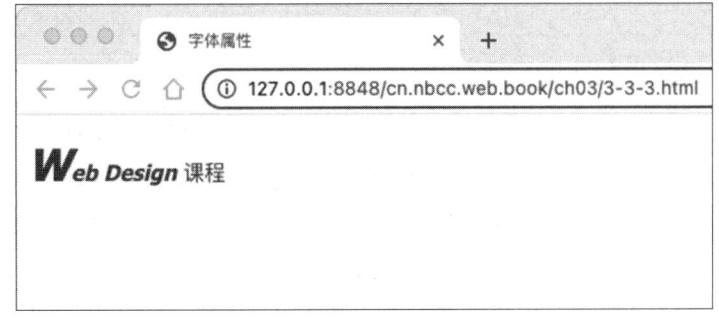

图 3-13 字体综合练习效果

字体综合练习

本任务的实现代码 3-6 如下。

代码 3-6　字体综合练习

```
#001  <!DOCTYPE html>
#002  <html>
#003      <head>
#004          <meta charset="utf-8">
#005          <title>字体属性</title>
#006          <style>
#007              p {
#008                  font-family: tahoma, "microsoft yahei", "\5b8b\4f53", sans-serif;
#009                  color:#f00;
#010              }
#011              span {
#012                  font-weight: bolder;
#013                  font-style: italic;
#014              }
#015
#016              p::first-letter {
#017                  font-size: 2em;
#018              }
#019          </style>
#020      </head>
#021      <body>
#022          <p>
#023              <span>
#024                  Web Design
#025              </span>
#026              课程
#027          </p>
#028      </body>
#029  </html>
```

在上述代码中，008 行使用 font-family 属性指定段落中的整体字体族；009 行使用 color 属性指定段落文字的颜色；012～013 行对 span 包裹的英文字符使用加粗和倾斜效果；016～018 行通过伪元素::first-letter 实现首字母下沉（放大 2 倍）的效果。关于伪元素更详细的用法见 3.3.7 节。

7. text-align 属性控制文本的对齐方式

项目 2 介绍了使用标签的 align 属性可以控制文本的对齐方式。但这种做法违背了 CSS 样式和 HTML 分离的原则。在遵循样式分离的项目中，使用 CSS 样式来控制文本的对齐方式更为普遍。在 CSS 代码中，使用 text-align 属性设置文本对齐方式，其语法如下（见语法 3-10）。

语法 3-10　text-align 属性语法

定义语法	示例
text-align:left|right|center|inherit	text-align:center;

text-align 属性值如表 3-8 所示。

表 3-8　text-align 属性值

属性值	描述
left	默认值，左对齐
right	右对齐
center	居中
inherit	继承父元素的 text-align 属性值

8．text-indent 属性控制首行缩进

使用 text-indent 属性可以实现类似 Word 的首行缩进效果，其语法如下（见语法 3-11）。

语法 3-11　text-indent 属性语法

定义语法	示例
text-indent:length|百分比|inherit	text-indent:2em;

text-indent 属性值如表 3-9 所示。

表 3-9　text-indent 属性值

属性值	描述
length	以 px、pt、em 为单位的固定值，默认为 0
百分比	相对于父元素宽度的百分比
inherit	继承父元素的 text-indent 属性值

9．text-decoration 属性控制文字修饰

使用 text-decoration 属性可以为文字添加删除线、下画线、上画线等装饰线，其语法如下（见语法 3-12）。

语法 3-12　text-decoration 属性语法

定义语法	示例
text-decoration:none|underline|overline|line-through|inherit;	text-decoration:none; text-decoration:underline;

text-decoration 属性值如表 3-10 所示。

表 3-10　text-decoration 属性值

属性值	描述
none	默认值，没有装饰线
underline	下画线
overline	上画线
line-through	删除线
inherit	继承父元素的 text-decoration 属性值

10．letter-spacing 属性控制字符间距

使用 letter-spacing 属性可以增加或减少字符与字符之间的距离，其语法如下（见语法 3-13）。

语法 3-13　letter-spacing 属性语法

定义语法	示例
letter-spacing:normal|length|inherit;	letter-spacing:2em; letter-spacing:-0.8em;

letter-spacing 属性值如表 3-11 所示。

表 3-11　letter-spacing 属性值

属性值	描述
normal	默认值，字符间距为 0
length	以 px、em、pt 为单位的固定值，可以为负值
inherit	继承父元素的 letter-spacing 属性值

11．word-spacing 属性控制单词间距

类似地，使用 word-spacing 属性可以控制单词与单词之间的距离，其语法如下（见语法 3-14）。

语法 3-14　word-spacing 属性语法

定义语法	示例
word-spacing:normal|length|inherit;	word-spacing:2em;

word-spacing 属性值如表 3-12 所示。

表 3-12　word-spacing 属性值

属性值	描述
normal	默认值，单词间距为 0
length	以 px、em、pt 为单位的固定值，可以为负值
inherit	继承父元素的 word-spacing 属性值

👤 在使用 word-spacing 属性时，文本中至少需要有两个英文单词。CSS 通过识别单词之间的空格来判断是否构成一个单词，并应用 word-spacing 属性调整它们之间的距离。

🧑 那中文段落中字词之间不需要空格分隔，使用 word-spacing 属性还有效果吗？

👤 很好的问题，你可以尝试完成以下任务来验证你的想法。

任务 3-5　文字排版控制

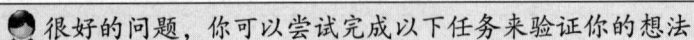

📝 使用本书所附的教学项目源文件中的素材 T03-04.html 编写 CSS 文字样式，实现如图 3-14 所示的文字样式效果。

文字排版控制

图 3-14　文字样式效果

本任务的实现代码 3-7 如下。

代码 3-7　文字排版控制

```
#001  <!DOCTYPE html>
#002  <html>
#003    <head>
#004      <meta charset="utf-8">
#005      <title>字词控制</title>
#006      <style>
#007        p {
#008            font: 16px/2em "SimSun", Sans-serif;
#009            text-indent: 2em;
#010        }
#011
#012        span {
```

```
#013                    color: red;
#014                    font-weight: bolder;
#015                    font-family: "Microsoft YaHei", serif;
#016                    text-decoration: underline;
#017                    letter-spacing: 1.05em;
#018                }
#019
#020            div {
#021                    width: 600px;
#022                    border: 1px solid #ccc;
#023                }
#024        </style>
#025    </head>
#026    <body>
#027
#028        <div id="outer">
#029            <p>
#030                <span>
#031                        宁波城市职业技术学院
```

#032 　　</span>创建于 2003 年，学校的前身是宁波大学职业技术教育学院，是一所面向现代服务业，培养高素质技术技能应用型人才的全日制普通高等职业院校。1992 年，邵逸夫先生捐资兴建原宁波师范学院"逸夫高等职业技术教育中心"，是浙江省最早开展全日制高等职业技术教育的机构之一。1996 年，原宁波大学、原宁波师范学院、原浙江水产学院宁波分院合并组建新的宁波大学，设立宁波大学职业技术教育学院。2000 年，原国家海洋局宁波海洋学校、原国家林业部宁波林业学校并入宁波大学，原宁波林业学校专业、人员和原宁波海洋学校部分专业、人员划归职教学院。2003 年，省政府批准在宁波大学职教学院的基础上组建独立建制的宁波城市职业技术学院。

```
#033            </p>
#034            <p>
```

#035 　　学校办学起步早，办学起点高，自诞生起既秉承了宁波大学优良的高等教育传统，又弘扬了原宁波林业学校、原宁波海洋学校两所部属中专的职教办学经验，一路拓荒辟新、发愤图强。截至目前，学校已为社会输送了 4000 余名职教师资本科毕业生和 7 万余名高职专科毕业生。学校先后被评为浙江省课堂教学创新校、浙江省应用技术协同创新中心校、浙江省高校示范性教师教学发展中心校、浙江省示范性职教集团牵头单位、浙江省高职院校教师信息化教学发展中心校、国家现代学徒制试点学校、全国首批职业院校数字校园建设实验校、全国高职院校服务贡献典型学校、学生发展指数优秀院校和教师发展指数优秀院校等。2020 年，学校获批为浙江省高水平高职学校建设单位，附建园林技术和计算机网络技术两个省高水平建设专业群(A 类)。2021 年，学校荣登全国高职院校服务贡献典型学校、学生发展指数优秀院校和教师发展指数优秀院校榜单。2022 年，学校以 A++等级位列武书连一流高职高专排行榜第 20 位，入选"教育部第一批职业院校数字校园建设试点""浙江省深化新时代教育评价改革综合试点校"，再次以 8 门国家级精品在线课程稳居全国职业院校第一方阵。

```
#036            </p>
#037        </div>
#038    </body>
#039 </html>
```

008 行代码使用 font 简写属性定义段落字体为 16px、行高 2em、宋体，009 行代码定义了段落首行 2 个字符的缩进。随后，012～018 行代码定义了\<span\>标签的样式，即红色、较粗的微软雅黑字体，具有下画线和 1.05em 的字符间距。

3.3.5 自定义字体

网页中除了可以使用现有的系统字体，还可以通过自定义字体的方式引用个性化的字体文件，从而实现特定的艺术效果。它通常分为两个步骤：①定义自定义字体；②引用自定义字体。先来看自定义字体的语法。

```
@font-face{
    font-family:自定义字体的名称;
    src: url('fontfile_url');
}
```

在上述语法中，通过 CSS 的 at 规则（at-rule）@font-face 指定了一个用于显示的自定义字体。字体通过 src 属性加载，src 属性值可以是相对路径或 URL 地址，分别从用户本地或远程服务器进行字体加载。示例代码如下。

```
@font-face{
    font-family:qigong;
    src: url('assets/qigong.ttf');
}
```

上述代码中定义了一个叫 qigong 的自定义字体，并从项目的 assets 文件夹中加载该字体文件。有了自定义字体就可以像普通字体一样，通过 CSS 的字体样式属性使用该字体，其语法格式如下。

```
font-family:qigong;
```

需要注意的是，自定义字体的名称要符合标识符的定义规则，在引用自定义字体时，需要保持引用的字体名称和自定义的字体名称完全一致。

常见的编程错误

引用的字体名称与自定义的字体名称不一致，往往是造成自定义字体不起作用的常见原因。

任务 3-6　使用自定义字体

启功先生是近代著名的书法家、红学家，图 3-15 所示为他的"有始有终 精益求精"书法作品。下面请通过自定义字体规则和引用字体语法，使用自定义思源黑体（SourceHanSansCN）制作如图 3-16 所示的页面效果。

使用自定义字体

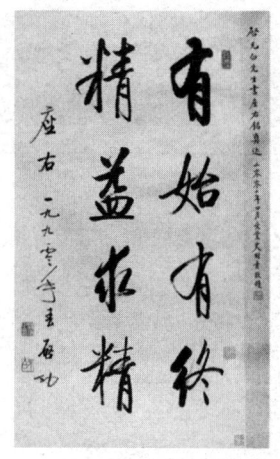

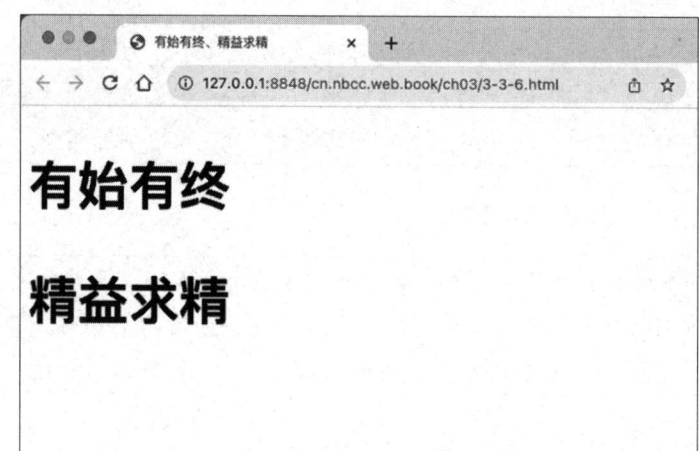

图 3-15　启功先生的书法作品　　　　　　　图 3-16　使用自定义思源黑体的页面效果

　　本任务的实现代码 3-8 如下。

代码 3-8　使用自定义字体

```
#001  <!DOCTYPE html>
#002  <html>
#003      <head>
#004          <meta charset="utf-8">
#005          <title>有始有终、精益求精</title>
#006          <style>
#007          @font-face{
#008              src:url('./assets/ SourceHanSansCN-Bold.otf');
#009              font-family: SourceHanSansCN;
#010          }
#011          h2{
#012              font-family: SourceHanSansCN;
#013              font-size: 3em;
#014          }
#015          </style>
#016      </head>
#017      <body>
#018          <h2>有始有终</h2>
#019          <h2>精益求精</h2>
#020      </body>
#021  </html>
```

007 ~ 010 行代码定义了自定义字体 SourceHanSansCN，并引入了本地字体文件 SourceHanSansCN-Bold.otf。在 011 ~ 014 行代码中，选择<h2>标签，将标签内的字体指定为 SourceHanSansCN，从而将自定义字体应用到选择的对象中，效果如图 3-16 所示。1998 年至 1999 年，受启功先生推荐，"方正启体字库"由秦永龙先生书写，由北京北大方正电子有限公司制作。感兴趣的学生可以下载该字体来替换思源黑体，并查看替换后的效果。

3.3.6　伪类选择器

伪类是一种添加到选择器中的关键字，它用于选择元素的特殊状态。伪类不会创建新的 HTML 元素，而会为已有元素定义不同的样式规则。例如，对链接而言，有未访问（link）、访问过（visited）、悬停（hover）和活动（active）4 种状态。这 4 种状态可以通过伪类选择器进行选中、设置特定样式。伪类语法具体如下（见语法 3-15）。

语法 3-15　伪类语法

定义语法	示例

选择器:伪类{
　　属性 1:属性值 1;
　　属性 2:属性值 2;
}
	button:over{
	　　　text-decoration:underline;
	}

在伪类语法中，使用冒号分隔选择器和伪类。常见的伪类类型描述如表 3-13 所示。

表 3-13　常见的伪类类型描述

伪类类型	描述
:active	选中被激活的元素
:link	选中未访问的元素
:hover	选中鼠标指针悬停的元素
:visited	选中访问过的元素
:focus	选中当前光标所在位置的元素
:first-child	选中元素的第一个子元素
:lang	选中具有 lang 属性的元素

任务 3-7　使用伪类

使用伪类实现如下功能：利用链接制作一个按钮，在默认状态时不显示链接自身的下画线（效果见图 3-17），当鼠标指针悬停在按钮上时显示下画线（效果见图 3-18），单击链接后按钮样式发生改变（效果见图 3-19）。

使用伪类

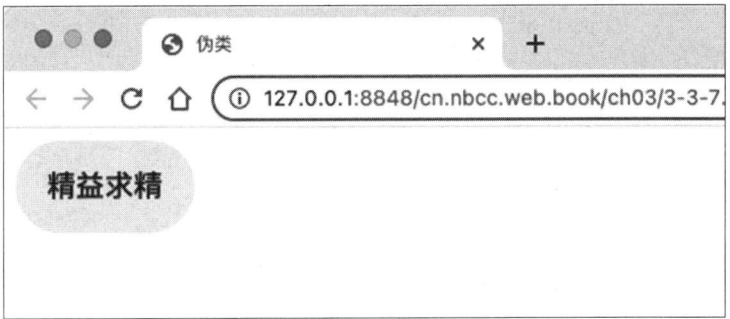

图 3-17　默认状态时的效果

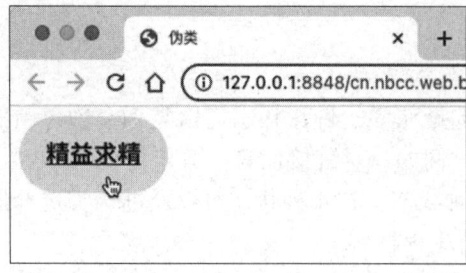
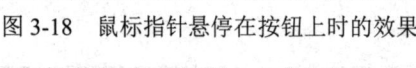

图 3-18　鼠标指针悬停在按钮上时的效果

图 3-19　单击链接后的效果

本任务的实现代码 3-9 如下。

代码 3-9　使用伪类

```
#001  <!DOCTYPE html>
#002  <html>
#003      <head>
#004          <meta charset="utf-8">
#005          <title>伪类</title>
#006          <style type="text/css">
#007              a{
#008                  display:inline-block;
#009                  text-decoration: none;
#010                  width:100px;
#011                  height:50px;
#012                  line-height:50px;
#013                  border-radius:50px;
#014                  padding:5px 10px;
#015                  background-color:#FFE4C4;
#016                  text-align:center;
#017                  color:#a20b0b;
#018                  font-weight:bold;
#019                  font-size: 1.2em;
#020              }
#021              a:hover{
#022                  text-decoration: underline;
#023              }
#024              a:visited{
#025                  background-color:#a20b0b;
#026                  color:#fff;
#027              }
#028          </style>
#029      </head>
#030      <body>
#031          <a href="#">精益求精</a>
#032      </body>
#033  </html>
```

👤 007～020 行代码表示按钮在默认状态时不显示链接自身的下画线，021～023 行代码表示鼠标指针悬停在按钮上时显示下画线。此外，024～027 行代码指定了链接被访问后的按钮样式。

👤 老师，访问过的链接如何恢复呢？

👤 可以打开浏览器的历史记录，找到相应的页面，将其访问记录删除即可，如图 3-20 所示。要想调试不同伪类状态下的样式，开发者工具提供了伪类状态查看器。单击"：hov"后，可以勾选需要强制查看的元素状态，从而方便样式的设定查看和调试，如图 3-21 所示。

图 3-20　删除页面访问记录

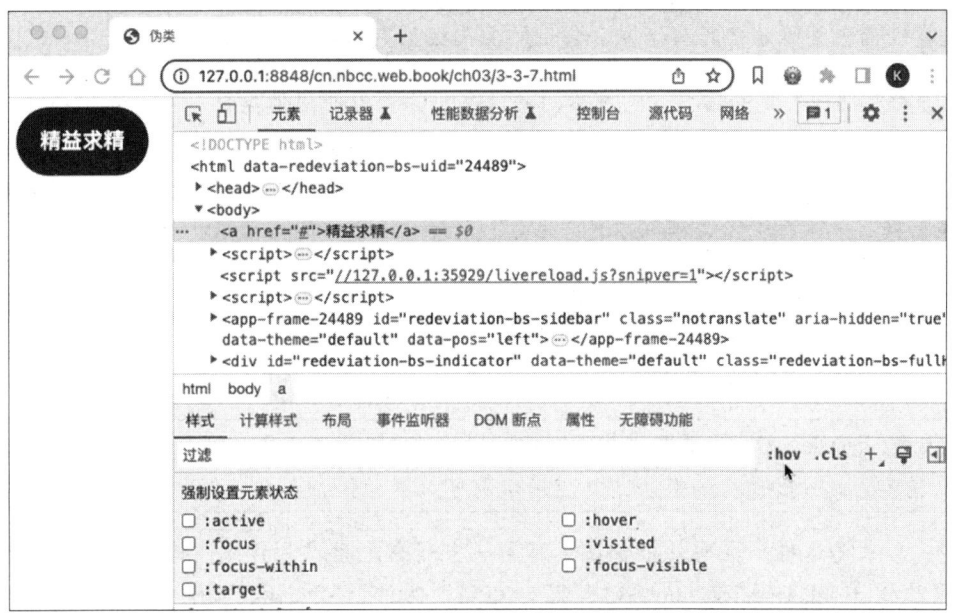

图 3-21　在开发者工具中查看元素状态

3.3.7　伪元素选择器

与伪类不同，伪元素不是一个状态类名，而是一个"幽灵"元素，是一个逻辑上的存在，它在文档树中并不存在，其语法如下（见语法 3-16）。

伪元素选择器

语法 3-16　伪元素语法

定义语法	示例

选择器::伪元素{
　　属性 1:属性值 1;
　　属性 2:属性值 2;
}
	div::before{
	　　background:#ccc;
	}

W3C 规定了常见的伪元素，如表 3-14 所示。

表 3-14　常见的伪元素

伪元素	描述
::first-letter	选中文本的第一个字符
::first-line	选中文本的第一行
::before	在选择器选择的元素之前添加内容，并可以为其添加样式
::after	在选择器选择的元素之后添加内容，并可以为其添加样式

🤔 老师，为什么要有伪类和伪元素这两个看起来很古怪的东西呢？

👨 因为我们知道 HTML 其实就是一个文档树，CSS 之所以要引入这两个概念，是因为要格式化并处理文档树之外的信息。例如，我们要处理一个段落的首字母，以实现下沉的效果；又如，要在一组列表中选择第一个元素。

🤔 伪类和伪元素听着就容易搞错，它们的主要区别有哪些呢？

👨 伪类的典型代表就是链接，它有不同的状态，你可以使用伪类针对不同的状态设置它的样式。这样链接就会根据用户的行为变化（如未访问、悬停、访问过等）而动态变化。这些状态在普通的文档树中是无法描述的，因此 CSS 就引入了伪类来实现。伪元素则是那些具有元素性质，又不存在于文档树中的"幽灵"元素。区分它们还可以从如何实现的角度来思考。例如，在没有伪类和伪元素的情况下，如何实现首字母的下沉效果？

🤔 我可以使用<span>标签来包裹这个开始字符，并对它进行样式处理。例如，<p><span>中</span>国是一个地大物博的国家</p>。

👨 伪元素::first-letter 就是用来代替<span>标签的，它同样可以用来实现首字母的下沉效果。可见，伪元素是一种简化的做法，其应用示例可以参考任务 3-4。

🤔 哦，原来是这样。在列表中如果要对第一个列表元素添加样式，则可以添加一个自定义类，如"<li class="first-one">列表项 1</li>"。另外，可以使用:first-child 伪类来代替这种做法。

 良好的编程习惯

　　尽管伪类和伪元素前面都使用单冒号，但为了在代码中更好地区别伪类和伪元素，建议在写伪元素时使用两个单冒号。例如，写成::before 的形式。

3.3.8　通用选择器

HTML 标签在浏览器中有默认的样式，如<p>标签有上、下边距样式，<strong>标签有字体加粗样式，<em>标签有字体倾斜样式。不同浏览器的默认样式之间也会有差别，如<ul>标签默认带有缩进样式，在 IE 浏览器中，它的缩进是通过 margin 实现的；而在 Firefox 浏览器中，它的缩进是通过 padding 实现的。在切换页面时，浏览器的默认样式往往会给我们带来麻烦，影响开发效率。

解决上述问题的方法就是先将浏览器的默认样式全部删除，更准确地说就是通过重新定义标签样式"覆盖"浏览器的 CSS 默认样式。简单的做法是利用通用选择器将浏览器提供的默认样式覆盖。

通用选择器也被称为"通配符"选择器，即使用通配符"*"选择文档中的所有标签元素。其语法如下（见语法 3-17）。

语法 3-17　通用选择器语法

定义语法	示例

*{
　　属性1:属性值 1;
　　属性2:属性值 2;
}
	*{
	　　margin:0px;
	　　padding:0px;
	}

正如上文所说，标签浏览器都有自身默认的显示样式，不同浏览器的默认显示样式会有所不同。为了更好的兼容性，通常需要使用通用选择器实现元素默认样式的重置。

类似于程序中的初始化，上述示例的意思就是将所有标签自带的 margin 和 padding 都初始化为 0px 吧。

非常正确，关于 margin、padding 的部分，在项目 5 中会有进一步的介绍。

技巧

在实际开发过程中，有时并不会完全重置 CSS 默认样式，而会采取一种可定制的 CSS 方案。例如，Normalize.css 保留了有用的默认样式，并通过标准化样式纠正常见错误和浏览器的不一致性。关于它的具体使用方法，可以参考 Normalize.css 官网了解更多内容。

3.4　小结

本项目介绍了 CSS 的发展历程、常用的基本选择器的用法。常用的基本选择器主要包括：标签选择器、id 选择器、类选择器。它们是构成高级选择器的前提和基础，需要重点掌握。此外，本项目还着重介绍了与文字相关的样式，以及伪类和伪元素的区别。

3.5 作业

一、选择题

1. 下列选项中，不是伪类的是（　　　）。

A. ::before B. :link C. :visited D. :first-child

2. 关于文字的样式排版，说法错误的是（　　　）。

A. 设置字体大小使用 font-size 属性 B. 设置字体粗细使用 font-weight 属性

C. 设置文字行距使用 line-height 属性 D. 设置字体颜色使用 font-color 属性

3. 下列选项中，优先级最高的样式是（　　　）。

A. id B. 类 C. 标签 D. 通用*

4. 关于 CSS 类，说法错误的是（　　　）。

A. 通过 CSS 类可以实现代码的复用 B. CSS 类必须应用在同一个标签上

C. CSS 类可以应用在不同的标签上 D. 一个元素可以同时拥有多个 CSS 类

5. 关于 CSS 选择器，说法错误的是（　　　）。

A. id 选择器在同一个页面中必须唯一

B. 类选择器在页面中的使用率比 id 选择器的高

C. 如果 id 选择器和类选择器都能实现同样的样式效果，则应优先选择 id 选择器

D. 在不同的页面中，可以使用相同的 id

二、操作题

请使用 font-face 自定义字体语法、引用规则和思源黑体，以《沁园春·雪》这首词为主题，实现个性化的图文创作。

三、项目讨论

讨论主题

　　简述自定义字体的基本步骤和实现要点。

使用 CSS 高级选择器美化页面

思政课堂

经过几代航天人的接续奋斗，我国航天事业创造了以"两弹一星"、载人航天、月球探测为代表的辉煌成就，走出了一条自力更生、自主创新的发展道路，积淀了深厚博大的航天精神。继承和发扬航天精神是我们这代人的责任和义务。

学习目标

- 掌握交集选择器语法
- 掌握并集选择器语法
- 掌握后代选择器语法
- 掌握子元素选择器语法
- 掌握相邻兄弟选择器语法
- 掌握属性选择器语法
- 掌握 Emment 语法

技能目标

- 能使用交集选择器
- 能使用并集选择器
- 能使用后代选择器
- 能使用子元素选择器
- 能使用相邻兄弟选择器
- 能使用属性选择器
- 能使用 Emmet 语法

素养目标

- 培养严谨求实的劳动态度
- 培养勇于探索、崇尚科学的意志和品德
- 培养科技报国的崇高理想

复合选择器

4.1 复合选择器

复合选择器是指通过对基本选择器进行组合而形成的更为复杂的选择器。常用的复合选择器主要包括：交集选择器、并集选择器、后代选择器、子元素选择器、相邻兄弟选择器和属性选择器。

4.1.1 交集选择器

交集选择器又被称为标签指定式选择器，它由两个选择器拼接而成，其中，第一个选择器必须是标签选择器，第二个选择器必须是类选择器或 id 选择器，两个选择器直接相连，中间不能有任何空格，其具体语法如下（见语法 4-1）。

语法 4-1 交集选择器语法

定义语法	示例

标签选择器.类选择器|#id 选择器{
　　属性 1:属性值 1;
　　属性 2:属性值 2;
}
	div.nav{
	　　background:#f00;
	}

> 👨 交集选择器不仅具有标签选择器，还具有类选择器或 id 选择器，它有什么具体含义呢？

> 👤 对照上述示例，我们就可以很容易理解它的语义了。这个示例中，选择器部分同时具有 div 和.nav 类样式（中间没有任何空格），这就是交集选择器，它所选定的 div 具有比一般<div>标签更精准的要求，也就是说，它所选中的<div>标签必须具备.nav 类样式属性。这也就意味着只有<div class="nav">的节点会被选中，而不具有该属性特征的 div 节点是不会被选中的。

> 👨 难怪它也叫标签指定式选择器，可以利用它指定具有特定类或 id 属性的标签。

> 👤 下面我们一起来看一个交集选择器的示例，如代码 4-1 所示。

代码 4-1 交集选择器

```
#001    <!DOCTYPE html>
#002    <html>
#003        <head>
#004        <meta charset="utf-8">
#005        <title>交集选择器</title>
#006        <style>
#007            div{
#008                width: 500px;
#009                height: 30px;
#010                background: antiquewhite;
#011                border:2px solid darkgray;
#012            }
```

#013	div.blue{
#014	background: aliceblue;
#015	}
#016	div#nav{
#017	background: darkgoldenrod;
#018	}
#019	</style>
#020	</head>
#021	<body>
#022	<div class="blue">交集选择器:div.blue</div>
#023	<div id="nav">交集选择器:div#nav</div>
#024	<div>标签选择器</div>
#025	</body>
#026	</html>

007～012 行代码使用标签选择器设置页面中的 3 个<div>标签的宽度为 500px、高度为 30px，并指定其边框为 2px 的深灰色实线。013～015 行代码通过交集选择器 div.blue，指定具有.blue 类样式的<div>标签（即 022 行的<div>标签）的背景色为 aliceblue。016～018 行代码通过交集选择器 div#nav，指定具有 id 为 nav 的<div>标签（即 023 行的<div>标签）的背景颜色为 darkgoldenrod。交集选择器的运行效果如图 4-1 所示。

图 4-1 交集选择器的运行效果

4.1.2 并集选择器

并集选择器又叫分组选择器或群组选择器，它是由两个或两个以上的任意选择器组成的，各选择器之间使用","分隔。可以将并集选择器视作任意选择器的组合，其中定义的样式规则对这些选择器均有效，并集选择器语法如下（见语法 4-2）。

语法 4-2 并集选择器语法

定义语法	示例

选择器 1,
选择器 2,
选择器 3,
...{
　　属性 1:属性值 1;
　　属性 2:属性值 2;
}
	div,#main,.nav{
	　　color:red;
	}

👨 你也可以将并集选择器看成基本选择器的一种组合，它实现了样式代码的有效复用。例如，上述示例中的代码等价于如下语句。

```
div{     color:red;}
#main{   color:red;}
.nav{color:red}
```

🐱 原来如此，这也就是它为什么又叫分组选择器或群组选择器的原因了。

👨 接下来，一起来看一个并集选择器的示例，如代码 4-2 所示。

代码 4-2　并集选择器

```
#001    <!DOCTYPE html>
#002    <html>
#003        <head>
#004            <meta charset="utf-8">
#005            <title>并集选择器</title>
#006            <style>
#007                div,span,.nav{
#008                    color:red;
#009                }
#010
#011            </style>
#012        </head>
#013        <body>
#014            <div>并集选择器 div</div>
#015            <span>并集选择器 span</div>
#016            <p class="nav">并集选择器 p</div>
#017        </body>
#018    </html>
```

014～016 行代码定义了<div>、<span>和<p>3 个标签，利用并集选择器将 color:red 样式规则同时应用到上述 3 个标签中，可以起到多个选择器"集体声明"的效果。并集选择器的运行效果如图 4-2 所示。

图 4-2　并集选择器的运行效果

4.1.3　后代选择器

前面讲到对于 HTML 元素的嵌套关系，可以将其视为一种父子关系。元素之间的这种层级关系形成了一种特殊的上下文关系。通过后代选择器，可以更快、更确切地找到特定元素，其语法如下（见语法 4-3）。

语法 4-3　后代选择器语法

定义语法	示例

选择器 1 选择器 2 选择器 3...{
　　属性 1:属性值 1;
　　属性 2:属性值 2;
}
	ul a{
	　　　color:red;
	}

下面一起来看一个后代选择器的示例，如代码 4-3 所示。

代码 4-3　后代选择器

```
#001    <!DOCTYPE html>
#002    <html>
#003       <head>
#004           <meta charset="utf-8">
#005           <title>后代选择器</title>
#006           <style>
#007               ul,li{
#008                   margin:0px;
#009                   padding:0px;
#010               }
#011               ul li{
#012                   height: 30px;
#013                   background-color: lightgrey;
#014                   margin-bottom:2px;
#015               }
#016               ul a{
#017                   color:red;
#018               }
#019           </style>
#020       </head>
#021       <body>
#022           <ul>
#023               <li><a href="">link1</a></li>
#024               <li><a href="">link2</a></li>
#025               <li><a href="">link3</a></li>
#026               <li><a href="">link4</a></li>
#027               <li><a href="">link5</a></li>
#028           </ul>
#029           <a href="">link6</a>
#030       </body>
#031    </html>
```

022～028 行代码定义了一个具有 5 个元素的无序列表，每个列表元素都包含一个链接元素。对 ul 元素而言，li 是其直接子元素，a 是其直接子元素 li 的子元素，可以将 a 视为后代元素。007～010 行代码利用并集选择器对 ul、li 元素进行初始化，先通过 ul li 后代选择器选中 ul 中的所有列表元素，指定它的高度和背景颜色，以及列表元素之间的外间距，再通过 ul a 后代选择器选中 ul 中的所有链接，指定它的前景字体色为红色。后代选择器的运行效果如图 4-3 所示。

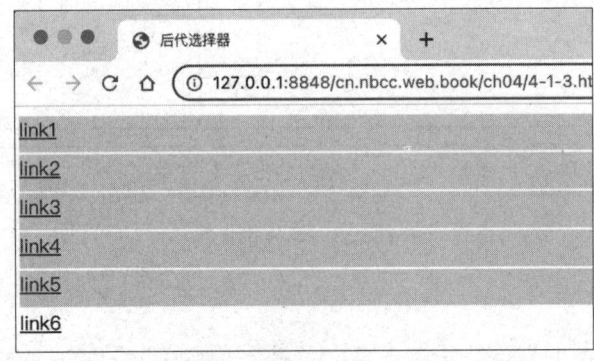

图 4-3　后代选择器的运行效果

👨 老师，在 023 行代码中，li 是 ul 的直接子元素，直接子元素是否可以被视作一种特殊的后代选择器？

👨 这个问题非常好，确实如此，直接父子关系是一种特殊的后代关系。后面我们马上会讲到更特殊的子元素选择器。通过对比这两个示例，你可以更好地区分后代选择器和子元素选择器。在阅读后代选择器时，每个空格都可以被翻译成类似"xxxxx 作为 xxx 的后代"这样的语言。例如，ul a 可以理解为 a 作为 ul 的后代。

👨 老师，在书写后代选择器时，从哪个父元素开始，到哪个子元素结束，有没有具体要求？

👨 这是一个经常困扰初学者的典型问题。不管何种选择器，其作用都是帮助代码开发者实现将样式规则运用到指定元素中。因此，后代选择器相当于提供了一种特定上下文的限定，只要这个上下文关系足够覆盖你要运用规则的元素就可以了。通常，在自左向右书写时，左侧是父元素，随后可以是任何嵌套层次的后代元素。

✅ **良好的编程习惯**

后代选择器在确保选中效果的前提下，以尽可能简单为原则，从而便于书写和阅读。

在本示例中，ul a 后代选择器选中了无序列表中的所有后代元素 a，它与 ul li a 的效果等价。写成 ul li a 这样的上下文关系和使用 ul a 这样的层级关系的选中效果是一样的。由于本示例相对简单，因此这两种写法均可，但在实际复杂的案例中，就容易误选或错选其他元素。所以，应遵循准确且精简的原则。

4.1.4　子元素选择器

后代选择器可以选择某个元素指定类型的所有后代元素，如果只想选择某个元素的直接子元素，而不包括间接后代元素（如孙子元素、重孙子元素等），则可以使用子元素选择器，其语法如下（见语法 4-4）。

语法 4-4　子元素选择器语法

定义语法	示例

选择器 1>选择器 2{
　　属性 1:属性值 1;
　　属性 2:属性值 2;
}
	h1>span{
	　　color:red;
	}

结合上述语法，下面一起来看一个子元素选择器的示例，如代码 4-4 所示。

代码 4-4　子元素选择器

```
#001   <!DOCTYPE html>
#002   <html>
#003     <head>
#004       <meta charset="utf-8">
#005       <title>子元素选择器</title>
#006       <style>
#007         ul,li {
#008             margin: 0px;
#009             padding: 0px;
#010         }
#011         ul li {
#012             height: 30px;
#013             background-color: lightgrey;
#014             margin-bottom: 2px;
#015         }
#016         ul li a{
#017             color:yellow;
#018         }
#019         /* ul li>a {
#020             color: red;
#021         } */
#022       </style>
#023     </head>
#024     <body>
#025       <ul>
#026         <li><a href="">link1</a></li>
#027         <li><a href="">link2</a></li>
#028         <li><a href="">link3</a></li>
#029         <li><a href="">link4</a></li>
#030         <li><a href="">link5</a></li>
#031       </ul>
#032       <ul>
```

```
#033              <li><span><a href="">link6</a></span></li>
#034              <li><span><a href="">link7</a></span></li>
#035              <li><span><a href="">link8</a></span></li>
#036              <li><span><a href="">link9</a></span></li>
#037              <li><span><a href="">link10</a></span></li>
#038          </ul>
#039      </body>
#040  </html>
```

运行上述代码，可以看到如图 4-4 所示的子元素选择器的运行效果。运行效果中的所有链接字体都为黄色，究其原因，是由于在 016 行代码中，选择器部分使用 ul li a 后代关系，不仅选中了 ul li a，还选中了 ul li span a 的所有链接。取消 019～021 行代码的注释，再次刷新页面，可以看到如图 4-5 所示的子元素选择器的运行效果。这是因为只有 link1～link5 符合 ul li>a 的上下文关系。因此，这些元素被选中并被设置为红色。

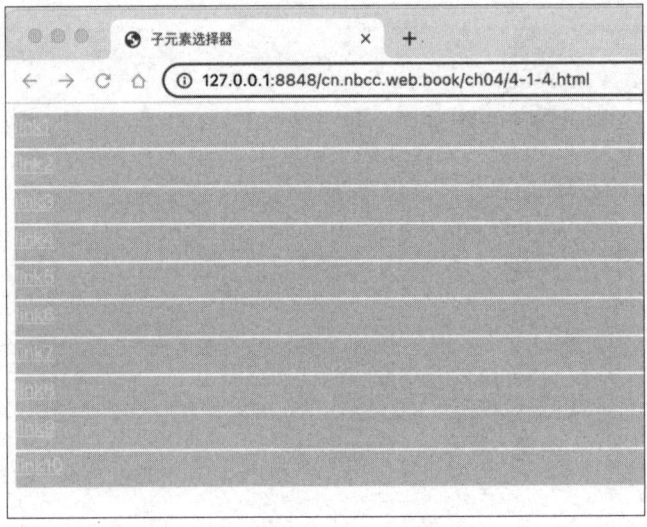

图 4-4　子元素选择器的运行效果（1）

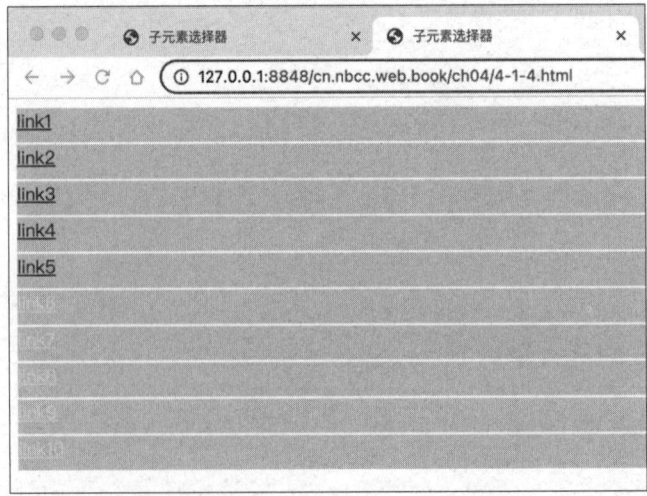

图 4-5　子元素选择器的运行效果（2）

通过本示例可以看出，后代选择器是一种较为宽泛的上下文选择器，只要符合上下文关系，不管嵌套层级如何，都可以被选中；而子元素选择器是一种相对严格的上下文选择器，不仅要符合上下文关系，还要符合一定的父子关系。以上就是两者的最大区别。

4.1.5 相邻兄弟选择器

除了父子关系，如果要选择相邻的兄弟元素，则可以使用相邻兄弟选择器，其语法如下（见语法 4-5）。

语法 4-5 相邻兄弟选择器语法

定义语法	示例

选择器 1+选择器 2{
　　属性 1:属性值 1;
　　属性 2:属性值 2;
}
	h1+p{
	　　color:red;
	}

下面一起来看一个相邻兄弟选择器的示例，如代码 4-5 所示。

代码 4-5 相邻兄弟选择器

```
#001    <!DOCTYPE html>
#002    <html>
#003      <head>
#004        <meta charset="utf-8">
#005        <title>相邻兄弟选择器</title>
#006        <style>
#007          h1+p{
#008            background: lemonchiffon;
#009            color:#f00;
#010            height: 30px;
#011            border:1px solid #ccc;
#012          }
#013        </style>
#014      </head>
#015      <body>
#016        <h1>争创文明校园</h1>
#017        <p>做文明人</p>
#018        <p>办文明事</p>
#019        <p>讲文明话</p>
#020      </body>
#021    </html>
```

007 行代码中的 h1+p 表示紧挨 h1 后出现的 p，符合该条件的元素将被选中。在上述示例中，"做文明人"符合该条件，因此它应用了 008～011 行代码中的样式规则。相邻兄弟选择器的运行效果如图 4-6 所示。

图 4-6　相邻兄弟选择器的运行效果（1）

考考你，如果将 007 行代码中的 h1+p 相邻兄弟选择器改为 p+p 相邻兄弟选择器，你猜猜哪些元素会被选中？

p+p 意味着前者是段落元素，与其相邻的段落元素才是要选中的对象。因此，"办文明事"符合这样的条件。

还有吗？

哦，对了，对"办文明事"而言，与它相邻的"讲文明话"也符合该条件。所以，后两个段落也都会应用该样式规则。果然，如图 4-7 所示的运行效果验证了我的想法。

图 4-7　相邻兄弟选择器的运行效果（2）

这里我还发现一个有趣的地方，对"办文明事"而言，"做文明人""讲文明话"都与其相邻，但起作用的只有后续相邻的兄弟元素，对前序相邻的兄弟元素并不起作用。

你的这个发现非常重要，也是初学者容易犯错的地方。在相邻兄弟选择器中，并不是所有紧挨着的元素都是相邻的兄弟元素，确切地说是后续相邻的兄弟元素。

💡 **技巧**

从语法 4-5 中可以看出，相邻兄弟选择器是指由选择器 1 选中的元素出发，其后续相邻的且符合选择器 2 条件的那些元素。

4.1.6 属性选择器

HTML 标签可以包含一些属性的定义，通过属性选择器可以选定具有特定属性的标签。通常，可以使用两种方法来定义属性选择器，其语法如下（见语法 4-6）。

语法 4-6 属性选择器语法

定义语法	示例

[属性表达式 1][属性表达式 2]...{
 	
　　　属性 1:属性值 1;
 	
　　　属性 2:属性值 2;
 	
}
	[title]{
	
	　　　font-size:36px;
	
	}

标签选择器[属性表达式 1][属性表达式 2]...{
 	
　　　属性 1:属性值 1;
 	
　　　属性 2:属性值 2;
 	
}
	a[href][title]{
	
	　　　font-size:36px;
	
	}

从上述示例中可见，属性选择器可以由一对中括号和一组属性表达式来表示。常见的属性选择器如表 4-1 所示。

表 4-1 常见的属性选择器

类型	选择器	描述
根据属性选择	[属性]	选择带有指定属性的元素
根据属性和属性值选择	[属性=值]	选择带有指定属性和属性值的元素
根据部分属性值选择	[属性~=值]	选择属性值中包含指定值的元素，注意该值必须是一个完整的单词
子串匹配属性值	[属性|=值]	选择属性值以指定值开头的元素，注意该值必须是一个完整的单词或将 "-" 作为连接符连接后续内容的字符串，如 "en-"
	[属性^=值]	选择属性值以指定值开头的元素
	[属性$=值]	选择属性值以指定值结尾的元素
	[属性*=值]	选择属性值中包含指定值的元素

下面通过一个综合示例演示属性选择器的使用方法，如代码 4-6 所示。

代码 4-6 属性选择器

```
#001    <!DOCTYPE html>
#002    <html>
#003        <head>
#004            <meta charset="utf-8">
#005            <title>属性选择器</title>
#006            <style>
#007                [title]{
#008                    color:#f6f;
#009                }
#010                a[href]{
```

```
#011                    text-decoration: none;
#012               }
#013               a[href][title]{
#014                    font-size: 18px;
#015               }
#016               img[alt]{
#017                    border:1px dashed #ccc;
#018                    float:left;
#019                    max-width: 100px;
#020                    padding:5px;
#021                    margin-right:10px;
#022               }
#023          </style>
#024     </head>
#025     <body>
#026          <h1 title="中国航天员">中国航天员</h1>
#027          <dd>杨利伟</dd>
#028          <dt>
#029               <img src="./images/astronaut.png" alt="宇航员">
#030          男,1965年6月出生,辽宁省绥中县人,共产党员。<a href="#" title="任务时间">2003
        年10月15日至16日</a>执行神舟五号载人飞行任务,被授予<a href="#">"航天英雄"</a>称号。</dt>
#031     </body>
#032 </html>
```

007～009 行代码使用[title]属性选择器，选择所有 HTML 标签中具有 title 属性的元素，将其字体前景色设置为#f6f；013～015 行代码用于选择同时具有 href 属性和 title 属性的 a 元素，将其字体大小设置为 18px，030 行代码中的"2003 年 10 月 15 日至 16 日"链接符合该条件；016～022 行代码对具有 alt 属性的 img 图片进行样式设定（即 029 行代码中的<img>标签），设置图片的边框线和内边距，指定图片的最大宽度为 100px，同时使用 float:left 实现图片的图文混排效果，使用 margin-right 调整文字和图片之间的间距，属性选择器最终运行效果如图 4-8 所示。

图 4-8　属性选择器最终运行效果

4.2　应用样式的常用方式

为了方便代码演示，代码 4-6 中的 CSS 由 \<style\> 标签包裹，并写在 HTML 的 \<head\> 标签内部。事实上，有 3 种方式可以将 CSS 应用到 HTML 中，分别是行内式（也称内联式，英文为 inline）、内嵌式（embeded）、链接式（external）。针对这些 CSS，其相应的样式表也被分别称为行内式样式表、内嵌式样式表和外部样式表。

应用样式的常用方式

4.2.1　行内式

行内式通常针对某个特定的 HTML 标签，通过在 HTML 标签中使用 style 属性来实现。样式语句直接以 style 属性值的形式写在标签内部，其语法如下。

```
<标签名 style="属性1:属性值1;属性2:属性值2;…" …>
```

👨 由于行内式直接写在标签内部，其操作和应用的对象就是该标签，因此在使用行内式书写 CSS 时，不需要选择器，所有样式规则仅对该标签起作用。

下面通过代码 4-7 演示行内式的使用方法，运行效果如图 4-9 所示。

代码 4-7　行内式

```
#001    <!DOCTYPE html>
#002    <html>
#003        <head>
#004            <meta charset="utf-8">
#005            <title>行内式</title>
#006        </head>
#007    <body>
#008        <h2>中国航天员</h2>
#009        <p>杨利伟</p>
#010        <p style="font:italic 18px ;color :#f6f">费俊龙</p>
#011        <p>聂海胜</p>
#012    </body>
#013    </html>
```

图 4-9　行内式的运行效果

4.2.2 内嵌式

> 行内式的用法简单、直接，缺点在于无法很好地实现样式代码的复用。如果你要对上述示例中的多名航天员的名字应用同样的样式效果，则需要在每名航天员的名字所在的标签内添加同样的样式代码，非常麻烦，也不便于后期的代码维护。

使用内嵌式可以在同一个页面中实现样式代码的复用。它的用法就是在页面的<head>标签内部使用<style>标签将 CSS 样式嵌入 HTML。由于此时样式代码在 HTML 内部，因此内嵌式样式表也被称为内部样式表，其语法如下。

```
<head>
…
<style type="text/css">
    选择器{
        属性1:属性值1;
        属性2:属性值2;
        …
}
</style>
</head>
```

> 需要注意的是，行内式中的样式代码以 style 属性值的形式出现；而内嵌式中的样式代码是嵌入<style>标签的，并置于<head>标签内部。

常见的编程错误

在使用内嵌式时，没有将样式代码嵌入<style>标签、<style>标签没有置于<head>标签内部，这些都是初学者在书写时常见的编程错误。

技巧

在<style>标签中，type="text/css"用于定义文件的类型为样式文件。在 HTML5 中，该 type 属性可以省略，并简写为<style>…</style>。

下面通过代码4-8演示内嵌式的使用方法。

代码4-8　内嵌式

```
#001    <!DOCTYPE html>
#002    <html>
#003        <head>
#004            <meta charset="utf-8">
#005            <title>内嵌式</title>
#006            <style>
#007                .highlight{
#008                    font:italic 18px ;
#009                    color :#f6f;
```

```
#010                        }
#011                    </style>
#012            </head>
#013            <body>
#014                    <h2>中国航天员</h2>
#015                    <p class="highlight">杨利伟</p>
#016                    <p class="highlight">费俊龙</p>
#017                    <p class="highlight">聂海胜</p> </body>
#018    </html>
```

👨 在图 4-9 中，只有"费俊龙"带有定义样式。如果要实现其他航天员的名字应用"费俊龙"的样式，则可以将"费俊龙"的样式代码提取出来，抽象成 .highlight 类，并由 007～010 行代码实现。

🧑 使用类样式的代码我熟悉，如果要实现"杨利伟""聂海胜"使用同样的样式效果，则可以直接给这两个段落标签添加相同的类属性。这种将相同的样式统一定义在 <style> 标签中的方式确实实现了样式代码的高效复用。图 4-10 所示为应用 .highlight 类样式的效果。

图 4-10   应用 .highlight 类样式的效果

👨 内嵌式可以帮助我们实现同一个页面内的样式代码复用。但如果我们当前开发的是一个大型的网站，它拥有多个不同的页面，则当需要让这些页面具有一致的样式风格时，又该怎么办呢？接下来讲到的外部样式表（也称链接式样式表）就可以满足这样的需求。

4.2.3　链接式

使用链接式的主要目的是实现多个页面复用 CSS，从而保证页面风格统一的效果。它将样式代码抽取定义到一个独立的样式表文件中，通过在 <head> 标签中使用 <link> 标签进行引入的方式来实现，其语法如下。

```
<link rel="stylesheet" type="text/css" href="css 外部文件" />
```

这里的 rel="stylesheet" 定义了链接的 CSS 文件和 HTML 文档之间的关系，href 属性用于指定链接的 CSS 文件（通常使用相对路径）。

如果省略上述的 type 属性，则该样式同样可以工作。这是因为在没有指定 type 属性时，浏览器会查看 rel 属性值，并猜测 type 属性值。如果 rel 属性值是 stylesheet，则浏览器会猜测其 type 属性值为 text/css。

💡 技巧

省略 type 属性，由浏览器根据 rel 属性值猜测 type 属性值是一种常用的简化做法。

任务 4-1　将内嵌式改为链接式

📋 请将 4.2.2 节中的内嵌式改为链接式。

为了完成该任务，我们需要执行如下步骤。

（1）为了便于管理站点中的样式表文件，需要新建一个名为 css 的目录。

（2）创建一个样式表文件，将其命名为 style.css，并置于 css 目录中，如图 4-11 所示。

将内嵌式改为
链接式

```
∨ 📁 ch04
   ∨ 📁 css
        {} style.css
```

图 4-11　创建样式表文件

（3）将相关样式代码抽取定义到 style.css 样式表文件中，如图 4-12 所示。

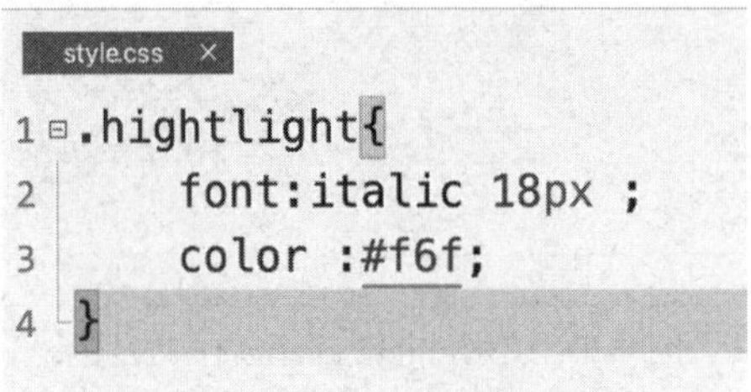

```
style.css  ×
1 .hightlight{
2     font:italic 18px ;
3     color :#f6f;
4 }
```

图 4-12　style.css 样式表文件

（4）使用链接语法，将样式表文件引入 HTML 文件。

本任务的实现代码 4-9 如下。

代码 4-9　链接式

```
#001  <!DOCTYPE html>
#002  <html>
#003      <head>
#004          <meta charset="utf-8">
#005          <title>链接式</title>
#006          <link rel="stylesheet" href="css/style.css">
#007      </head>
#008      <body>
#009          <h2>中国航天员</h2>
#010          <p class="highlight">杨利伟</p>
```

```
#011                <p class="highlight">费俊龙</p>
#012                <p class="highlight">聂海胜</p>
#013        </body>
#014    </html>
```

006 行代码删除了原有的<style>内部样式标签，取而代之的是一个外部样式表文件的<link>标签，该标签的 href 属性指定了当前文件和要引用的样式表文件的相对路径关系。从当前文件 4-2-3.html 中找到 style.css 样式表文件的相对路径关系为"css/style.css"，如图 4-13 所示。

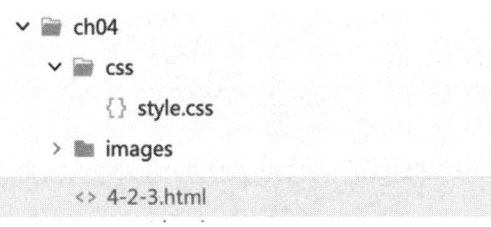

图 4-13　当前文件与样式表文件的相对路径关系

（5）运行并查看效果，如果一切引用正确，则会看到如图 4-10 所示的运行效果。

> 外部样式表应用 CSS 的突出优点是将 CSS 和 HTML 彻底分离，从而可以实现一个 CSS 链接不同的 HTML 页面。例如，此时创建了一个 4-2-4.html 文件，在该文件中，要想复用先前定义的.highlight 类样式，只需通过 link 语句引入 style.css 样式表文件。

 良好的编程习惯

　　在开发整站的项目中，优先使用外部样式表可以提高 CSS 代码的复用率，提升样式表的可维护性。

4.3　解决 CSS 冲突的问题

　　CSS 冲突的问题及其解决方法是初学者必须掌握的核心应用。通常，CSS 根据①优先级原则；②就近原则；③覆盖原则；④!important 原则解决 CSS 冲突的问题。请根据本节描述，完成相关代码并观察样式原则和最终运行效果之间的对应关系。

解决 CSS 冲突的问题

> 截至目前，我们已经学习了复合选择器的语法。通过基本选择器的不同组合，形成了交集选择器、并集选择器、后代选择器、子元素选择器、相邻兄弟选择器和属性选择器。当将多个 CSS 样式应用到同一个元素上时，这些样式之间可能存在一定的冲突，相关代码 4-10 如下。

代码 4-10　样式冲突

```
#001    <!DOCTYPE html>
#002    <html>
#003        <head>
#004            <meta charset="utf-8">
```

```
#005                <title>CSS 冲突与解决 1</title>
#006                <style>
#007                    p{color:red;}
#008                    .highlight{color:yellow;}
#009                    #p1{color: blue;}
#010                    p#p1{color:green;}
#011                </style>
#012            </head>
#013        <body>
#014            <h2>中国航天员</h2>
#015            <p id="p1" class="highlight">杨利伟</p>
#016            <p class="highlight">费俊龙</p>
#017            <p class="highlight">聂海胜</p>
#018        </body>
#019    </html>
```

007 行代码使用标签选择器将所有的段落元素 p 的前景色设置为红色；同时 008 行代码使用.highlight 类选择器将前景色黄色应用到具有类样式的段落元素 p 中。此时，对 015～017 行代码中的 3 个段落元素 p 而言，既应用了 007 行的样式，又被 008 行的类选择器选中并应用该样式，由此产生的冲突该如何解决呢？浏览器最终显示的依据和决策是什么呢？其实，在显示页面时，浏览器会遵循以下原则来解决用户定义的样式冲突问题。

1. 优先级原则

优先级原则是指每个样式规则都有一套优先级计算规则，当产生样式冲突时，以优先级高的样式作为最终的显示效果。样式的优先级由样式类型和选择器类型决定，CSS 规范对不同的样式类型设置了不同的权重：行内式（记为 A）>内嵌式/链接式。不同的选择器也存在不同的优先级：id 选择器（记为 B）>类选择器/伪类选择器/属性选择器（记为 C）>标签选择器/伪元素选择器（记为 D）>通用选择器/子元素选择器/相邻兄弟选择器。

这里的 A、B、C、D 四个等级如同十进制数中的千位、百位、十位、个位。A 的等级最高，权重也最大。由此可构建如表 4-2 所示的优先级权重表。

表 4-2　优先级权重表

选择器	A（style）	B（id 的数目）	C（class 的数目）	D（标签的数目）	优先级（组合值）
*	0	0	0	0	0
p	0	0	0	1	1
p a	0	0	0	2	2
p a.color	0	0	1	2	12
p .color .text	0	0	2	1	21
p .color div #news	0	1	1	2	112
style=""	1	0	0	0	1000

当产生样式冲突时，将根据样式类型和选择器类型计算优先级权重，并以优先级高的样式作为最终的显示效果。

👨 对于通用选择器，其id、class及标签的数目均为0，因此它的优先级为0；而对于p a后代选择器，它包含两个标签，因此它的优先级为2。

🎥 哦，原来如此。对于p a.color复合选择器，它包含一个后代选择器，同时包含一个a.color交集选择器。根据表4-2可知，其class的数目为1，标签的数目为2，因此它的优先级为12。

👨 对于p .color div #news这样复杂的复合选择器，可以看到它具有一个id、一个类、两个标签，因此它的优先级是112。

🎥 优先级最高的是行内样式style了，它的权重直接上升为1000。

👨 了解了这些以后，我们再来看本节中出现的冲突问题。利用优先级权重表可以将代码4-10中各选择器统计为表4-3，以利用优先级解决冲突。对于"杨利伟"段落，它既被p选择器选中，又被.highlight选择器选中，还被#p1选择器和p#p1选择器选中。最终，浏览器计算它们的优先级，以最高优先级（101）作为显示依据。也就是说，浏览器中最终看到的是绿色字体。

表4-3　利用优先级解决冲突

选择器	A（style）	B（id的数目）	C（class的数目）	D（标签的数目）	优先级（组合值）
p	0	0	0	1	1
.highlight	0	0	1	0	10
#p1	0	1	0	0	100
p#p1	0	1	0	1	101

🎥 确实如此，即便我调整样式定义的先后顺序，"杨利伟"段落最终的显示效果始终是绿色字体，如图4-14所示。

图4-14　"杨利伟"段落最终的显示效果

2. 就近原则

就近原则主要是针对继承关系的，越靠近要格式化的元素，优先级越高。

以下是一个使用就近原则的示例，如代码4-11所示。

代码 4-11　就近原则

```
#001    <!DOCTYPE html>
#002    <html>
#003        <head>
#004            <meta charset="utf-8">
#005            <title>CSS冲突与解决2</title>
#006            <style>
#007                a{color:blue;}
#008                ul{color:green;}
#009                li{color:yellow;}
#010            </style>
#011        </head>
#012        <body>
#013            <h2>中国航天员</h2>
#014            <ul>
#015                <li><a href="#">杨利伟</a></li>
#016                <li><a href="#">费俊龙</a></li>
#017                <li><a href="#">聂海胜</a></li>
#018            </ul>
#019        </body>
#020    </html>
```

在上述示例中，ul、li、a 中均定义了字体颜色，而根据优先级计算可以发现它们的优先级相同，此时产生的样式冲突将使用就近原则解决。

就近原则告诉我们，距离要格式化的元素（这里是链接）越近，优先级越高。就冲突的 ul、li、a 而言，由于 a 距离显示内容更近，因此它覆盖了父元素 li 中定义的 color 属性，最终显示的是蓝色字体。

正是如此。此示例中你最终看到的效果如图 4-15 所示。

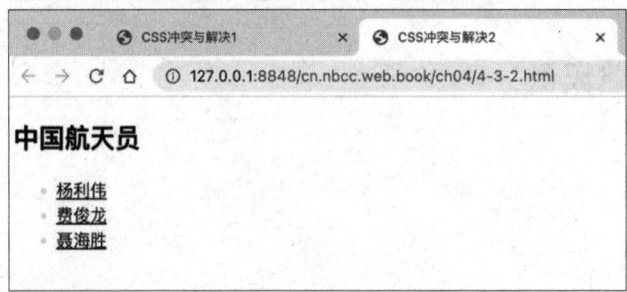

图 4-15　最终看到的效果

3. 覆盖原则

如果样式的优先级相同，继承层级也相同，那么后面定义的样式会覆盖前面定义的样式。以下是一个使用覆盖原则的示例，如代码 4-12 所示。

代码 4-12　覆盖原则

```
#001    <!DOCTYPE html>
#002    <html>
#003        <head>
#004            <meta charset="utf-8">
#005            <title>CSS 冲突与解决 3</title>
#006            <style>
#007                a{color:blue;}
#008                ul{color:green;}
#009                li{color:yellow;}
#010                a{color: red;}
#011            </style>
#012        </head>
#013        <body>
#014            <h2>中国航天员</h2>
#015            <ul>
#016                <li><a href="#">杨利伟</a></li>
#017                <li><a href="#">费俊龙</a></li>
#018                <li><a href="#">聂海胜</a></li>
#019            </ul>
#020        </body>
#021    </html>
```

上述代码的 010 行中增加了一个定义"a{color: red;}"，此时，页面中显示的效果应该是怎样的？

这里 007 行代码中的 a 和 010 行代码中的 a 的样式规则的优先级相同，根据覆盖原则可知，后面定义的样式将覆盖前面定义的样式。因此最终显示的应该是红色字体，如图 4-16 所示。

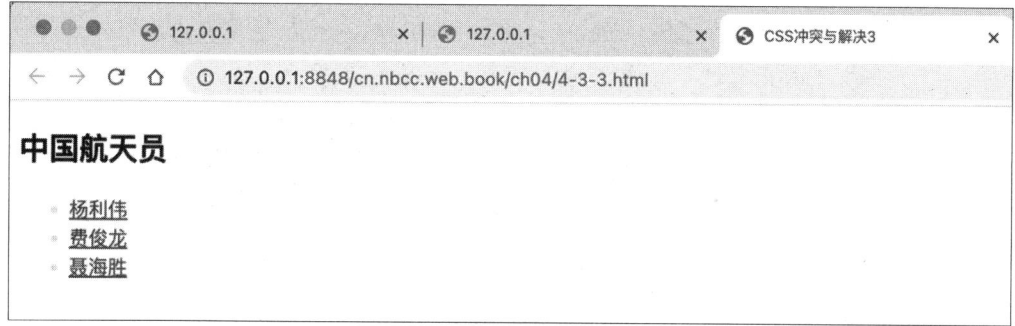

图 4-16　最终显示红色字体

4．!important 原则

有些时候，需要临时将某个样式的优先级提升到最高，以凸显该样式的重要性。此时，可以使用 CSS 的!important 语法，如语法 4-7 所示。

语法 4-7　!important 语法

定义语法	示例
样式规则 !important;	a{color:blue !important;}

可以在要提升优先级的样式规则后面添加"!important"，这样要提升的样式优先级将被设为最高级（高过行内式的优先级）。!important 原则的使用示例如代码 4-13 所示。

代码 4-13　!important 原则

```
#001   <!DOCTYPE html>
#002   <html>
#003       <head>
#004           <meta charset="utf-8">
#005           <title>CSS 冲突与解决 4</title>
#006           <style>
#007               a{color:blue !important;}
#008               ul{color:green;}
#009               li{color:yellow;}
#010               a{color: red;}
#011           </style>
#012       </head>
#013       <body>
#014           <h2>中国航天员</h2>
#015           <ul>
#016               <li><a href="#" style="color:yellow;">杨利伟</a></li>
#017               <li><a href="#">费俊龙</a></li>
#018               <li><a href="#">聂海胜</a></li>
#019           </ul>
#020       </body>
#021   </html>
```

上述代码的 007 行中添加了!important 语法，因此，将提升该样式的优先级。最终显示蓝色字体，其优先级甚至超过了行内式的优先级，如图 4-17 所示。

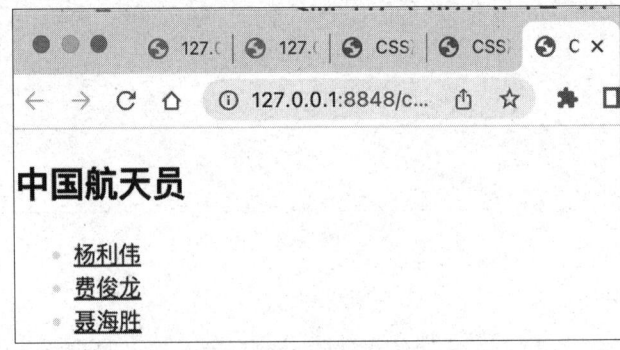

图 4-17　最终显示蓝色字体

4.4　使用 Emmet 语法

要想快速编写 HTML 代码，并创建 CSS 样式，有一个非常重要的开发利器需要我们掌握，那就是 Emmet。Emmet 的前身叫作 Zen Coding，是一组专门用来提高编写 HTML 代码和创建 CSS 样式速度的便利工具。作为 Web 前端开发工具的常用插件，它提供了一些语法功能和快捷方式，可以大大提高开发效率。目前，支持 Emmet 语法的插件已经被广泛地应用到包括 Dreamweaver、VSCode、Atom、Sublime、Eclipse、IDEA 等在内的几乎所有主流开发工具中。

👨 Emmet 使用类似于 CSS 选择器的语法来描述 HTML 文档树的结构及其属性，因此结合本项目中复合选择器的知识，你可以快速掌握 Emmet 语法。

4.4.1　Emmet 基础语法

👨 Emmet 语法与 CSS 选择器语法非常类似，使用 ">" 表示父子关系，使用 "+" 表示兄弟关系。它还包含一些 CSS 选择器语法中没有的特殊符号，如 "^"，用于表示父级。使用 Emmet 语法可以快速创建 HTML 结构。

语法 4-8 介绍了 Emmet 的基本使用语法。

语法 4-8　Emmet 的基本使用语法

定义语法	示例
id 属性 id：#	示例 1：#header `Tab` <div id="header"></div> 示例 2：　form#search.wide `Tab` <form id="search" class="wide"></form>
类属性 class：.	示例 1：　.title `Tab` <div class="title"></div> 示例 2：　p.class1.class2.class3 `Tab` <p class="class1 class2 class3"></p>
属性值 attribute：[]	示例 1：　p[title="Hello world"] `Tab` <p title="Hello world"></p> 示例 2：　td[rowspan=2 colspan=3 title] `Tab` <td rowspan="2" colspan="3" title=""></td>
文本 text：{}	a{click me} `Tab` <a href="">click me</a>
子元素 child：>	nav>ul>li `Tab` <nav> 　　　<ul> 　　　　　<li></li> 　　　</ul> </nav>
兄弟元素 sibling：+	div+p+bq `Tab` <div></div> <p></p> <blockquote></blockquote>

Emmet 语法讲解 1

<div align="right">续表</div>

定义语法	示例
父级 Climb-up：^	div+div>p>span+em^bq `Tab` <div></div> <div> <p><span></span><em></em></p> <blockquote></blockquote> </div>

4.4.2 多重性和项目编号

使用 Emmet 多重性和项目编号规则可以快速生成多个具有相同结构的元素。此外，使用项目编号还可以指定这些元素的内容序号。语法 4-9 介绍了 Emmet 多重性和项目编号语法。

<div align="center">语法 4-9 Emmet 多重性和项目编号语法</div>

定义语法	示例
多重性 multiplication：*	ul>li*5 <ul> <li></li> <li></li> <li></li> <li></li> <li></li> </ul>
项目编号 item numbering：$	示例 1：ul>li.item$*5 <ul> <li class="item1"></li> <li class="item2"></li> <li class="item3"></li> <li class="item4"></li> <li class="item5"></li> </ul> 示例 2：h$[title=item$]{Header $}*3 <h1 title="item1">Header 1</h1> <h2 title="item2">Header 2</h2> <h3 title="item3">Header 3</h3> 示例 3：ul>li.item$$$*5 <ul> <li class="item001"></li> <li class="item002"></li> <li class="item003"></li> <li class="item004"></li> <li class="item005"></li> </ul>

Emmet 语法讲解 2

上述示例使用 Emmet 多重性语法生成列表、表格等多重元素结构。除了使用"*"表示重复，使用数字实现多重性效果，还使用"$"描述序号。"$"不仅可以用在 HTML 标签、属性值中，还可以用在元素内容中，如示例 2 所示。同时，多个"$"可以表示数值占位，"$$"表示两位，"$$$"表示三位，如示例 3 所示。此外，还可以使用"@"指定开始序号，使用"-"表示倒序，具体见任务 4-2。

任务 4-2 Emmet 语法练习 1：多重性和项目编号

Emmet 语法练习 1：在 HTML 页面中，输入如下 Emmet 语法，按"Tab"键执行，并观察执行效果。

输入如下命令。

```
ul>li.item$@-*5
```

执行效果如下。

```
#001  <ul>
#002      <li class="item5"></li>
#003      <li class="item4"></li>
#004      <li class="item3"></li>
#005      <li class="item2"></li>
#006      <li class="item1"></li>
#007  </ul>
```

输入如下命令。

```
ul>li.item$@3*5
```

执行效果如下。

```
#001  <ul>
#002      <li class="item3"></li>
#003      <li class="item4"></li>
#004      <li class="item5"></li>
#005      <li class="item6"></li>
#006      <li class="item7"></li>
#007  </ul>
```

4.4.3 分组

Emmet 语法还支持分组，从而实现将相关的代码作为一个整体的效果，如语法 4-10 所示。

语法 4-10 Emmet 分组语法

定义语法	示例
分组 grouping: ()	div>(header>ul>li*2>a)+footer>p <div> <header> <ul>

续表

定义语法	示例

分组 grouping：()	`<li><a href=""></a></li>`
	`<li><a href=""></a></li>`
	`</ul>`
	`</header>`
	`<footer>`
	`<p></p>`
	`</footer>`
	`</div>`

任务 4-3　Emmet 语法练习 2：分组

📖Emmet 语法练习 2：在 HTML 页面中，输入如下 Emmet 语法，按 "Tab" 键执行，并观察执行效果。

输入如下命令。

```
(div>dl>(dt+dd)*3)+footer>p
```

执行效果如下。

```
#001  <div>
#002      <header>
#003          <ul>
#004              <li><a href=""></a></li>
#005              <li><a href=""></a></li>
#006          </ul>
#007      </header>
#008      <footer>
#009          <p></p>
#010      </footer>
#011  </div>
```

👤 除此之外，Emmet 还提供了 HTML 和 CSS 的代码快捷生成语法。例如，使用 html:5 或 "!" 可以快速创建 HTML5 文档框架，使用 link 可以快速创建外部样式链接，使用 CSS 缩写可以快速生成 CSS 样式代码等。更多关于 Emmet 的介绍和用法可以查看 Emmet 官网。

4.5　使用 LESS、SASS 和 SCSS

👤 CSS 除了可以直接书写传统样式规则，还可以通过预处理技术来编译生成样式规则。预编译技术使开发人员能够更高效地编写样式规则。作为一种样式表高级语言，它允许用户使用变量、嵌套规则、混合（mixins）、函数等高阶语法，并可通过命令或图形化工具编译 CSS 文件。通常，对于一个需要组织大量样式表文件的项目或需要分享设计的多项目合作，使用预编译技术会起到非常关键的作用。其中，LESS、SASS 和 SCSS 是常见的 3 种预编译技术。

这点类似于程序语言中的机器语言和高级语言。如果把 CSS 看成机器语言，那么 LESS、SASS 和 SCSS 就是高级语言。它们之间有什么区别呢？

通常，我们将 CSS 预处理器分成 LESS 和 SASS 两大类，你可以通过 LESS 和 SASS 官网了解更多预编译技术的细节。

对 SASS 预处理器而言，它有两种语法实现：①Sass（syntactically awesome stylesheets）。它采用类似于 Python 的缩排语法，文件扩展名为.sass；②SCSS（Sassy CSS）。当 Sass 开发到版本 Sass3 时，在 Sass 的基础上进行了大量改良，形成了独立版本 SCSS，它不仅兼容原来的语法，还采用了类似 CSS 的“{}”进行缩进，文件扩展名为.scss。下面我们通过一个示例展示它们的一些区别。图 4-18 演示了 Sass 与 CSS 的代码对应关系，图 4-19 演示了 SCSS 与 CSS 的代码对应关系。

Sass　　dart-sass v1.32.12

```
nav
  ul
    margin: 0
    padding: 0
    list-style: none

  li
    display: inline-block

  a
    display: block
    padding: 6px 12px
    text-decoration: none
```

CSS

```
nav ul {
  margin: 0;
  padding: 0;
  list-style: none;
}
nav li {
  display: inline-block;
}
nav a {
  display: block;
  padding: 6px 12px;
  text-decoration: none;
}
```

图 4-18　Sass 与 CSS 的代码对应关系

SCSS　　dart-sass v1.32.12

```
nav {
  ul {
    margin: 0;
    padding: 0;
    list-style: none;
  }

  li { display: inline-block; }

  a {
    display: block;
    padding: 6px 12px;
    text-decoration: none;
  }
}
```

CSS

```
nav ul {
  margin: 0;
  padding: 0;
  list-style: none;
}
nav li {
  display: inline-block;
}
nav a {
  display: block;
  padding: 6px 12px;
  text-decoration: none;
}
```

图 4-19　SCSS 与 CSS 的代码对应关系

由上述示例可知，SASS 利用缩进可以快速编写具有上下文层次的样式代码；而 SCSS 使用“{}”可以表示缩进层次，并要求每个样式定义语句以分号结尾，这使得整个代码风格类似于 CSS 的样式规则。下面再看 LESS 与 CSS、SCSS 与 CSS 的代码对应关系，分别如图 4-20 和图 4-21 所示。

输入LESS：LESS样例

```
@fontSize: 10px;
.myclass {
 font-size: @fontSize * 2;
 color:green;
}
```

输出CSS：

```
.myclass {
  font-size: 20px;
  color: green;
}
```

图 4-20　LESS 与 CSS 的代码对应关系

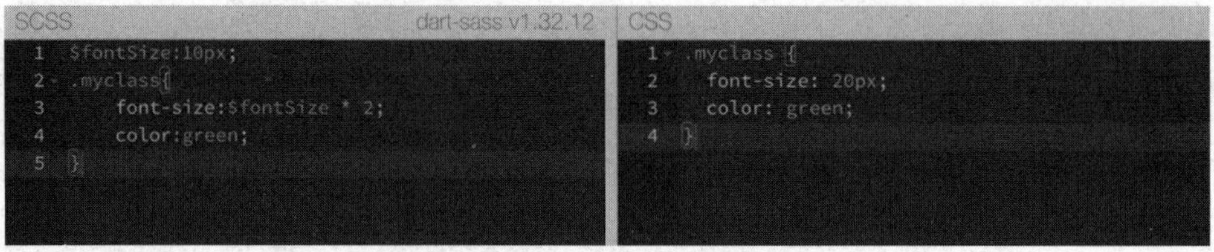

图 4-21　SCSS 与 CSS 的代码对应关系

在图 4-20 中，LESS 使用 "@" 定义一个变量；而在图 4-21 中，SCSS 使用 "$" 定义一个变量。在第 3 行代码中，两者都通过引用变量，并使用 "*" 进行数学运算。

这样就能在 CSS 中进行数学运算，是不是还能进行逻辑判断？太酷啦！

是的，不仅可以进行数学运算、函数引用，还可以进行样式分解和组合，功能可强大了。关于它们的使用方法已经超出了本书的知识范围。大家可以根据官网，学习关于它们的更多使用案例和细节。

4.6　小结

本项目介绍了 CSS 选择器中的高级部分——复合选择器，并介绍了它的两种延伸用法，即 Emmet 语法，以及 LESS、SASS 和 SCSS。本项目中的相关知识在 Web 前端实战中具有非常重要的地位，需要我们熟练地掌握，为后续项目的学习奠定扎实的基础。

4.7　作业

一、选择题

1. 在默认情况下，Emmet 语法中 ".container" 生成的 HTML 是（　　）。

A. p.container　　　B. p#container　　　C. div.container　　　D. div#container

2. 要想生成如下代码，应使用的 Emmet 语法是（　　）。

```
#001    <div class="container">
#002        <ul>
#003            <li><a href="">link1</a></li>
#004            <li><a href="">link2</a></li>
#005            <li><a href="">link3</a></li>
#006        </ul>
#007    </div>
```

A. div.container>ul*3>li a{link}　　　　　B. div.container>ul>li*3{a.link$}

C. div.container>ul>li*3>a{link$}　　　　D. div.container>ul>li*3>a*3{link$}

3. （　　）不是 HTML 引入样式的方式。

A. 行内式　　　　B. 内嵌式　　　　C. 链接式　　　　D. 导入式

4. 关于 Emmet 语法 "<p>lorem*10</p>"，描述不正确的是（　　）。

A. lorem 用于快速生成占位文字　　　B. lorem*10 可以生成 10 个字符

C. lorem*10 可以生成 10 个单词　　　D. lorem*10 可以生成 10 个段落

5. 要想生成如下代码，应使用的 Emmet 语法是（   ）。

```
#001    <div class="container">
#002        <p>
#003            <span><a href=""></a></span>
#004            <p></p>
#005        </p>
#006        <p>
#007            <span><a href=""></a></span>
#008            <p></p>
#009        </p>
#010    </div>
```

A. .container>(p>span>a^p)*2

B. div.container>(p>span>a^p)*2

C. div.container>p>span>a^p>span>a

D. div.container>p>span>a+p>span>a

二、简述题

1. Emmet 语法 "ul li*3>a[href="#"]{link$$}" 的 HTML 结构是什么？

2. 请使用 Emmet 语法生成如下全部的 HTML 代码。

```
<h2> </h2>
<ul>
    <li><a href="#" > </a></li>
    <li><a href="#"> </a></li>
    <li><a href="#"> </a></li>
</ul>
```

三、项目讨论

讨论主题

近几年来，随着我国在航天领域的快速发展，我国航天员一批批地实现了飞天。你能列举这些成功完成航天任务的航天员吗？航天精神对你的学习、生活、工作有哪些启发？

项目 5

盒子模型

思政课堂

在数字化生活场景中，网页制作的影响十分深远。作为信息传递的重要载体，网页让各类资讯、服务触手可及，满足了人们多元化的需求。它不仅提供了丰富的视听效果，还通过个性化设计提升了用户体验。此外，网页制作推动了传统媒体的数字化转型，催生了新的商业模式，为现代生活带来了极大的便利。支付宝、Keep、京东、淘宝等各式应用影响着人们生活的方方面面，丰富了人们的数字化生活，为人们带来了诸多便利。

学习目标

- 了解盒子模型的组成
- 掌握边框的常用样式定义语法
- 掌握边框风格的应用方法
- 理解和掌握内边距特性
- 理解和掌握外边距特性

技能目标

- 能正确使用盒子模型
- 能使用边框及其相关样式属性
- 能使用内边距及其相关样式属性
- 能使用外边距及其相关样式属性

素养目标

- 培养高尚的审美情操
- 培养严谨求实的学习态度
- 培养勇于探索、崇尚科学的劳动意识

5.1 盒子模型简介

CSS 假定所有 HTML 文档元素都生成了一个描述该元素在 HTML 文档布局中所占空间的

矩形元素框。人们形象地将其看作一个盒子，也称其为"框"。CSS 围绕这些盒子产生了"盒子模型"（box model）概念，有些书上也称"框模型"。

在盒子模型中，一个网页是由许多大大小小的盒子通过不同的排列方式组合而成的，它们影响着网页最终的布局效果和内容呈现方式，是理解网页布局和样式呈现的重要核心知识。因此，我们既要理解每个盒子内部的结构，又要理解盒子之间相关作用的影响关系。只有牢固掌握了盒子模型，才能让 CSS 精确地控制每个元素，实现精准的网页布局。

5.1.1 盒子模型的组成

图 5-1 所示为盒子模型的组成示意图。在盒子模型中，HTML 中的每个元素都被浏览器识别为一个盒子。例如，body、html、div、p 等都是矩形盒子。每个盒子从内到外都可以分为元素内容（content）、内边距（padding）、边框（border）、外边距（margin）。

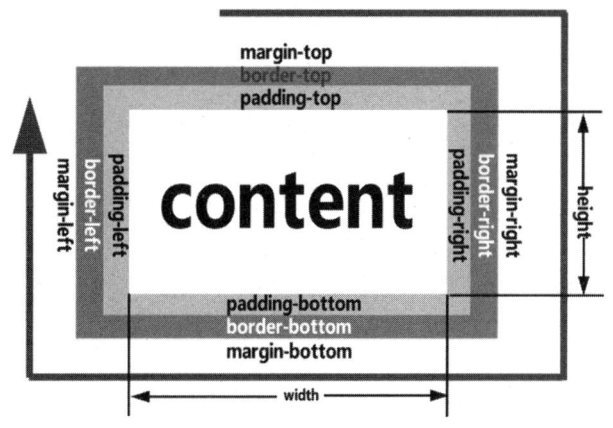

盒子模型的组成

图 5-1 盒子模型的组成示意图

在盒子模型中，不管是 content、padding、border 还是 margin，都分别形成了一个矩形盒子，可以看成几个盒子套装在一起。因此，有些书形象地将其区分为 content 盒、padding 盒、border 盒和 margin 盒，盒子模型就是这些不同类型盒子的嵌套。需要注意的是，对于我们前面指定的 width 和 height，在默认情况下指的是 content 盒的宽度和高度。

老师，我还注意到 padding、border、margin 都有 4 个方向。它们的命名很有规律，一般都使用 xxx-top、xxx-right、xxx-bottom、xxx-left 表示。

观察得非常仔细，不管是 padding、border 还是 margin，它们都有上、右、下、左 4 个方向，统一使用 xxx-top、xxx-right、xxx-bottom、xxx-left 表示，例如，padding-top、border-top、margin-top 分别表示上内边距、上边框、上外边距，而 padding-top、border-top、margin-top 也对应了 CSS 中相应的样式属性，使用起来非常方便。通过它们，可以精确地控制每个对应方向的 padding、border 和 margin。

 常见的编程错误

在默认情况下，width 和 height 是用于描述 content 盒的尺寸的。错误地将 width 和 height 作为整个盒子模型的宽度和高度是常见的编程错误。

任务 5-1　使用开发者工具查看盒子模型

使用开发者工具查看盒子模型

> 📝输入下列给出的代码 5-1，按照如下步骤使用 Google Chrome 浏览器查看盒子模型。

代码 5-1　盒子模型

```
#001    <!DOCTYPE html>
#002    <html>
#003        <head>
#004            <meta charset="utf-8">
#005            <title>使用开发者工具查看盒子模型</title>
#006            <style>
#007                .box{
#008                    width: 100px;
#009                    height: 50px;
#010                    background-color: darkkhaki;
#011                    padding:5px;
#012                    margin:10px 20px;
#013                    border:3px solid #ccc;
#014                }
#015            </style>
#016        </head>
#017        <body>
#018        <div class="box">
#019            盒子模型
#020        </div>
#021        </body>
#022    </html>
```

上述代码设置了一个宽度为 100px、高度为 50px 的矩形盒子。为了能直观地看到它，给该盒子添加了背景颜色。打开 Google Chrome 浏览器运行上述 HTML 文件，并在浏览器窗口中右击，在弹出的快捷菜单中选择"检查"命令，如图 5-2 所示，可以打开开发者工具，如图 5-3 所示。

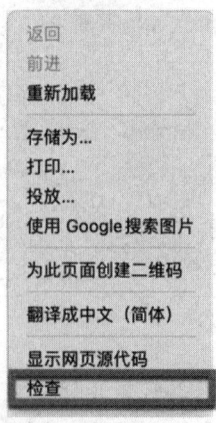

图 5-2　选择"检查"命令

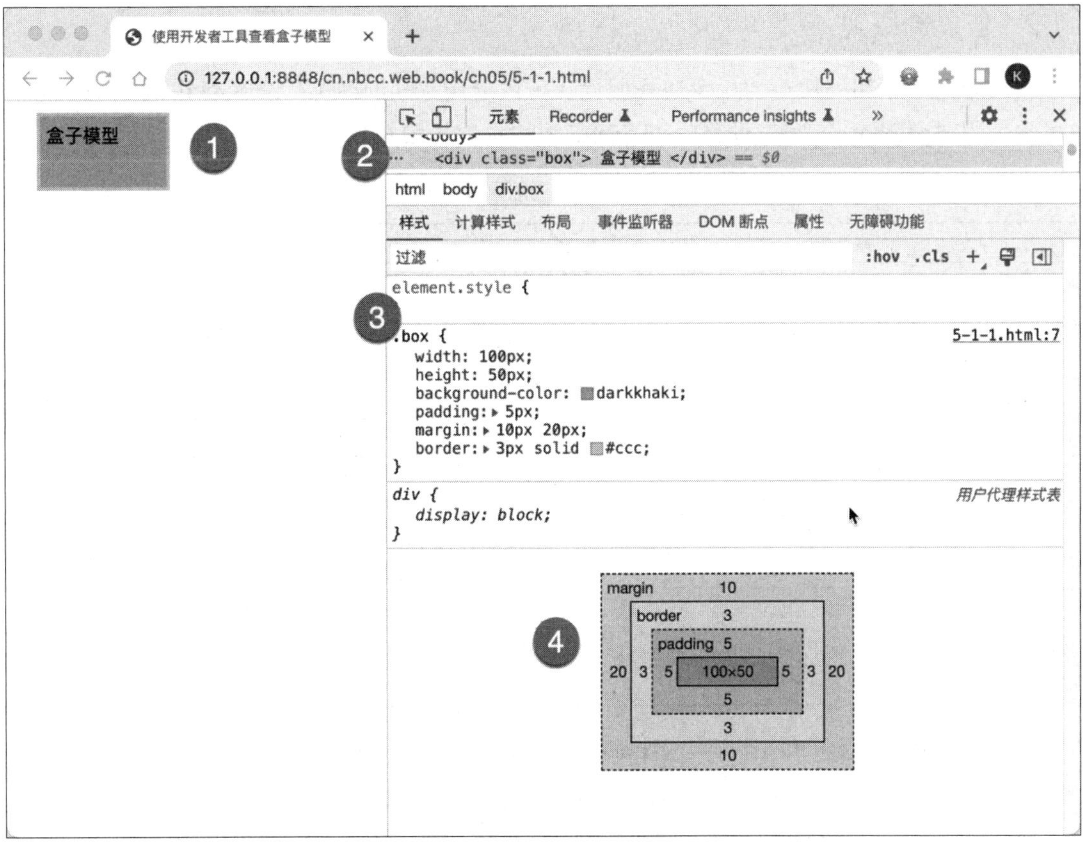

图 5-3　开发者工具

 技巧

　　按快捷键 "Ctrl+Shift+I"（Windows）或快捷键 "Opt+Cmd+I"（macOS）打开 Google Chrome 浏览器的开发者工具。

　　从图 5-3 中可以看到开发者工具的"元素"选项卡（②所示区域）、"样式"选项卡（③所示区域）和盒子模型（④所示区域）。当前被选中的元素是 div 元素（②中高亮部分），该元素所对应的样式显示在"样式"选项卡中，而盒子模型显示了该元素的最终盒子效果。

> 可以看出，设置 div 元素的宽度为 100px、高度为 50px，对应到盒子模型中是其 content 盒的宽度和高度。

> 对照代码和盒子模型，你还能发现什么？

> 代码中我们设置 padding 为 5px，在盒子模型中可以看到它的上、右、下、左 4 个方向都应用了 5px 的内边距。还有 margin 虽然只设置了 10px 和 20px 两个值，但在浏览器的盒子模型中，可以看到它的上、下外边距均为 10px，左、右外边距均为 20px，4 个方向都有值。

> 是不是很神奇，其实这里涉及了一个 CSS 中非常重要的知识点：值复制原则。

5.1.2 值复制原则

先来看内边距和外边距的相关样式属性。可以使用 padding 同时设置 4 个方向的内边距，也可以使用"padding-方向"设置特定方向的内边距，内边距属性如表 5-1 所示。

表 5-1 内边距属性

属性名	描述
padding	综合样式属性，同时设置 4 个方向的内边距
padding-top	设置上内边距
padding-right	设置右内边距
padding-bottom	设置下内边距
padding-left	设置左内边距

内边距语法如下（见语法 5-1）。

语法 5-1 内边距语法

定义语法	示例
padding:padding_value [padding_value] [padding_value] [padding_value]	padding:5px 10px 15px;
padding-方向:padding_value	padding-left:10px;

语法中的 padding_value 参数用于设置内边距，它有 4 种取值，如表 5-2 所示。

表 5-2 内边距参数取值

参数值	描述
auto	浏览器计算内边距
length	以 px、em、cm 等为单位的某个具体正值作为内边距，默认为 0
%	基于父元素的宽度计算内边距
inherit	继承父元素的内边距

在使用时，padding 的综合样式属性可以对 4 个方向的内边距定义 1 个值、2 个值、3 个值或 4 个值。当取不同的值时，符合值复制原则。语法 5-2 给出了值复制语法。

语法 5-2 值复制语法

定义值	示例	含义
定义 1 个值	padding:5px;	4 个方向的内边距都是 5px
定义 2 个值	padding:5px 10px;	上、下内边距均为 5px，左、右内边距均为 10px
定义 3 个值	padding:5px 10px 6px;	上内边距为 5px，左、右内边距均为 10px，下内边距为 6px
定义 4 个值	padding:5px 10px 6px 7px;	上、右、下、左内边距分别为 5px、10px、6px、7px

值复制原则在 margin、padding 等很多基于盒子模型的样式属性设置中都有广泛的应用，请大家务必牢记它的使用原则和对应的具体含义。

利用值复制原则可以大大简化样式的书写，如下面的语法。

```
padding-top:5px;
padding-right:5px;
```

```
padding-bottom:5px;
padding-left:5px;
```

🎥 可以直接将其简写成"padding:5px;"，实在是太方便了。

5.1.3　内边距特性

盒子的内边距定义了边框和元素内容之间的空白区域。

👤 在默认情况下，绝大部分盒子的 padding 都是 0px。但也存在一些标签自带一定的内边距，如\<ul\>、\<ol\>。

除了一些基本的 CSS 语法，padding 还具有如下特性。

1．padding 影响元素尺寸

前面讲到，在默认情况下 width 是指 content 盒的宽度。当给盒子模型增加 padding 时，会影响整个元素的尺寸。下面我们通过任务 5-2 感受 padding 对元素尺寸的影响。

任务 5-2　设置支付宝小程序中的 padding

📝 图 5-4 所示为宁波城市职业技术学院支付宝小程序的功能项，有"学生优惠指南""学生特价机票""校园兼职指南""更多服务"4 个主要的功能项。每个功能项都由图标和文字组成，被装载在一个容器盒中。请利用盒子模型，制作如图 5-4 所示的功能项。

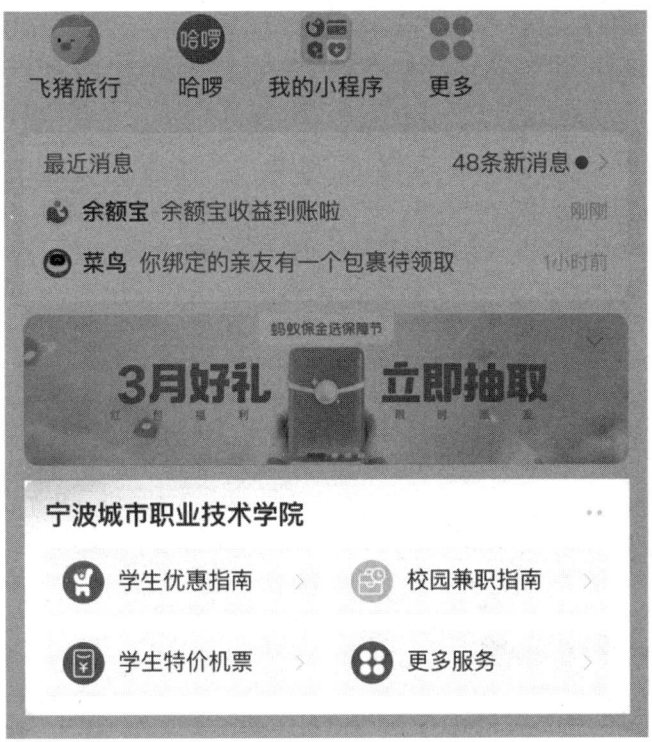

设置支付宝小程序
中的 padding

图 5-4　支付宝小程序的功能项

👤 代码 5-2 实现了"学生优惠指南""学生特价机票"的功能模块，其运行效果如图 5-5 所示。

代码 5-2　"学生优惠指南""学生特价机票"的功能模块

```
#001    <!DOCTYPE html>
#002    <html>
#003        <head>
#004            <meta charset="utf-8">
#005            <title>内边距特性1:影响元素尺寸</title>
#006            <style>
#007                .box {
#008                    width: 150px;
#009                    display: flex;
#010                    justify-content:center;
#011                    align-items:center;
#012                    line-height: 30px;
#013                    background-color: #F6F9FC;
#014                    padding:5px 10px;
#015                    margin-bottom:10px;
#016                    border-radius: 5px;
#017                    color:#666;
#018                    overflow: hidden;
#019                }
#020                .box img{
#021                    width: 20px;
#022                    margin-right: 5px;
#023                }
#024            </style>
#025        </head>
#026        <body>
#027            <div class="box">
#028                <img src="images/nbcc-icon1.png"/>学生优惠指南
#029            </div>
#030            <div class="box">
#031                <img src="images/nbcc-icon2.png"/>学生特价机票
#032            </div>
#033        </body>
#034    </html>
```

图 5-5　"学生优惠指南""学生特价机票"的功能模块的运行效果

008 行代码将盒子的宽度指定为 150px；014 行代码又为其设置"padding:5px 10px;"，将上、下内边距均指定为 5px，左、右内边距均指定为 10px，从而让浏览器用户看到宽度为 150+10+10=170px 的矩形效果，如图 5-6 所示。

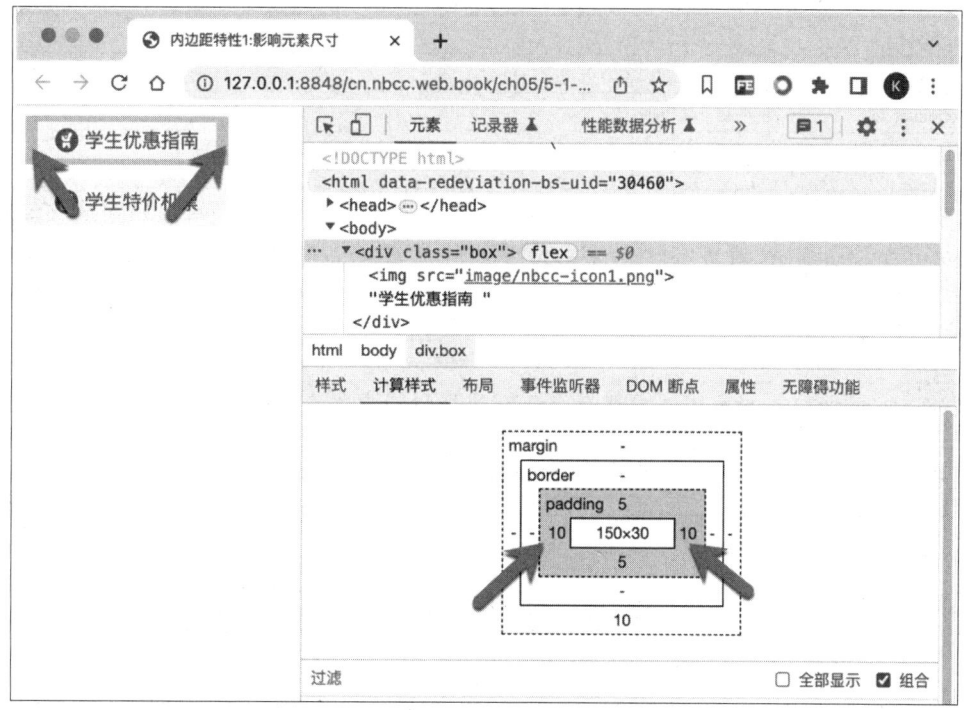

图 5-6　浏览器用户看到的矩形效果

2. padding 可以显示背景

在任务 5-2 中，还可以看到 padding 所撑开的区域同样应用了盒子的背景颜色#F6F9FC（见图 5-5）。也就是说，背景颜色不仅对 content 盒有效，还对 padding 盒有效，即背景效果可以延伸到 padding 区域。

> 由此可见，当给盒子添加 padding 时，padding 会撑开盒子，而且背景效果也会延伸到 padding 区域。

5.2　边框

盒子的边框包裹了内边距和内容，形成了盒子的边界。边框主要包含风格（style）、宽度（width）和颜色（color）3 个主要元素。在默认情况下，由于边框会占据空间，因此在排版、制作和计算时要充分考虑边框带来的影响。

5.2.1　边框风格

边框风格通常也被称为边框的形状，有实线、虚线、双实线等风格。使用边框风格样式的相关属性可以指定边框风格。边框风格样式的相关属性如表 5-3 所示。

表 5-3　边框风格样式的相关属性

属性名	描述
border-style	综合样式属性，同时设置 4 个方向的边框风格，符合值复制原则
border-top-style	设置上边框的风格
border-right-style	设置右边框的风格
border-bottom-style	设置下边框的风格
border-left-style	设置左边框的风格

边框作为盒子模型的一员，其相关属性大都符合值复制原则。在使用时既可以通过"border-方向-style"针对某个特定方向设置边框风格，又可以使用综合样式属性，利用值复制原则设置边框风格。你猜一猜将边框风格设置为"border-style:dashed solid"是什么意思？

我知道，根据值复制原则，它表示上、下边框均为虚线，左、右边框均为实线。

完全正确。关于边框的风格值及其应用效果，可以参考表 5-4。

 技巧

某个特定方向的边框风格按照"border-方向-style"的格式进行设置。

表 5-4　边框的风格值及其应用效果

风格值	描述	应用效果
none	无边框，默认值	无
dashed	虚线	虚线
solid	实线	实线
dotted	点状	点状
double	双实线	双实线
groove	凹槽	凹槽
ridge	脊状	脊状
inset	边框内嵌一个立体边框	内嵌

续表

风格值	描述	应用效果
outset	边框外嵌一个立体边框	外嵌
inherit	继承父元素的边框风格	无

任务5-3 编写并查看边框风格

📓 设计一个页面，使用边框风格样式的相关属性及其属性值，并查看不同值在页面中的实际呈现效果。

编写并查看
边框风格

本任务的实现代码5-3如下。

代码5-3 边框风格

```
#001    <!DOCTYPE html>
#002    <html>
#003        <head>
#004            <meta charset="utf-8">
#005            <title>边框风格</title>
#006            <style>
#007                .box{
#008                    width: 100px;
#009                    height: 50px;
#010                    padding:5px;
#011                    margin:10px 20px;
#012                    border:3px solid #ccc;
#013                    float:left;
#014                }
#015                .box1{
#016                    border-style: dashed;
#017                }
#018                .box2{
#019                    border-style: dotted;
#020                }
#021                .box3{
#022                    border-style: double;
#023                }
#024                .box4{
#025                    border-style: groove;
#026                }
#027                .box5{
#028                    border-style: ridge;
#029                }
#030                .box6{
```

```
#031                      border-style: inset;
#032                  }
#033              .box7{
#034                  border-style: outset;
#035              }
#036
#037          </style>
#038      </head>
#039      <body>
#040          <div class="box">
#041              实线
#042          </div>
#043          <div class="box box1">
#044              虚线
#045          </div>
#046          <div class="box box2">
#047              点状
#048          </div>
#049          <div class="box box3">
#050              双实线
#051          </div>
#052          <div class="box box4">
#053              凹槽
#054          </div>
#055          <div class="box box5">
#056              脊状
#057          </div>
#058          <div class="box box6">
#059              内嵌
#060          </div>
#061          <div class="box box7">
#062              外嵌
#063          </div>
#064      </body>
#065  </html>
```

输入上述代码，其运行效果如图 5-7 所示。

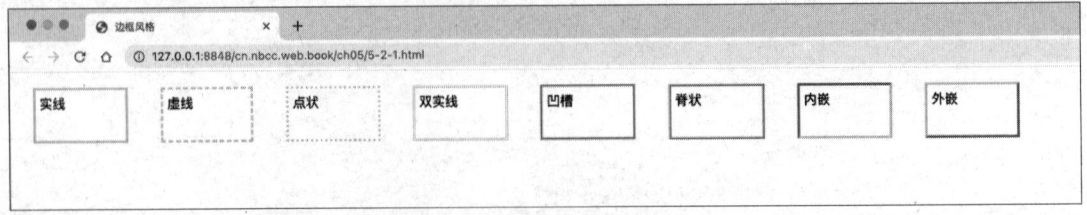

图 5-7　边框风格运行效果

上述代码通过使用.box 和.box1～.box7 类样式，定义了 8 种不同风格的边框。通过 013 行代码的 float 浮动，将其并排显示在一行中，以便比较。

5.2.2　边框宽度

边框宽度用于指定边框线的粗细，和边框风格一样，可以使用综合样式属性，利用值复制原则依次设置 4 个方向的边框宽度，也可以使用"border-方向-width"设置特定方向的边框宽度。边框宽度样式的相关属性如表 5-5 所示。

表 5-5　边框宽度样式的相关属性

属性名	描述
border-width	综合样式属性，同时设置 4 个方向的边框宽度，符合值复制原则
border-top-width	设置上边框的宽度
border-right-width	设置右边框的宽度
border-bottom-width	设置下边框的宽度
border-left-width	设置左边框的宽度

可以看到，它的样式语法与边框风格的非常相似。因此，其在语法上非常容易被掌握。至于宽度值，可以参考表 5-6。

表 5-6　边框的宽度值

宽度值	描述
length	具体数值，单位可以是 px 或 em
thin	预设值，表示细边框
medium	预设值，表示中等边框（默认值）
thick	预设值，表示粗边框
inherit	继承父元素的边框宽度

注意，预设值的具体取值由浏览器厂商决定，不同浏览器厂商的取值可能不一样。例如，有些浏览器厂商将 thin、medium、thick 分别对应为 2px、3px、5px；而有些浏览器厂商却将它们分别对应 1px、2px、3px。

5.2.3　边框颜色

边框颜色用于指定边框线的颜色，和边框风格一样，可以对盒子模型的每个特定方向设置边框颜色，也可以使用综合样式属性，利用值复制原则一次性设置 4 个方向的边框颜色。边框颜色样式的相关属性如表 5-7 所示。

表 5-7　边框颜色样式的相关属性

属性名	描述
border-color	综合样式属性，同时设置 4 个方向的边框颜色，符合值复制原则
border-top-color	设置上边框的颜色
border-right-color	设置右边框的颜色
border-bottom-color	设置下边框的颜色
border-left-color	设置左边框的颜色

关于颜色值，可以使用表示颜色的英文预设单词、对应颜色的十六进制值或颜色的 RGB 值。

5.2.4 边框综合样式

边框可以指定风格、宽度、颜色。虽然，每种边框样式都有其自身的综合样式属性，但是写起来还是很麻烦。如果要定义一个 1px、红色的实线边框，则需要使用如下 3 条语句。有没有更快更好的做法呢？

```
border-style:solid;
border-width:1px;
border-color:red;
```

有的。样式的设计者充分考虑到了这一点，因此提供了边框综合样式属性，如表 5-8 所示。

表 5-8　边框综合样式属性

属性名	描述
border	综合样式属性，同时设置 4 个方向的边框风格、宽度、颜色
border-top	同时设置上边框的风格、宽度、颜色
border-right	同时设置右边框的风格、宽度、颜色
border-bottom	同时设置下边框的风格、宽度、颜色
border-left	同时设置左边框的风格、宽度、颜色

任务 5-4　边框的神秘之旅

使用边框样式制作标签页、菜单提示、气泡对话框等非常常见，分别如图 5-8、图 5-9 和图 5-10 所示。请使用盒子模型的边框样式制作出类似于微信聊天的气泡对话框效果。

边框的神秘
之旅

图 5-8　标签页

图 5-9　菜单提示

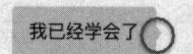

图 5-10　气泡对话框

😼 很难想象这些指示三角形跟咱们今天学习的边框有什么关系。

👤 下面我们一起来变一个魔术。首先使用 div 构建一个盒子，去除盒子的内容文字，并加粗边框。相关代码 5-4 如下，此时的运行效果如图 5-11 所示。

代码 5-4　边框的神秘之旅——加粗边框

```
#001    <!DOCTYPE html>
#002    <html>
#003        <head>
#004            <meta charset="utf-8">
#005            <title>边框的神秘之旅</title>
#006            <style>
#007                div{
#008                    width: 100px;
#009                    height: 20px;
#010                    border:48px solid blue;
#011                }
#012            </style>
#013        </head>
#014        <body>
#015            <div></div>
#016        </body>
#017    </html>
```

图 5-11　加粗边框的运行效果

😼 好像还看不出任何三角形的痕迹。

👤 别急，让我们先将各 content 盒的宽度、高度都缩小到 0px，再指定边框为不同的颜色。相关代码 5-5 如下，此时的运行效果如图 5-12 所示。

代码 5-5　边框的神秘之旅——缩小宽度

```
#001    <!DOCTYPE html>
#002    <html>
#003        <head>
#004            <meta charset="utf-8">
```

```
#005            <title>边框的神秘之旅</title>
#006            <style>
#007                div{
#008                    width: 0px;
#009                    height: 0px;
#010                    border:48px solid;
#011                    border-color: red yellow green blue;
#012                }
#013            </style>
#014        </head>
#015    <body>
#016        <div></div>
#017    </body>
#018 </html>
```

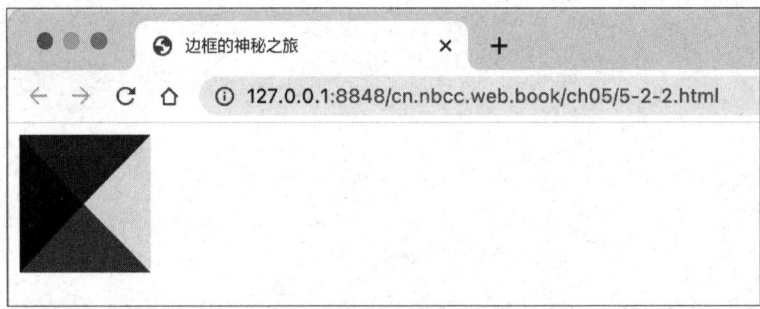

图 5-12　缩小宽度的运行效果

哇哦，原来三角形藏在这里，当盒子没有大小，即 width、height 都为 0px 时，边框就构成了三角形形态。

border-color 样式中有一个重要的预设值 transparent，它表示透明。如果要保留一个指向右侧的蓝色三角形，那么该怎么做？

只要将其他方向的边框颜色设置为 transparent。相关代码 5-6 如下，此时的运行效果如图 5-13 所示。

代码 5-6　边框的神秘之旅——添加透明颜色

```
#001 <!DOCTYPE html>
#002 <html>
#003    <head>
#004        <meta charset="utf-8">
#005        <title>边框的神秘之旅</title>
#006        <style>
#007            div{
#008                width: 0px;
#009                height: 0px;
#010                border:48px solid;
```

```
#011                     border-color: transparent transparent transparent blue;
#012                 }
#013         </style>
#014     </head>
#015     <body>
#016         <div></div>
#017     </body>
#018 </html>
```

图 5-13   添加透明颜色的运行效果

要做一个向上的箭头，只要设置"border-color:transparent transparent blue transparent;"即可。

非常正确！

那如何实现如图 5-10 所示的气泡对话框呢？

前面我们使用了一个 div 盒制作出三角形。要完成一个气泡对话框，直接的想法是添加一个矩形框作为正文消息框，气泡对话框结构如图 5-14 所示。因此，它的 HTML 结构可以参考代码 5-7。

Hi,您好

图 5-14   气泡对话框结构

代码 5-7   气泡对话框结构

```
#001 <body>
#002     <div class="bubble">
#003         <div class="arrow"></div>
#004         <div class="msg">Hi,您好</div>
#005     </div>
#006 </body>
```

要想将三角形和正文消息框垂直居中对齐，就需要用到后续 CSS 元素与定位相关的知识了。在使用定位时，可以使用 CSS 的 top、left、right、bottom 样式属性来描述元素相对于父容器的位置关系，如图 5-15 所示。就本例而言，要想实现垂直居中对齐，需要根据父容器的尺寸和三角形的边框宽度来计算 top 样式属性值。

图 5-15　元素相对于父容器的位置关系

这里的关键是要计算图 5-15 中的 top 样式属性值，气泡对话框的高度及三角形的边框宽度可以通过 CSS 样式设定。假定这些都是已知的，那 top 样式属性值也很好计算了，只需要符合下面这个等式即可。

```
top=(height-2*border-width)/2          //border-width 是一个 CSS 属性值，表示边框宽度
```

 你也可以化简一下，得到如下等式。

```
top=height/2-border-width
```

气泡对话框的实现代码 5-8 如下，其运行效果如图 5-16 所示。

代码 5-8　气泡对话框

```
#001  <!DOCTYPE html>
#002  <html>
#003      <head>
#004          <meta charset="utf-8">
#005          <title>边框的神秘之旅</title>
#006          <style>
#007              .arrow{
#008                  width: 0px;
#009                  height: 0px;
#010                  border:12px solid;
#011                  border-color: transparent transparent transparent blue;
#012                  position: absolute;
#013                  left: 100%;
#014                  top:13px;
#015              }
#016              .bubble{
#017                  width: 100px;
#018                  height: 50px;
#019                  background-color: blue;
#020                  position: relative;
#021                  border-radius: 5px;
#022              }
#023              .msg{
#024                  color:white;
#025                  padding:10px 5px;
#026              }
#027          </style>
#028      </head>
```

```
#029      <body>
#030          <div class="bubble">
#031              <div class="arrow"></div>
#032              <div class="msg">Hi,您好</div>
#033          </div>
#034      </body>
#035  </html>
```

图 5-16　气泡对话框的运行效果

原来如此，014 行代码中的 "top:13px;" 是通过 height/2−border−width 计算得出的，对应本例就是高度 50px/2 减去边框宽度 12px，即 50/2−12=13px。

非常正确！当然，做法不止一种，你还可以尝试使用:after 伪类来实现同样的效果。

 技巧

　　这里先给出完整代码和简单介绍，大家可以先模仿本例。在学完后续相关项目内容后，可以再回顾本例，会有更深刻的认识。

5.3　外边距

　　与 padding 不同，margin 用于控制盒子与其他盒子之间的距离。也就是说，margin 用于定义盒子自身边框与其他盒子之间的空白区域，该空白区域被称为外边距。

这里的 "空白区域" 有些书也称其为 "透明区域"，因为在外边距中无法显示背景。

5.3.1　设置外边距

　　外边距同样具有上、下、左、右 4 个方向，对于这些特定方向的外边距，可以使用"margin-方向"来设置特定方向的外边距，外边距属性如表 5-9 所示。

表 5-9　外边距属性

属性值	描述
margin	综合样式属性，同时设置 4 个方向的外边距
margin-top	设置上外边距
margin-right	设置右外边距

续表

属性值	描述
margin-bottom	设置下外边距
margin-left	设置左外边距

外边距属性可以取 4 个值，具体如表 5-10 所示。

表 5-10 外边距属性的 4 个值

属性值	描述
auto	浏览器计算外边距
length	以 px、em、cm 等为单位的数值作为外边距，可以取正值、负值
%	基于父元素的宽度来计算外边距
inherit	继承父元素的外边距

需要强调的是，padding 不可以取负值，而 margin 可以取负值。

5.3.2 外边距特性

当两个或更多个相邻的块级元素相遇时，垂直外边距会将垂直方向上的两个外边距合并起来，形成同一个外边距。如果合并的外边距全部为正值，则合并后的外边距等于发生合并的外边距中的较大者；如果发生合并的外边距不全为正值，则会拉近两个块级元素的垂直距离，甚至会发生元素重叠的现象。

垂直外边距合并主要体现在下面两种情况。

- 相邻元素外边距合并。
- 父子元素外边距合并。

1. 相邻元素外边距合并

当两个块级元素相邻时，上面元素的下外边距和下面元素的上外边距会进行合并，这样的现象被称为"margin 合并"。

下面将上面元素的下外边距和下面元素的上外边距分别设置为 10px 和 5px，其外边距合并原理如图 5-17 所示。合并后的外边距等于上面元素的下外边距和下面元素的上外边距中较大的那个边距值。

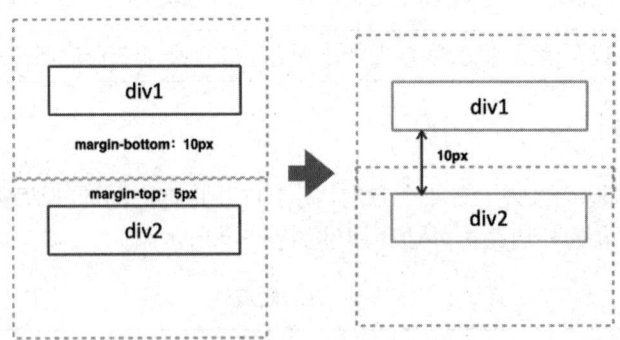

图 5-17 相邻元素外边距合并原理

老师，前面您讲过 margin 可以取负值，如果外边距在垂直方向上取负值或一正一负，则合并效果会如何变化？

👤 这是一个非常好的问题，这涉及 margin 合并的计算规则，得出结论之前，我们先来做一个实验。

任务 5-5　相邻元素外边距合并

📝 构造一个相邻元素外边距合并的实例，指定相邻元素的外边距，并查看外边距合并的效果。

相邻元素外
边距合并

本任务的实现代码 5-9 如下，其运行效果如图 5-18 所示。

代码 5-9　相邻元素外边距合并

```
#001    <!DOCTYPE html>
#002    <html>
#003        <head>
#004            <meta charset="utf-8">
#005            <title>外边距合并1:相邻元素</title>
#006            <style>
#007                .box{
#008                    width: 300px;
#009                    height: 30px;
#010                    text-align: center;
#011                    border:1px solid #ccc;
#012                }
#013                section{
#014                    float:left;
#015                    margin-right:50px;
#016                }
#017                .box1{margin-bottom:10px;}
#018                .box2{margin-top:5px;}
#019                .box3{margin-bottom: -10px;}
#020                .box4{margin-top:5px; }
#021                .box5{margin-bottom: -10px;}
#022                .box6{margin-top:-5px; }
#023            </style>
#024        </head>
#025        <body>
#026            <section>
#027                <div class="box1 box">div1(margin-bottom:10px)</div>
#028                <div class="box2 box">div2(margin-top:5px)</div>
#029            </section>
#030            <section>
#031                <div class="box3 box">div1(margin-bottom:-10px)</div>
#032                <div class="box4 box">div2(margin-top:10px)</div>
#033            </section>
```

```
#034          <section>
#035              <div class="box5 box">div1(margin-bottom:-10px)</div>
#036              <div class="box6 box">div2(margin-top:-5px)</div>
#037          </section>
#038      </body>
#039  </html>
```

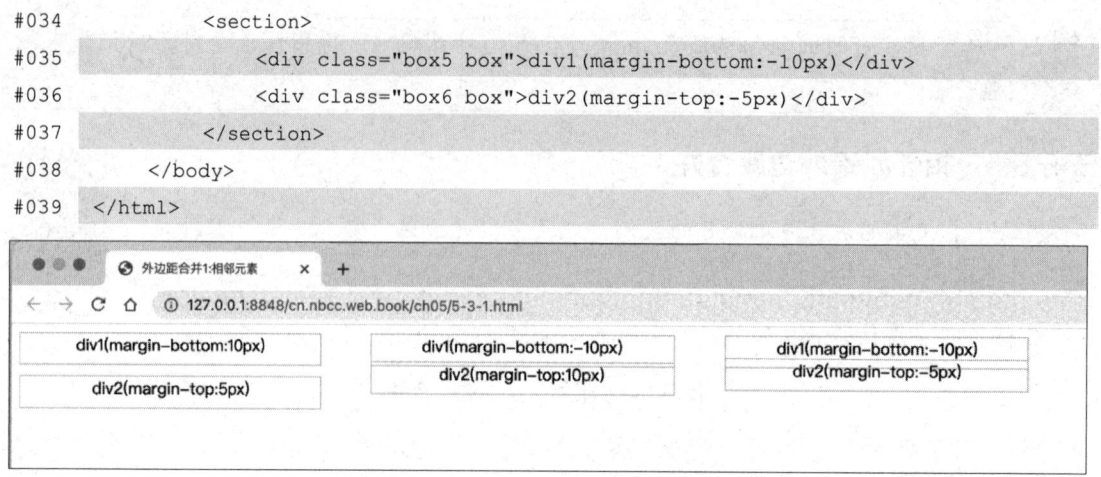

图 5-18　相邻元素外边距合并的运行效果

通过这个例子，可以把 margin 合并的计算规则总结为"正正取大值""正负相加值""负负最负值"。

非常棒，这就是 margin 合并的计算规则，将上面元素的下外边距设置为"margin-bottom:-10px"，下面元素的上外边距设置为"margin-top:10px"，看看还有什么发现？

我试了一下，按照 margin 合并的计算规则，当外边距为一正一负时，需要将两者相加，而-10 和 10 相加恰好为 0。此时，看到的效果如图 5-19 所示，两个元素在垂直方向上无缝相接。

图 5-19　外边距合并为 0 的效果

 技巧

margin 合并的计算规则："正正取大值""正负相加值""负负最负值"。如果两个外边距中存在负值，则合并后的高度等于发生合并的外边距的和。当和为负值时，相邻元素在垂直方向上发生重叠；当和为 0 时，相邻元素无缝相接。

 常见的编程错误

margin 合并的前提要素：①相邻元素为块级元素，不包括浮动和绝对定位元素；②只发生在和当前标准流方向相垂直的方向上，默认的标准流为水平方向，那么 margin 合并就在垂直方向上。

2. 父子元素外边距合并

当块级元素形成父子关系时，在特定条件下，父子元素的外边距也会合并。子元素的上外边距和父元素的上外边距合并为一个上外边距，其原理如图 5-20 所示。

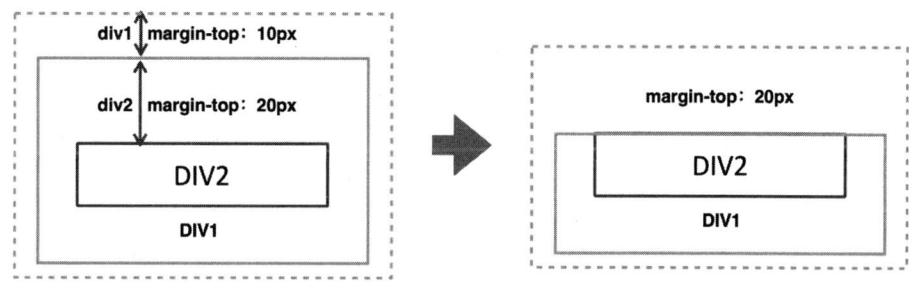

图 5-20　父子元素外边距合并原理

由图 5-20 可知，父元素指定 margin-top 为 10px，子元素指定 margin-top 为 20px。此时，浏览器并没有生成 10+20=30px 的外边距，而会发生父子元素上外边距的合并。根据前面 margin 合并的计算规则，合并后的上外边距为 20px。因此，用户实际在浏览器中看到的是 20px，这就是父子元素外边距合并的情况。

任务 5-6　父子元素外边距合并

📓 构造一个父子元素外边距合并的实例，并观察外边距合并的效果。

本任务的实现代码 5-10 如下，其运行效果如图 5-21 所示。

父子元素外
边距合并

代码 5-10　父子元素外边距合并

```
#001  <!DOCTYPE html>
#002  <html>
#003    <head>
#004      <meta charset="utf-8">
#005      <title>外边距合并2:父子元素</title>
#006      <style>
#007        .box{
#008          height: 100px;
#009        }
#010        .father{
#011          margin-top: 20px;
#012        }
#013        .son{
#014          margin-top: 20px;
#015          border:2px solid #333;
#016        }
#017        .outer{
#018          border:2px dashed #666;
#019        }
#020      </style>
#021    </head>
#022    <body>
#023      <div class="outer">
```

```
#024                <div class="father ">
#025                    <div class="son box"></div>
#026                </div>
#027            </div>
#028        </body>
#029    </html>
```

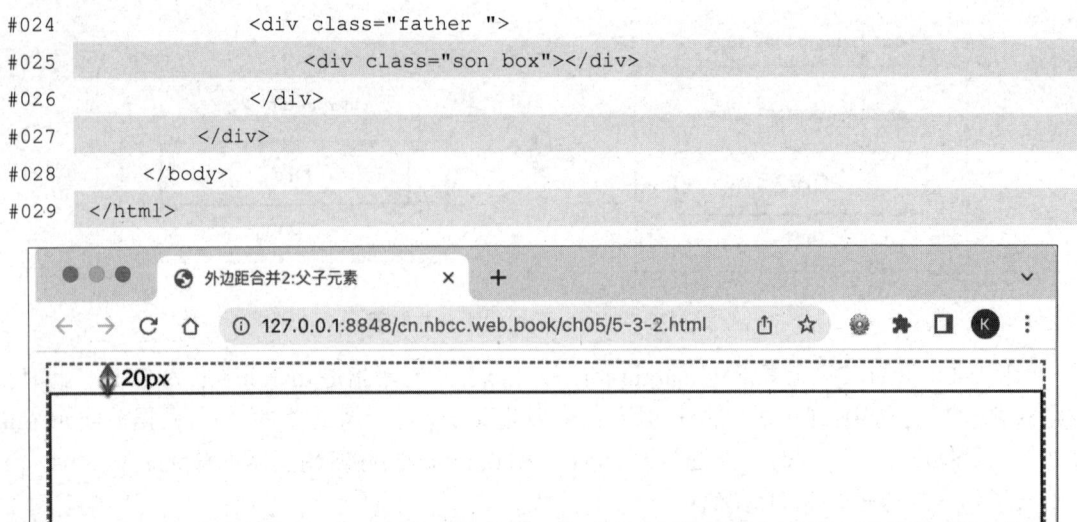

图 5-21　父子元素外边距合并的运行效果

由图 5-21 可知，父子元素外边距合并为 20px。大家也可打开开发者工具，自行查看并验证。不仅如此，如果父子元素有 margin-bottom，则 margin-bottom 同样会发生合并。

是否可以这样理解：对于有多个子元素的情况，第一个子元素的 margin-top 和最后一个子元素的 margin-bottom 会分别与父元素的 margin-top、margin-bottom 合并？

非常正确。

如何阻止这种形式的 margin 合并呢？

开始强调过，这种父子元素外边距合并是有特定条件的。只要打破这个特定条件，即可阻止合并的发生。以下是父子元素外边距合并的特定条件。

- 对于 margin-top 合并，其特定条件为：父元素没有内容或内容在子元素的后面，且没有内边距或边框。
- 对于 margin-bottom 合并，其特定条件为：父元素没有内容或内容在子元素的前面，且没有内边距或边框。

对于上述条件，只要破坏其中的一项，就可以阻止 margin 合并的发生。

💡 **技巧**

阻止 margin-top 合并发生的技巧如下。
- 为父元素设置 border-top。
- 为父元素设置 padding-top。
- 在父元素和第一个子元素之间添加行内元素作为分隔。

阻止 margin-bottom 合并发生的技巧如下。
- 为父元素设置 border-bottom。

- 为父元素设置 padding-bottom。
- 在父元素和最后一个子元素之间添加行内元素作为分隔。
- 为父元素设置 height、min-height 或 max-height。

5.4 背景

在盒子模型中，content 盒不仅可以呈现主体内容，还可以添加背景颜色或图片。此时，需要使用 CSS 的背景属性，CSS 提供了功能强大且与背景控制相关的样式属性，可以实现背景图片的拉伸、平铺、定位等效果。下面将对这些相关属性进行介绍。

5.4.1 背景颜色

CSS 使用 background-color 属性设置元素的背景颜色，其语法如下（见语法 5-3）。

语法 5-3 background-color 属性语法

定义语法	示例
background-color:颜色预设值|十六进制值|RGB 值|transparent|inherit;	background-color:#ccc;

5.4.2 背景图片

背景颜色相对单一，不够生动。通常，为了丰富页面的色彩搭配并增强显示效果，可以使用 background-image 属性添加背景图片，其语法如下（见语法 5-4）。

语法 5-4 background-image 属性语法

定义语法	示例
background-image:url(image_file_path)|inherit;	background-image:url(images/01.jpg);

使用上述语法可以将一张用户指定的图片添加到盒子模型中作为背景图片。但是单纯使用该语法有一定的局限性，如果要背景图片和盒子模型恰好匹配，则必须保证背景图片的大小和盒子模型的尺寸是一致的。类似于计算机桌面，当你为桌面指定背景图片时，如果背景图片不够大，则桌面上仅显示它的局部。

在设置计算机桌面时，如果背景图片不够大，则可以将背景图片平铺或拉伸至整个桌面。CSS 中有没有类似的功能？

这就需要用到 background-repeat 属性和 background-size 属性了。先来看 background-repeat 属性，它的语法如下（见语法 5-5）。

语法 5-5 background-repeat 属性语法

定义语法	示例
background-repeat:repeat|repeat-x|repeat-y|no-repeat|inherit;	background-repeat:repeat;

为了更好地理解不同取值的变化效果，代码 5-11 中的 015～018 行展示了 background-repeat 属性在不同取值下的不同效果，背景图片重复的效果如图 5-22 所示。

代码 5-11　background-repeat 属性示例

```
#001    <!DOCTYPE html>
#002    <html>
#003        <head>
#004            <meta charset="utf-8">
#005            <title>背景图片重复</title>
#006            <style>
#007                .box{
#008                    width: 300px;
#009                    height: 300px;
#010                    border:1px solid #666;
#011                    float:left;
#012                    margin-right: 20px;
#013                    background-image:url("image/hotel-wallpaper.png");
#014                }
#015                .rpt-both{background-repeat: repeat;}
#016                .rpt-no{background-repeat: no-repeat;}
#017                .rpt-x{background-repeat: repeat-x;}
#018                .rpt-y{background-repeat: repeat-y;}
#019            </style>
#020        </head>
#021        <body>
#022            <div class="box rpt-no"></div>
#023            <div class="box rpt-both"></div>
#024            <div class="box rpt-x"></div>
#025            <div class="box rpt-y"></div>
#026        </body>
#027    </html>
```

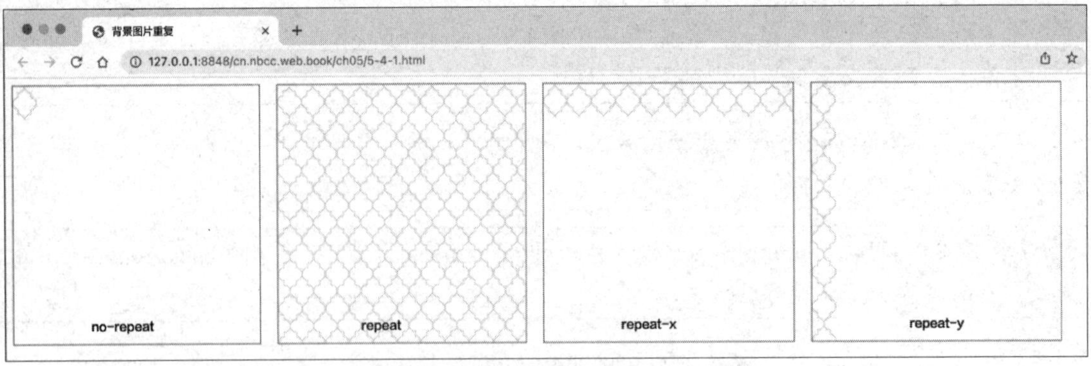

图 5-22　背景图片重复的效果

在上述示例中，对于 300px×300px 的容器，其背景图片 hotel-wallpaper.png 的尺寸为 29px×40px。022 行代码对第一个 box 使用 no-repeat 值，因此只能显示一张背景图片；023 行代码对第二个 box 使用 repeat 值，背景图片将在 x 方向上和 y 方向上进行平铺；024 行代码对第三个 box 使用 repeat-x 值，背景图片将只在 x 方向上进行平铺；025 行代码对第四个 box 使用 repeat-y 值，背景图将只在 y 方向上进行平铺。

> 🎥 如果水平的是 x 方向，垂直的是 y 方向，则为什么在使用 no-repeat 值时，背景图片在左上角呢？

> 👤 是的，你说的背景图片在容器中的位置，其实涉及了另外一个非常重要的 CSS 属性，叫作 background-position。事实上，在盒子模型中定位背景图片的坐标系如图 5-23 所示。

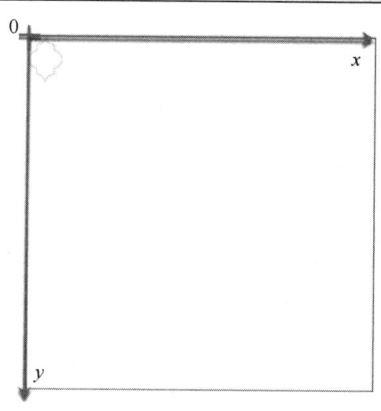

图 5-23　定位背景图片的坐标系

背景图片的坐标系规定容器的左上角为原点(0,0)，如果希望背景图片从特定的位置开始显示，则可以使用 background-position 属性实现，其语法如下（见语法 5-6）。

语法 5-6　background-position 属性语法

定义语法	示例
background-position:表示位置的预设关键字|x% y%|xpos ypos;	background-position:left top;

它的属性值由两个位置坐标构成，分别对应 x 方向和 y 方向，使用空格分隔。CSS 中提供了 top、right、bottom、left、center 预设关键字，用户可以直接使用这些预设关键字，如"background-position: left top"，也可以使用"background-position:0 0""background-position:0% 0%"表示背景图片的起始顶点（左上角）在 x 方向上和 y 方向上的偏移量。更多属性值的用法及含义可参考表 5-11 所示。

表 5-11　background-position 属性值

属性值		描述
表示位置的预设关键字	left top（默认值，左上角）	第一个值表示水平位置，第二个值表示垂直位置，默认值为 left top。如果只规定一个值，则另一个值默认为 center
	center top（居中靠上）	
	right top（右上角）	
	left center（靠左居中）	
	center center（水平垂直居中）	
	right center（靠右居中）	
	left bottom（靠左底部）	
	center bottom（居中底部）	
	right bottom（靠右底部）	

续表

属性值		描述
偏移量	xpos ypos	第一个值表示水平位置，第二个值表示垂直位置，默认值为0 0（对应 left top，表示左上角）。xpos 和 ypos 表示偏移量，即相对于左上角的偏移量，单位为 px 或 em。当 xpos 为正值时，表示从左向右移动，反之则表示从右向左移动；当 ypos 为正值时，表示从上向下移动，反之则表示从下向上移动。如果只规定一个值，则另一个值是 50%（或 center）
	x% y%	第一个值表示水平位置，第二个值表示垂直位置。偏移量为相对于元素宽度和背景图片宽度之差的百分数。默认值是 0% 0%（即左上角），右下角则是 100% 100%。如果只规定一个值，则另一个值是 50%

为了更好地观察和演示 background-position 属性的用法，下面给出代码 5-12。

代码 5-12　background-position 属性示例

```
#001    <!DOCTYPE html>
#002    <html>
#003        <head>
#004            <meta charset="utf-8">
#005            <title>背景图片定位</title>
#006            <style>
#007                .box{
#008                    width: 300px;
#009                    height: 300px;
#010                    border:1px solid #666;
#011                    float:left;
#012                    margin-right: 20px;
#013                    background-image:url("image/HTML5-LOGO.png");
#014                    background-repeat: no-repeat;
#015                    background-size:50%;
#016                }
#017                .ps-tl{background-position: left top;}
#018                .ps-tr{background-position: 100% 0%;}
#019                .ps-br{background-position: 100% 100%;}
#020                .ps-bl{background-position: left bottom;}
#021                .ps-cc{background-position: 50% 50%;}
#022            </style>
#023        </head>
#024        <body>
#025            <div class="box ps-tl"></div>
#026            <div class="box ps-tr"></div>
#027            <div class="box ps-br"></div>
#028            <div class="box ps-bl"></div>
#029            <div class="box ps-cc"></div>
```

```
#030        </body>
#031    </html>
```

上述代码的运行效果如图 5-24 所示。

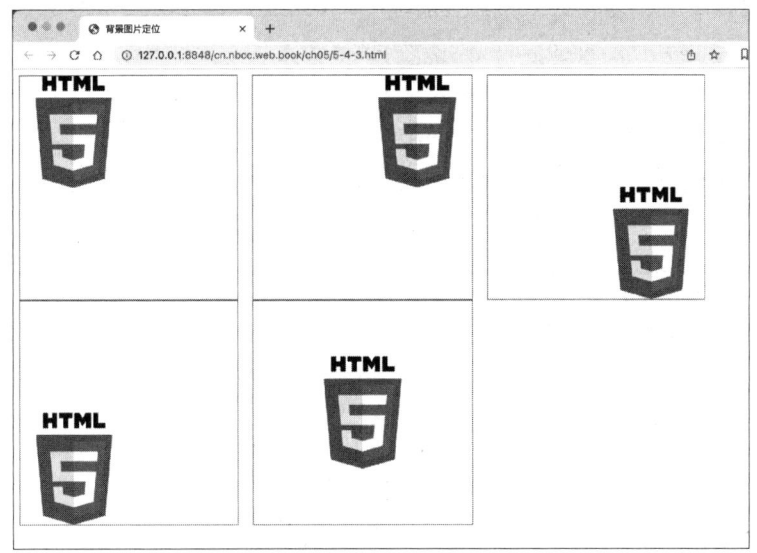

图 5-24 运行效果

017 行代码使用"top left"预设关键字将图标置于容器的左上角；018 行代码使用"100% 0%"预设值将图标置于容器的右上角；同样地，020 行代码使用"left bottom"预设关键字将图标置于容器的左下角；021 行代码使用"50% 50%"预设值将图标置于容器的中心。

当使用"x% y%"作为偏移量时，其值为相对于元素宽度和背景图片宽度之差的百分数。现在我理解了，只有这样，背景图片水平方向100%的位置才是水平靠右。

是这样的，背景图片定位原理如图 5-25 所示。

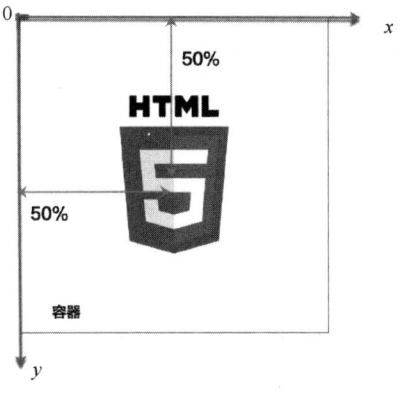

图 5-25 背景图片定位原理

老师，015 行代码中的"background-size:50%;"是什么意思？

background-size 是 CSS3 提供给 background 的新特性，它的作用是控制背景图片的大小。你可以查看一下图标的实际尺寸，并对照一下容器的尺寸。

图标的尺寸是 2048px×2048px，而容器的尺寸在 008～009 行代码中被定义为 300px×300px。那岂不是背景图片更宽？

正是因为图标过大，老师这里使用 background-size 属性将其大小缩小一半（50%），这样就便于观察啦。事实上，background-size 属性的用途远不止于此。现在的电子设备屏幕分辨率越来越高，所以为了避免图像的像素点不够造成渲染模糊，开发者通常会使用 2 倍图，甚至 3 倍图作为背景图片。此时，要将过大的图片限制在一个小区域中就需要使用 background-size 属性了。下面给出 background-size 属性语法（见语法 5-7）。

语法 5-7　background-size 属性语法

定义语法	示例
background-size: length|percentage|cover|contain;	background-size:cover; background-size:contain; background-size:50%; background-size:20px; background-size:auto 100%; background-size:auto 20px; background-size:100% 100%; background-size:30px 50px;

background-size 属性值如表 5-12 所示。

表 5-12　background-size 属性值

属性值	描述
length	设置背景图片的高度和宽度。第一个值表示宽度，第二个值表示高度。如果只给出一个值，则第二个值为 auto（自动）
percentage	计算相对于背景定位区域的百分比。第一个值表示宽度，第二个值表示高度，以空格隔开宽度和高度，以逗号隔开指定的多重背景。如果只给出一个值，则第二个值为 auto（自动）
cover	保持图片的纵横比，并将图片缩放成能完全覆盖背景定位区域的最小大小
contain	保持图片的纵横比，并将图片缩放成适合背景定位区域的最大大小

比较背景图片 contain 和 cover 的代码 5-13 如下。

代码 5-13　比较背景图片的 contain 和 cover

```
#001    <!DOCTYPE html>
#002    <html>
#003        <head>
#004        <meta charset="utf-8">
#005        <title>背景图片大小</title>
#006        <style>
#007            .box{
#008                width: 600px;
#009                height: 500px;
#010                border:1px solid #666;
```

```
#011                        float:left;
#012                        margin-right: 20px;
#013                        background-image:url("image/nbcc-pic.jpg");
#014                        background-repeat: no-repeat;
#015                        background-size:50%;
#016                    }
#017                    .ps-contain{background-size: contain;}
#018                    .ps-cover{background-size: cover;}
#019            </style>
#020        </head>
#021        <body>
#022            <div class="box ps-contain"></div>
#023            <div class="box ps-cover"></div>
#024        </body>
#025    </html>
```

上述代码的运行效果如图 5-26 所示。

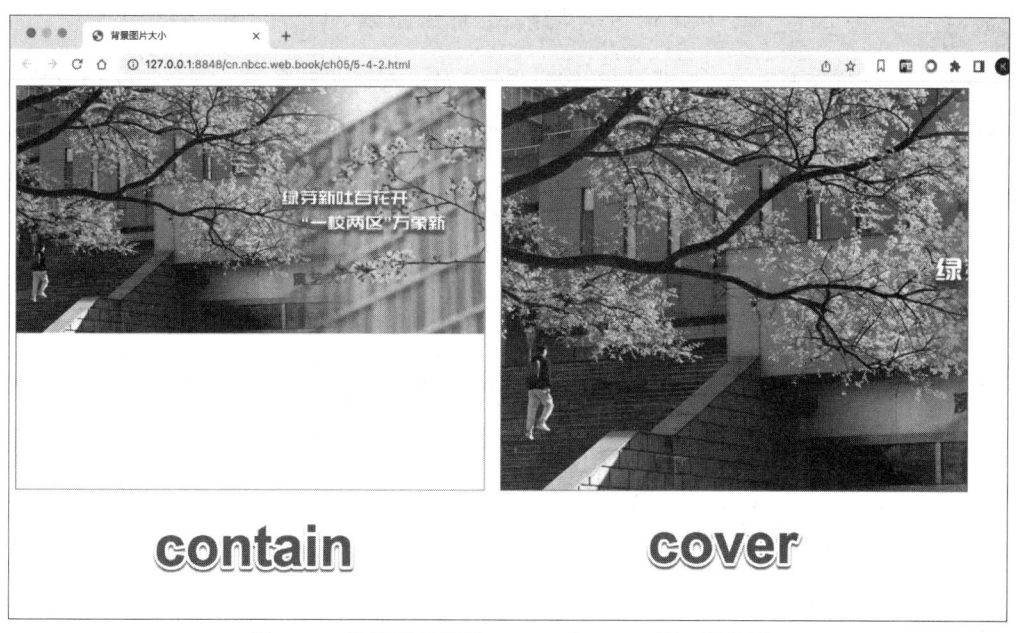

图 5-26 比较背景图片 contain 和 cover 的运行效果

效果对比很明显，contain 具有包含的意思，表示将背景图片尽可能包含在容器中，同时没有任何裁剪，有时会留出大量空白；而 cover 表示使用背景图片尽可能覆盖当前容器，在必要时裁剪背景图片，从而不留任何空白。

非常正确！掌握 background-size 属性是不是也挺容易的。

除了上一节中介绍的纯色背景，在很多页面应用和移动应用中，还会用到渐变背景。例如，某健康 App 中的打卡功能，可以看到如图 5-27 所示的渐变背景。除了使用渐变的图片，还可以直接使用 CSS 的 linear-gradient()函数来实现渐变背景，其语法如下（见语法 5-8）。

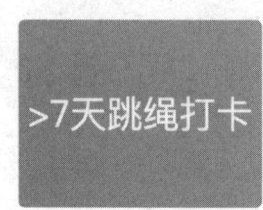

图 5-27　渐变背景

语法 5-8　linear-gradient()函数语法

函数语法	示例
background-image: linear-gradient(direction, color-stop1, color-stop2, ...);	background-image:linear-gradient(45deg,red,blue);

👨 linear-gradient()是一个函数，其参数 direction 表示渐变的角度和方向，后续可以接若干 CSS 颜色作为参数，表示渐变过渡的起止颜色。

🐾 原来如此，我来试一试制作一个健康打卡功能的渐变背景显示效果吧！

制作健康
打卡功能的
渐变背景

任务 5-7　制作健康打卡功能的渐变背景

📖 根据如图 5-27 所示的效果，使用渐变函数制作健康打卡功能的渐变背景，图 5-28 所示为完成效果。

制作健康打卡功能的渐变背景的参考代码 5-14 如下。

代码 5-14　制作健康打卡功能的渐变背景

```
#001  <!DOCTYPE html>
#002  <html>
#003      <head>
#004          <meta charset="utf-8">
#005          <title>渐变背景</title>
#006          <style>
#007              .box{
#008                  width: 200px;
#009                  height: 150px;
#010                  background-image: linear-gradient(45deg,#7ca9f0,#82d695);
#011                  border-radius: 5px;
#012                  line-height: 150px;
#013                  color:white;
#014                  font-size: 30px;
#015                  text-align: center;
#016              }
#017          </style>
#018      </head>
#019      <body>
#020          <div class="box">
```

```
#021                    &gt;7 天跳绳打卡
#022              </div>
#023          </body>
#024      </html>
```

图 5-28　使用渐变函数制作渐变背景的完成效果

 常见的编程错误

（1）想在网页中显示"＞"字符，但不使用实体引用。

（2）linear-gradient()是一个函数，缺少函数参数的括号，以及参数和参数之间没有用逗号分隔。

（3）错误地将渐变函数应用到 background-color 属性中。

以上都是常见的编程错误。

在常用的图片样式中，还有一个用于控制背景图片滚动的属性：background-attachment。它主要用来控制背景图片是否随页面滚动条的滚动而滚动，其语法如下（见语法 5-9）。

语法 5-9　background-attachment 属性语法

定义语法	示例
background-attachment:scroll|fixed|inherit;	background-attachment:fixed;

为了更好地对比 scroll 和 fixed，可以通过代码 5-15 的运行效果观察两者的区别。

代码 5-15　对比 scroll 和 fixed

```
#001    <!DOCTYPE html>
#002    <html>
#003        <head>
#004            <meta charset="utf-8">
#005            <title>背景滚动属性</title>
#006            <style>
#007                .box{
#008                    width: 500px;
#009                    background-color: aqua;
#010                    background-image: url("image/hotel-wallpaper.png");
```

```
#011                    border:1px solid #666;
#012                    border-radius: 5px;
#013                    line-height: 50px;
#014                    /* color:white; */
#015                    font-size: 30px;
#016                    text-align: center;
#017                    float: left;
#018                    margin-right: 10px;
#019                }
#020            .bg-scroll{
#021                background-attachment: scroll;
#022            }
#023            .bg-fixed{
#024                background-attachment: fixed;
#025            }
#026        </style>
#027    </head>
#028    <body>
#029        <div class="box bg-scroll">
#030            Lorem ipsum dolor sit amet consectetur adipisicing elit. Atque eum
        molestias maxime, vitae possimus debitis eveniet libero assumenda. Corrupti aperiam
        atque qui nam fuga minus tenetur inventore ipsa aspernatur quasi. Repellat culpa
        maxime nesciunt praesentium harum sint enim porro ducimus repudiandae rerum? Deserunt
        mollitia, earum perferendis pariatur quod sequi cumque laboriosam enim. Sit quam
        accusantium sunt at fugiat, eos ut nemo. Voluptas minima molestiae autem at
        necessitatibus, assumenda nobis velit atque. Deserunt qui officia illo. Aliquid
        error, beatae aspernatur quos debitis eligendi ducimus doloribus quod tempora
        voluptate eum incidunt, ex dolores earum saepe culpa facere ab itaque. Dolore,
        recusandae autem!
#031        </div>
#032        <div class="box bg-fixed">
#033            Lorem ipsum dolor sit amet consectetur adipisicing elit. Atque eum
        molestias maxime, vitae possimus debitis eveniet libero assumenda. Corrupti aperiam
        atque qui nam fuga minus tenetur inventore ipsa aspernatur quasi. Repellat culpa
        maxime nesciunt praesentium harum sint enim porro ducimus repudiandae rerum? Deserunt
        mollitia, earum perferendis pariatur quod sequi cumque laboriosam enim. Sit quam
        accusantium sunt at fugiat, eos ut nemo. Voluptas minima molestiae autem at
        necessitatibus, assumenda nobis velit atque. Deserunt qui officia illo. Aliquid
        error, beatae aspernatur quos debitis eligendi ducimus doloribus quod tempora
        voluptate eum incidunt, ex dolores earum saepe culpa facere ab itaque. Dolore,
        recusandae autem!
#034        </div>
#035    </body>
#036 </html>
```

scroll 和 fixed 的对比效果如图 5-29 和图 5-30 所示，通过拖动右侧的滚动条，可以看到背景图片在两个盒子中的区别。

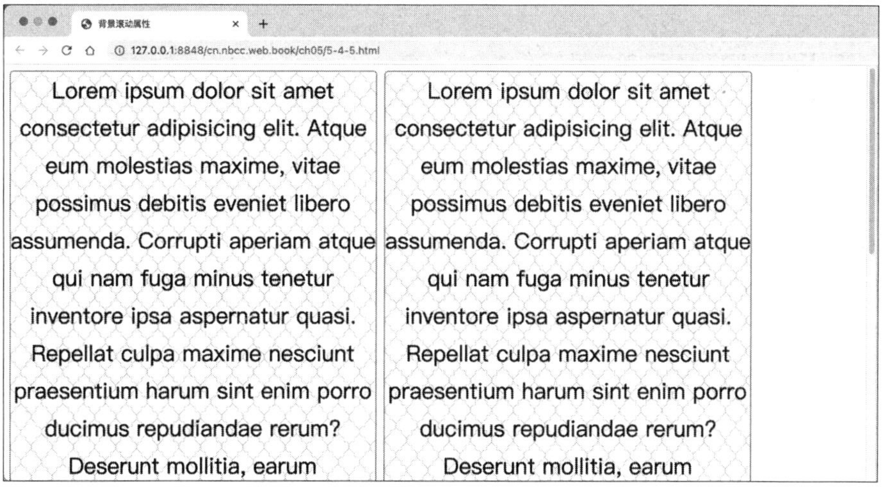

图 5-29　scroll 和 fixed 的对比效果（1）

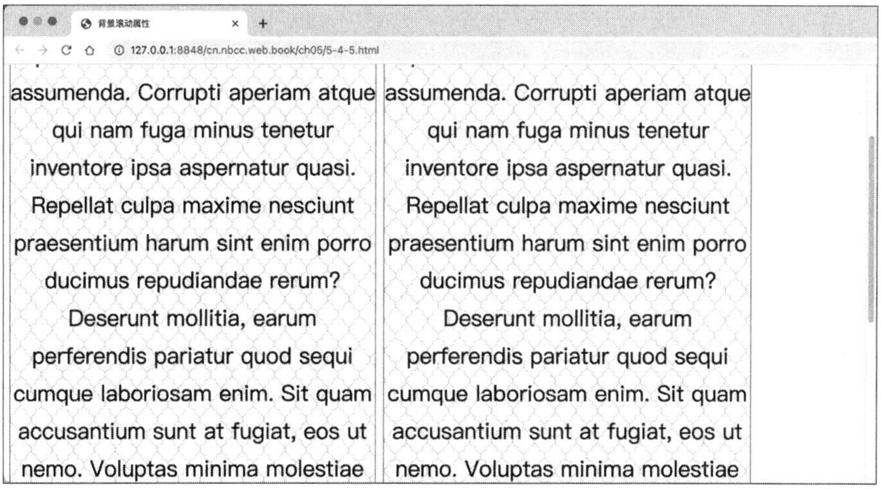

图 5-30　scroll 和 fixed 的对比效果（2）

可以看到，当设置 "background-attachment:scroll;" 时，背景图片和前景文字就像一个整体，会一起滚动；而当设置 "background-attachment:fixed;" 时，背景图片和前景文字是分离的，背景图片就好像墙纸，固定不动，而前景文字就好像窗帘，它的滚动对墙纸不会有任何影响。

确实如此，以上是背景图片的常用样式。除了 background-size 属性，CSS3 还提供了一些新的背景样式属性。如 background-clip、background-origin 属性。其中，background-clip 属性也被称为背景裁剪属性，用来规定背景的绘制区域；background-origin 属性也被称为背景图片起始定位属性，用来规定背景图片的定位区域。下面先来看 background-clip 属性，其语法如下（见语法 5-10）。

语法 5-10　background-clip 属性语法

定义语法	示例
background-clip: border-box|padding-box|content-box;	background-clip:content-box;

代码 5-16 演示了背景剪裁属性的使用方法。图 5-31 所示为该代码的运行效果。

代码 5-16　背景剪裁属性

```
#001   <!DOCTYPE html>
#002   <html>
#003       <head>
#004           <meta charset="utf-8">
#005           <title>背景裁剪属性</title>
#006           <style>
#007               .box{
#008                   width: 300px;
#009                   height: 300px;
#010                   padding:30px;
#011                   background-color: aqua;
#012                   border:8px dotted #666;
#013                   font-size: 16px;
#014                   /* text-align: center; */
#015                   float: left;
#016                   margin-right: 10px;
#017               }
#018               .bgc-bb{
#019                   background-clip: border-box;
#020               }
#021               .bgc-pb{
#022                   background-clip: padding-box;
#023               }
#024               .bgc-cb{
#025                   background-clip: content-box;
#026               }
#027           </style>
#028       </head>
#029       <body>
#030           <div class="box bgc-bb">
#031               宁波城市职业技术学院创建于 2003 年，学校的前身是宁波大学职业技术教育学院，是一所面向现
               代服务业，培养高素质技术技能应用型人才的全日制普通高等职业院校。1992 年，邵逸夫先生捐资兴建原宁
               波师范学院"逸夫高等职业技术教育中心"，是浙江省最早开展全日制高等职业技术教育的机构之一。2003 年，
               省政府批准在宁波大学职教学院的基础上组建独立建制的宁波城市职业技术学院。
#032           </div>
#033           <div class="box bgc-pb">
```

#034	宁波城市职业技术学院创建于2003年，学校的前身是宁波大学职业技术教育学院，是一所面向现代服务业，培养高素质技术技能应用型人才的全日制普通高等职业院校。1992年，邵逸夫先生捐资兴建原宁波师范学院"逸夫高等职业技术教育中心"，是浙江省最早开展全日制高等职业技术教育的机构之一。2003年，省政府批准在宁波大学职教学院的基础上组建独立建制的宁波城市职业技术学院。
#035	`</div>`
#036	`<div class="box bgc-cb">`
#037	宁波城市职业技术学院创建于2003年，学校的前身是宁波大学职业技术教育学院，是一所面向现代服务业，培养高素质技术技能应用型人才的全日制普通高等职业院校。1992年，邵逸夫先生捐资兴建原宁波师范学院"逸夫高等职业技术教育中心"，是浙江省最早开展全日制高等职业技术教育的机构之一。2003年，省政府批准在宁波大学职教学院的基础上组建独立建制的宁波城市职业技术学院。
#038	`</div>`
#039	`</body>`
#040	`</html>`

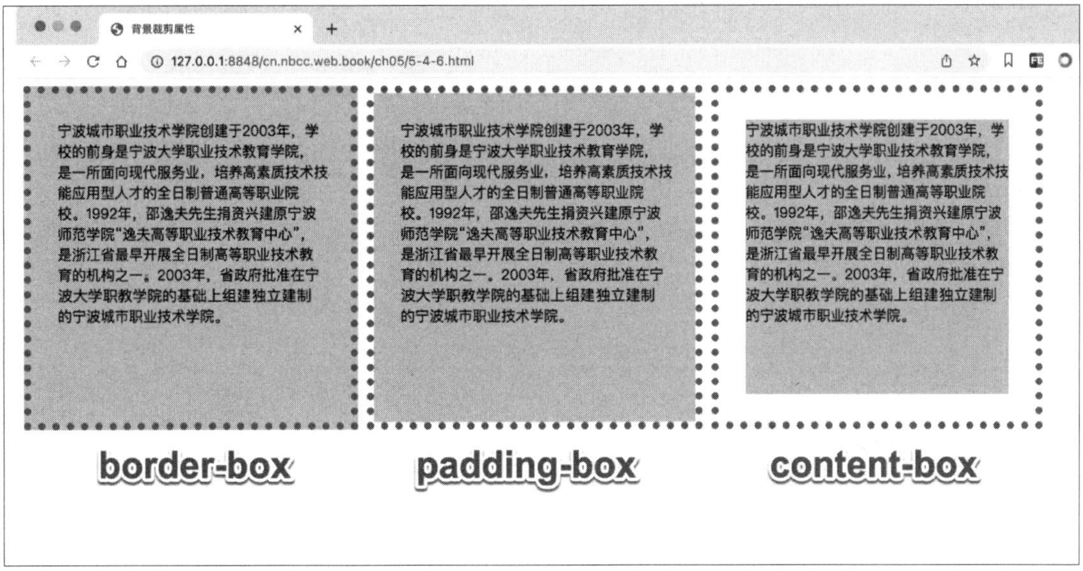

图 5-31　代码 5-16 的运行效果

由图 5-31 可知，将 background-clip 属性设置为 border-box，背景显示区域会覆盖 border 盒；设置为 padding-box，背景显示区域覆盖整个 padding 盒（边框线除外）；设置为 content-box，背景显示区域仅覆盖 content 盒。下面再来看 background-origin 属性，其语法如下（见语法 5-11）。

语法 5-11　background-origin 属性语法

定义语法	示例
background-origin: padding-box|border-box|content-box;	background-origin:content-box;

👤 从语法的使用和参数来看，background-clip 属性和 background-origin 属性非常相似。它们的区别在于 background-origin 属性用来规定表示背景图片的定位区域，它的使用需要有背景图片的参与。

代码 5-17 演示了背景图片起始定位属性的使用方法。图 5-32 所示为该代码的运行效果。

代码 5-17　背景图片起始定位属性

```
#001   <!DOCTYPE html>
#002   <html>
#003     <head>
#004       <meta charset="utf-8">
#005       <title>背景图片起始定位属性</title>
#006       <style>
#007         .box{
#008             width: 300px;
#009             height: 300px;
#010             padding:30px;
#011             background-color: aqua;
#012             background-image: url("image/hotel-wallpaper.png");
#013             background-position: left top;
#014             background-repeat: no-repeat;
#015             border:8px dotted #666;
#016             font-size: 16px;
#017             text-align: center;
#018             float: left;
#019             margin-right: 10px;
#020         }
#021         .bgo-bb{
#022             background-origin: border-box;
#023         }
#024         .bgo-pb{
#025             background-origin: padding-box;
#026         }
#027         .bgo-cb{
#028             background-origin: content-box;
#029         }
#030       </style>
#031     </head>
#032     <body>
#033       <div class="box bgo-bb">
```
#034　　宁波城市职业技术学院创建于 2003 年，学校的前身是宁波大学职业技术教育学院，是一所面向现代服务业，培养高素质技术技能应用型人才的全日制普通高等职业院校。1992 年，邵逸夫先生捐资兴建原宁波师范学院"逸夫高等职业技术教育中心"，是浙江省最早开展全日制高等职业技术教育的机构之一。2003 年，省政府批准在宁波大学职教学院的基础上组建独立建制的宁波城市职业技术学院。
```
#035       </div>
#036       <div class="box bgo-pb">
```
#037　　宁波城市职业技术学院创建于 2003 年，学校的前身是宁波大学职业技术教育学院，是一所面向现代服务业，培养高素质技术技能应用型人才的全日制普通高等职业院校。1992 年，邵逸夫先生捐资兴建原宁波师范学院"逸夫高等职业技术教育中心"，是浙江省最早开展全日制高等职业技术教育的机构之一。2003 年，省政府批准在宁波大学职教学院的基础上组建独立建制的宁波城市职业技术学院。

```
#038          </div>
#039          <div class="box bgo-cb">
#040          宁波城市职业技术学院创建于 2003 年，学校的前身是宁波大学职业技术教育学院，是一所面向现
              代服务业，培养高素质技术技能应用型人才的全日制普通高等职业院校。1992 年，邵逸夫先生捐资兴建原宁
              波师范学院"逸夫高等职业技术教育中心"，是浙江省最早开展全日制高等职业技术教育的机构之一。2003 年，
              省政府批准在宁波大学职教学院的基础上组建独立建制的宁波城市职业技术学院。
#041          </div>
#042      </body>
#043  </html>
```

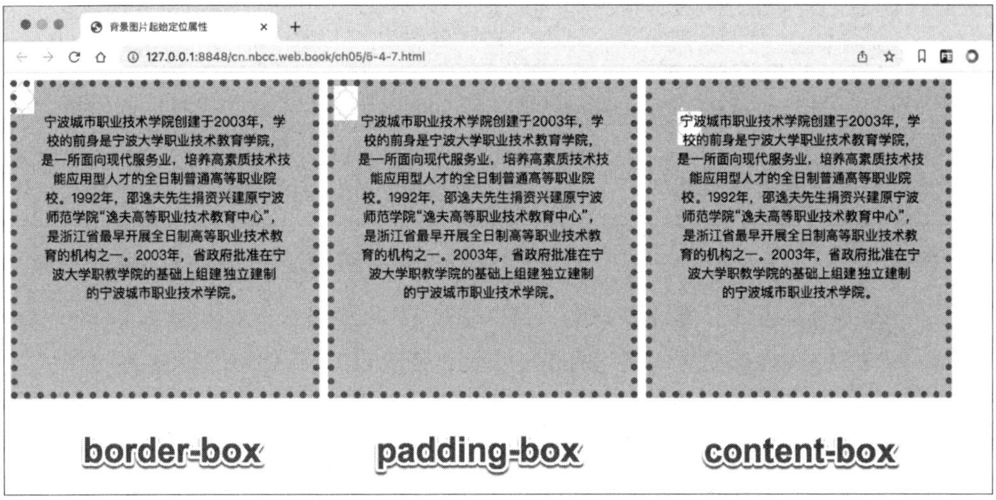

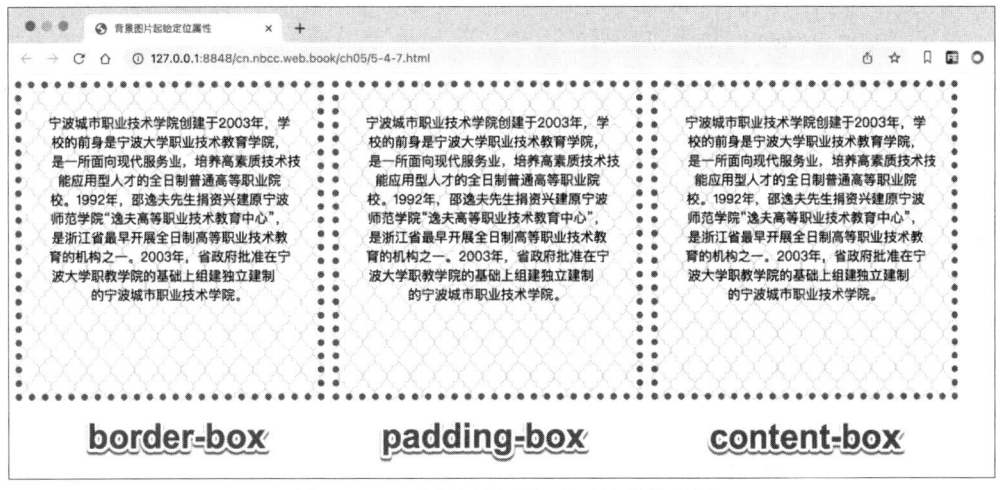

图 5-32 代码 5-17 的运行效果

可以看出，将 background-origin 分别设置为 border-box、padding-box、content-box，背景图片的起始定位的基准明显不同，分别起始于 border 盒、padding 盒和 content 盒的左上角。

受其影响，当配合使用 background-position:left top、background-repeat:repeat 样式规则时，背景图片出现的位置也有细微的差异，如图 5-33 所示。

图 5-33 配合使用样式规则后的差异效果

5.4.3 背景综合样式

 背景提供了这么多样式属性，但使用起来既多变又有些麻烦。是不是和边框一样，它也有一个综合样式属性，可以一次性设置常用的背景样式呢？

 确实如此，它就是 background 综合样式属性，其语法如下（见语法 5-12）。

语法 5-12　background 综合样式属性语法

定义语法	示例
background:bg-color bg-image position/bg-size bg-repeat bg-origin bg-clip bg-attachment initial|inherit;	background:red url("images/bg.png") repeat-y;

由语法 5-12 可知，经过 CSS3 新特性的加持，background 综合样式属性提供了大量的可选属性。在使用时，各个属性值之间使用空格分隔，background 综合样式属性必须设置背景颜色或背景图片，其余参数是可选的，在有需要时才添加，否则使用默认值。

技巧

在使用时需要注意以下两点。

（1）bg-size 只能紧接着 position 出现，两者以"/"分隔，如 center/80%。

（2）bg-origin 和 bg-clip 的取值都是<box>类型，可能出现 0 次、1 次或 2 次。如果出现 1 次，则它同时设置 background-origin 和 background-clip；如果出现 2 次，则在第 1 次出现时设置 background-origin，在第 2 次出现时设置 background-clip。

常见的编程错误

在指定 background 综合样式属性时，没有设置颜色值也没有指定背景图片是常见的编程错误，必须指定两者中的一个。

任务 5-8　制作图标

icon-dot 和 icon-menu 是移动应用界面中常见的两个图标，使用背景样式属性实现如图 5-34 所示的图标效果。

制作图标

图 5-34　icon-dot 和 icon-menu 的图标效果

本任务的实现代码 5-18 如下。

代码 5-18　制作图标

```
#001    <!DOCTYPE html>
#002    <html>
#003        <head>
#004            <meta charset="utf-8">
#005            <title>制作图标</title>
#006            <style>
#007                .icon-dot{
#008                    display: inline-block;
#009                    width: 100px;
#010                    height: 100px;
#011                    padding:10px;
#012                    border:10px solid;
#013                    background-color: currentColor;
#014                    background-clip:content-box;
#015                    color:lightgrey;
#016                    border-radius: 50%;
#017                }
#018                .icon-menu{
#019                    display: inline-block;
#020                    width: 140px;
#021                    height: 10px;
#022                    padding:35px 0;
#023                    border-top:10px solid;
#024                    border-bottom:10px solid;
#025                    color:lightgrey;
#026                    background-color: currentColor;
#027                    background-clip: content-box;
#028                }
#029            </style>
#030        </head>
#031        <body>
#032            <div class="icon-dot"></div>
#033            <div class="icon-menu"></div>
#034        </body>
#035    </html>
```

 技巧

currentColor 是 CSS3 中的变量，它表示当前标签所继承的文字颜色，利用它可以与当前 color 属性保持同步。

👤025 行代码将前景色设置为 lightgrey。使用 CSS3 提供的 currentColor 让背景颜色与前景色同步。通过设置 background-clip 属性将绘制区域指定为 content 盒，在默认情况下 height 和 width 指的是 content 盒的宽度和高度。因此，在制作 icon-dot 图标时，绘制一个 100px×100px 的实心圆，并将 padding 设置为 10px，用于留白，设置 10px 的边框作为最外圈；在制作 icon-menu 图标时，content 盒的高度为 10px，与上、下外边框的宽度相等，实现了"三"字形状。

任务 5-9　使用精灵图

📝某水果企业为北京奥运会提供新鲜水果产品，请利用美工提供的精灵图（见图 5-35），以单个图标作为背景图片制作 10 个产品展示框（每个框中均显示一种水果）。

使用精灵图

图 5-35　精灵图

❓👩 老师，什么是精灵图？

👤精灵图取自英文 Sprite 的翻译，因为"雪碧"的英文也是 Sprite，所以有些书上也将它称为雪碧图。它通常将一组常用的图标、背景图片等按照一定的规律排列，组成一张完整的图片，便于程序员使用。

❓👩 为什么不让美工将这些图片切好，而使用一张大图呢？

👤使用精灵图主要有两个优势：①加快网页加载速度。在请求一个具有较多图片的页面时（如 10 张），每张图片都要发送一次请求，会造成大量的性能消耗，而将相关图片组合在一起（合并为 1 张），这样只需请求一次，从而大大加快网页加载速度；②便于后期维护。将相关图片有规律地组合在一起，便于程序员开发和使用，同时为后期的修改提供了便利。

❓👩 原来还有这种好处，那如何使用精灵图呢？

👤这里需要根据素材的尺寸和特征，并配合 background-image、background-repeat、background-position 属性来实现，类似于放大镜的使用。你看到的结果是放大镜中照到的局部信息，通过移动放大镜（也可以理解为移动背景图片），局部信息会发生变化，而移动操作就是通过 background-position 属性进行精准定位的。

📽 我有思路了，让我试一下吧。

本任务的实现代码 5-19 如下。

代码 5-19 使用精灵图

```html
#001    <!DOCTYPE html>
#002    <html>
#003        <head>
#004            <meta charset="utf-8">
#005            <title>精灵图</title>
#006            <style>
#007                .box{
#008                    width: 172px;
#009                    height: 200px;
#010                    border:1px solid #ccc;
#011                    float: left;
#012                    margin-right: 10px;
#013                    background: url("image/bdd.png") no-repeat;
#014                }
#015                .bdd1{background-position: 0 0;}
#016                .bdd2{background-position: -172px 0;}
#017                .bdd3{background-position: -344px 0;}
#018                .bdd4{background-position: 0px -200px;}
#019                .bdd5{background-position: -172px -200px;}
#020                .bdd6{background-position: -344px -200px;}
#021                .bdd7{background-position: -516px -98px;}
#022            </style>
#023        </head>
#024        <body>
#025            <div class="box bdd1"></div>
#026            <div class="box bdd2"></div>
#027            <div class="box bdd3"></div>
#028            <div class="box bdd4"></div>
#029            <div class="box bdd5"></div>
#030            <div class="box bdd6"></div>
#031            <div class="box bdd7"></div>
#032        </body>
#033    </html>
```

上述代码的运行效果如图 5-36 所示。

❓📽 老师，在素材图中，西瓜的坐标信息是如何获取的呢？

👤 有两种方法：①你可以使用 Photoshop 等绘图软件打开原稿，使用测量工具获取西瓜的坐标信息；②你也可以直接使用浏览器开发者工具的调试功能，通过调试获取西瓜的坐标信息，并将满意的结果回填到代码中。

图 5-36　使用精灵图的运行效果

 技巧

通过 Photoshop 等绘图软件和浏览器开发者工具可以有效地帮助用户获取背景图片的坐标信息。

5.5　小结

本项目重点介绍了盒子模型的相关知识，以及衍生出来的边框、外边距、背景属性的相关特性。掌握盒子模型是学好 CSS 样式规则应用的重要基石，也为后续的 Web 前端开发奠定了重要基础。

5.6　作业

一、选择题

1. 图 5-37 所示为一个部门通知页面的局部效果，要实现框选部分中的部门装饰线，可以使用的样式属性是（　　）。

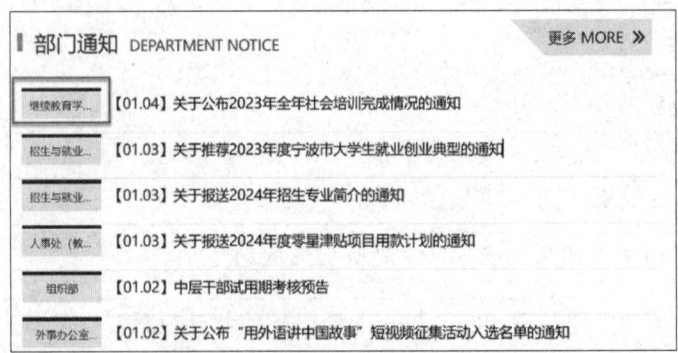

图 5-37　一个部门通知页面的布局效果

A．border-top　　　　B．border-right　　　　C．border-bottom　　　D．border-left

2．关于边框样式属性，说法正确的是（　　）。

A．border 有 4 个方向，不能单独对某个特定方向的边框风格进行指定

B．border-style-right 可以用来对右边框的风格进行指定

C．在 border 简写样式中，颜色、风格和宽度 3 个值的定义顺序可以颠倒

D．在使用 border-color 时，只能使用十六进制值

3．下列属于 background-repeat 的默认值的是（　　）。

A．no-repeat　　　　　B．repeat　　　　　C．repeat-x　　　　　D．repeat-y

4．关于 margin 和 padding，说法正确的是（　　）。

A．inline 元素可以通过 width 和 height 分别指定宽度和高度

B．当相邻行内元素均设置 padding 时会发生合并

C．当相邻块级元素均设置 margin 时会发生合并

D．当相邻行内元素均设置 margin 时会发生合并

5．关于背景图片，说法正确的是（　　）。

A．如果一个图标需要提供单击效果，则应该使用<img>标签而不是背景图片

B．背景图片一旦被指定，将无法移动

C．在同一个元素中，如果同时指定背景图片和背景颜色，则谁先定义，将先显示谁

D．在同一个元素中，只能添加一张背景图片

二、操作题

实现鼠标指针悬停后高亮的效果是一种常见的功能。请在本书所附的教学项目源文件中，使用 ch05/images/all_bg.gif 精灵图，并结合链接的伪类的特性，实现鼠标指针悬停后高亮的效果。显示效果如图 5-38 所示。

默认的显示效果

鼠标指针悬停后的显示效果

图 5-38　显示效果

三、项目讨论

讨论主题

精灵图的出现由来已久，在早期的游戏制作中经常使用它。请查找相关资料，列举一个游戏中使用精灵图的案例。结合你的经验，对比精灵图在游戏、网页制作中的使用原理，并讨论使用精灵图的优点。

项目 6

表格和表单

思政课堂

2022 年 2 月 4 日至 20 日，北京冬奥会在我国北京市和张家口市联合举行，它是一次全球性的体育盛会。在这次冬奥会上，展现出了胸怀大局、自信开放、迎难而上、追求卓越、共创未来的"北京冬奥精神"。它激励着我们这代人坚持理想信念，坚定不移地为社会主义伟大事业而奋斗；坚持实事求是，脚踏实地地去创造。我们要把爱国之情、报国之志转化为实际行动，努力拼搏，为祖国争光！

学习目标

- 了解表格的两个作用
- 掌握表格标签及语义
- 掌握表格数据的导入方法
- 了解表单的用途
- 掌握常用表单标签的使用方法
- 掌握<input>标签及其变体的使用方法

技能目标

- 能正确使用表格标签创建表格
- 能使用表格样式属性美化表格
- 能正确使用表单标签创建表单
- 能使用表单样式属性美化表单

素养目标

- 培养以用户为中心的产品质量意识
- 培养勇于探索、崇尚科学的意志和品德
- 遵守网络规范、网络法规

6.1　表格

网页中的表格由来已久，它在网页制作历史进程中主要有两个作用：一是实现网页内容的布局，图6-1所示为利用表格实现的复杂界面布局，通过单元格的分割和合并生成具有①～⑦七个不同板块的页面效果；二是呈现相关的数据，图6-2所示为利用表格呈现汽车详细参数的页面效果。

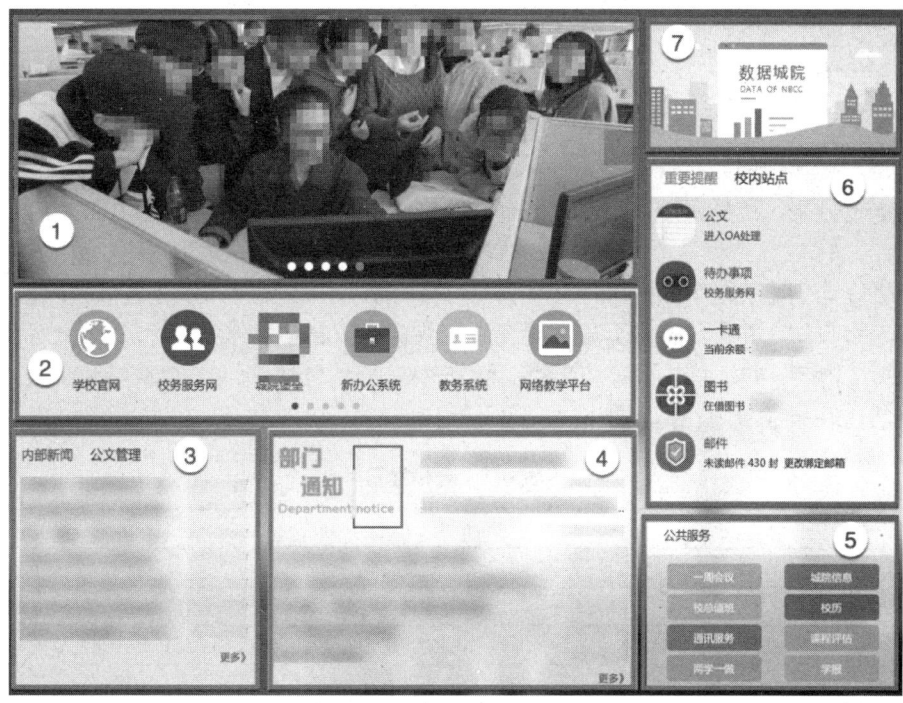

图6-1　利用表格实现的复杂界面布局

厂商	品牌	车型	排挡	排量	燃料类型	汽车类别	汽车类型	细分市场
比亚迪	比亚迪	宋PLUS DM-i	E-CVT	1.5L	插电式混合动力	乘用车	SUV	紧凑型SUV
上汽通用五菱	五菱	宏光MINI EV	电机	0.0L	纯电动	乘用车	轿车	微型轿车
特斯拉(中国)	特斯拉	MODEL Y	电机	0.0L	纯电动	乘用车	SUV	中型SUV
广汽本田	本田	雅阁	无级	1.5T	汽油	乘用车	轿车	中型轿车
东风日产	日产	轩逸经典	无级	1.6L	汽油	乘用车	轿车	紧凑型轿车
比亚迪	比亚迪	海豚	电机	0.0L	纯电动	乘用车	轿车	小型轿车
东风日产	日产	轩逸	无级	1.6L	汽油	乘用车	轿车	紧凑型轿车
比亚迪	比亚迪	元PLUS	电机	0.0L	纯电动	乘用车	SUV	紧凑型SUV
上汽大众	大众	帕萨特	双离合	2.0T	汽油	乘用车	轿车	中型轿车
上汽大众	大众	朗逸	手自一体	1.5L	汽油	乘用车	轿车	紧凑型轿车

〈 1 2 3 4 〉

图6-2　利用表格呈现汽车详细参数的页面效果

事实上，表格出现的初衷就是以行列的形式将数据罗列出来。其结构紧凑、清晰直观，在日常生活中被大量使用，财务报表、课程表、问卷调查表等都使用了表格进行数据的组织和汇总。由于表格可以灵活地合并单元格，实现一些特殊的结构化特征，因此在 2008 年以前，表格的一个用途是实现网页内容的布局。随着前端技术的不断发展，使用表格布局的弊端越来越明显，在 CSS 出现后，使用表格布局网页的方式已逐渐被抛弃。

目前，前端技术提供了功能更加强大的网页布局功能，表格在网页中的主要用途也就慢慢回归到它的初衷——呈现数据。

> 👤 基于表格具有典型的结构化特征，本项目的主要学习目标是：掌握与表格相关的结构化标签；掌握与美化表格相关的 CSS 样式属性及其应用。下面先来一起学习表格标签。

6.2 表格标签

表格是一种典型的结构性对象，一个表格通常包括行、列和单元格 3 个部分。其中，行是表格中的水平分隔，列是表格中的垂直分隔，而单元格是行和列相交所产生的区域，用于存放表格数据。

为了更好地描述表格中的内容，有时我们也会将表格内容划分为 3 个区域：表格页眉、表格主体和表格页脚。其中，表格页眉主要存放表头内容，表格主体主要存放数据，而表格页脚主要存放脚注内容，如汇总数据等。此外，整个表格也可以包含标题，以概括整个表格的内容。

表格的这些组成对象在网页中需要分别使用对应的标签来描述。表格标签如表 6-1 所示。

表 6-1　表格标签

标签名	描述
table	定义表格
tr	定义表格行（table row）
th	定义表格字段的标题（table heading）
td	定义表格的数据（table data）
thead	定义表格页眉
tbody	定义表格主体
tfoot	定义表格页脚
caption	定义表格标题

图 6-3 展示了网页中表格与标签代码的对应关系。8~51 行代码中的\<table\>标签代表整个表格，其中，表格包含 7 行（包含标题行）数据，因此在\<table\>标签内包含 7 组\<tr\>标签对。表格中的每行都包含 4 个单元格，16~19 行代码将 4 组\<td\>标签对作为\<tr\>标签的子元素。

> 🎀 从上述示例中可以看到，单元格是表格中数据和标题的主要容器，主要分为标题单元格和数字单元格。标题单元格是特殊单元格，自带了一些加粗的样式。

> 👤 正如你看到的，从样式上来看，它们之间的区别在于标题单元格是自带加粗样式的，在默认情况下内容是居中的，而数字单元格默认是不加粗、居左的。另外，标题单元格和数字单元格从语义上有很明显的区别，前者用来存放标题信息，后者用来承载数据。这里并没有规定标题单元格的具体位置，因此它既可以出现在第一行，又可以出现在第一列或其他位置上。

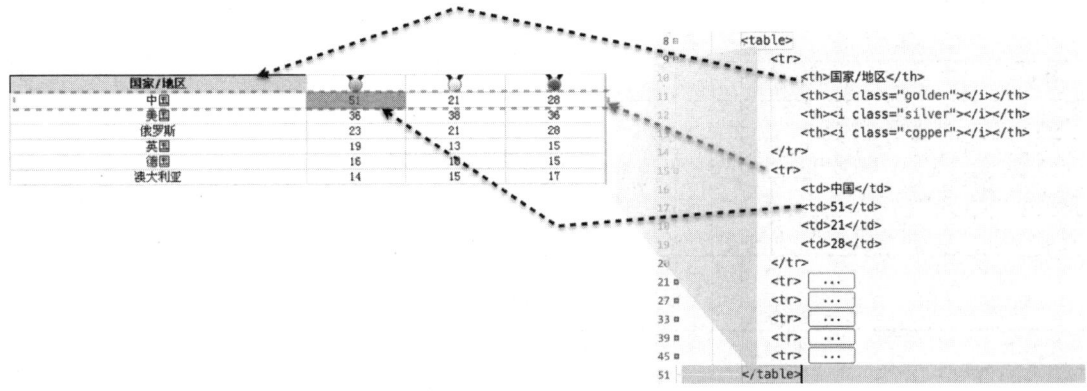

图 6-3　网页中表格与标签代码的对应关系

<caption>标签用于定义表格标题。定义的表格标题默认在表格中居中显示。<caption>标签的两个属性可用来修改表格标题的对齐方式，如表 6-2 所示。

表 6-2　<caption>标签的两个属性

属性名	属性值	描述
align	left|center|right	设置水平对齐方式，默认值为 center
valign	top|bottom	设置垂直对齐方式，默认值为 top

<thead>、<tbody>和<tfoot>标签用于对表格进行分区。其中，<thead>标签用于表格的表头分组，以及组合表格的表头内容；<tbody>标签用于表格的主体内容分组，以及组合表格中的数据；而<tfoot>标签用于表格的页脚（表注）分组，以及组合表格的页脚（表注）。

上述 3 个标签按照内容，将表格划分为 3 个区域。这种划分使浏览器有能力支持独立于表格表头和页脚的表格正文滚动。当长的表格被打印时，表格的表头和页脚可被打印在包含表格数据的每个页面上，而且可以使用 CSS 对这些区域分别进行样式设置。这 3 个标签在实际应用中并不常用，但当我们需要按照内容对表格中的行进行分组，或者需要对不同内容分别进行样式设置时，会使用这些标签。

> 需要注意的是，这 3 个标签不能单独使用，需要配合使用。在后面的任务中我们将看到它们的具体使用方式。

在制作传统表格时，可以使用配套的标签属性来控制表格的呈现效果。针对表格、表格行、单元格，它们有各自对应的标签属性，分别如表 6-3、表 6-4 和表 6-5 所示。

表 6-3　表格的标签属性

属性名	属性值	描述
align	left|center|right	定义表格相对于容器窗口的水平对齐方式，默认靠左对齐
border	pixels	定义表格边框线的粗细，默认没有边框线
bgcolor	十六进制值|RGB 值|预设颜色值	定义表格的背景颜色
cellpadding	pixels	定义单元格的内边距，即数据与边框线之间的距离
cellspacing	pixels	定义单元格的间距，即单元格与单元格之间的距离
height	pixels|%	定义表格的高度，即百分比相对于父元素的高度
width	pixels|%	定义表格的宽度，即百分比相对于父元素的宽度

表 6-4　表格行的标签属性

属性名	属性值	描述
align	left|center|right	定义表格行的水平对齐方式
bgcolor	十六进制值|RGB 值|预设颜色值	定义表格行的背景颜色
height	pixels	定义表格行的高度
valign	baseline|top|middle|bottom	定义单元格的垂直对齐方式，默认垂直居中（middle）

表 6-5　单元格的标签属性

属性名	属性值	描述
align	left|center|right	定义单元格的水平对齐方式，<td>标签默认靠左，<th>标签默认居中
colspan	number	定义单元格可跨越列的数目
rowspan	number	定义单元格可跨越行的数目
height	pixels|%	定义单元格的高度，即百分比相对于表格的高度
width	pixels|%	定义单元格的宽度，即百分比相对于表格的宽度
valign	baseline|top|middle|bottom	定义单元格的垂直对齐方式，默认垂直居中（middle）
bgcolor	十六进制值|RGB 值|颜色预设值	定义单元格的背景颜色

表 6-3～表 6-5 提供了表格、表格行、单元格的标签属性。这些属性在早期制作表格的过程中对表格的美化起着至关重要的作用。随着 CSS 的出现，绝大多数美化表格的工作已经由 CSS 来完成。在 HTML5 中，除了 colspan 和 rowspan，其余属性都不建议使用。

colspan 和 rowspan 在表格中的作用分别是定义单元格可跨越列的数目和定义单元格可跨越行的数目，是不是就是合并单元格的意思？

正是如此。由于这两个属性用于控制表格的结构，因此其在 HTML5 中被继续保留下来。

任务 6-1　使用 Emmet 语法制作金牌榜表格

首先将本书所附的教学项目源文件中的图片素材放置在对应项目的 images 文件夹中，然后制作 2008 年北京奥运会金牌榜表格，效果如图 6-4 所示。

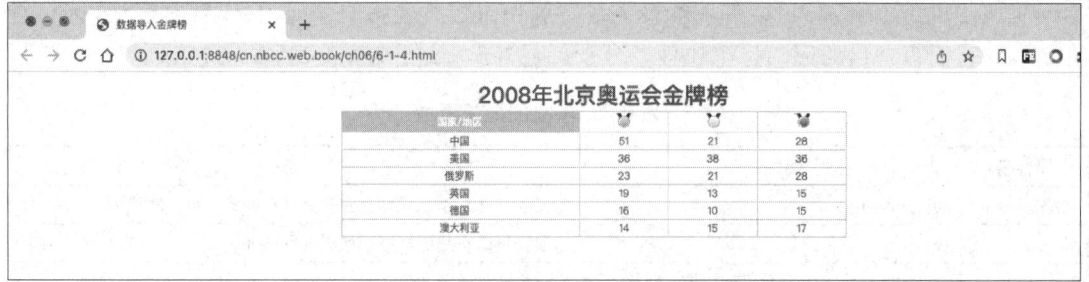

图 6-4　2008 年北京奥运会金牌榜表格效果

使用 Emmet 语法快速生成表格的基本结构。仔细观察一下图 6-4，这是一个几行几列的表格？它对应的 Emmet 语法应该如何书写？

这是一个7行4列的表格（包含标题行），根据表格标签的规范，可以使用如下 Emmet 语法。

```
table>tr*7>td*4
```

有了表格的基本结构以后，只需将数据依次填入。不要忘了，将表格的第一行单元格标签修改为<th>。本任务的实现代码6-1如下。

使用 Emmet
语法制作金牌榜
表格

代码 6-1　使用 Emmet 语法制作金牌榜表格

```
#001  <!DOCTYPE html>
#002  <html>
#003      <head>
#004          <meta charset="utf-8">
#005          <title>2008 年北京奥运金牌榜</title>
#006      </head>
#007      <body>
#008          <table>
#009              <tr>
#010                  <th>国家/地区</th>
#011                  <th><i class="golden"></i></th>
#012                  <th><i class="silver"></i></th>
#013                  <th><i class="copper"></i></th>
#014              </tr>
#015              <tr>
#016                  <td>中国</td>
#017                  <td>51</td>
#018                  <td>21</td>
#019                  <td>28</td>
#020              </tr>
#021              <tr>
#022                  <td>美国</td>
#023                  <td>36</td>
#024                  <td>38</td>
#025                  <td>36</td>
#026              </tr>
#027              <tr>
#028                  <td>俄罗斯</td>
#029                  <td>23</td>
#030                  <td>21</td>
#031                  <td>28</td>
#032              </tr>
#033              <tr>
#034                  <td>英国</td>
#035                  <td>19</td>
#036                  <td>13</td>
```

#037	`            <td>15</td>`
#038	`        </tr>`
#039	`        <tr>`
#040	`            <td>德国</td>`
#041	`            <td>16</td>`
#042	`            <td>10</td>`
#043	`            <td>15</td>`
#044	`        </tr>`
#045	`        <tr>`
#046	`            <td>澳大利亚</td>`
#047	`            <td>14</td>`
#048	`            <td>15</td>`
#049	`            <td>17</td>`
#050	`        </tr>`
#051	`    </table>`
#052	`    </body>`
#053	`</html>`

📹 老师，这里金、银、铜牌的显示为什么使用<i>标签，而不是<img>标签？

👨 因为注意到提供给我们的 all_bg.gif 素材文件是一张精灵图。我们打算利用项目 5 中所讲的精灵图来实现金、银、铜牌图标的显示。011～013 行代码使用<i>标签作为精灵图的局部显示容器，后面将在该容器中分别显示金、银、铜牌图标。目前生成的表格效果如图 6-5 所示。

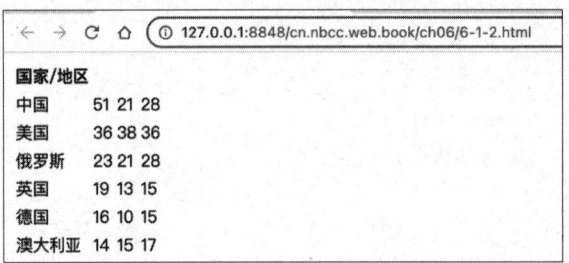

图 6-5　目前生成的表格效果

👨 给<table>标签依次添加 bgcolor、border、align、width 属性，查看这些属性的应用效果，如图 6-6 所示。具体代码如下。

```
<table bgcolor="#eee" border="1" align="center" width="600px">
```

图 6-6　添加<table>标签属性的应用效果

为了让表格数据居中，可以对行添加行属性"align="center""；为了让某些行能高亮显示，可以对行添加行属性"bgcolor="#fff""，生成的表格具有间隔底纹，效果如图 6-7 所示。具体代码如下。

```
<tr align="center"  bgcolor="#fff">
```

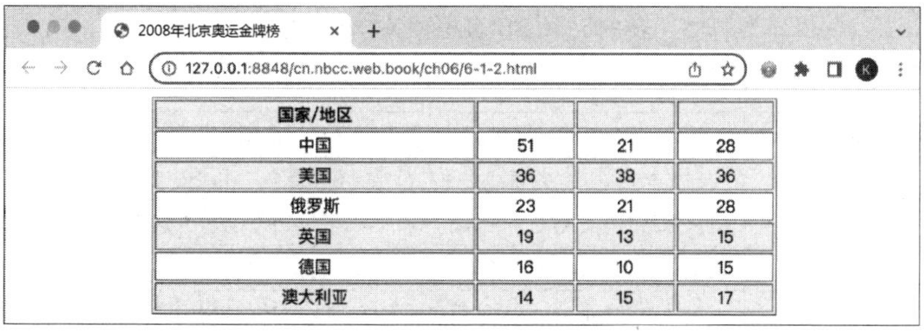

图 6-7　具有间隔底纹的表格效果

为什么表格单元格的边框线看起来像有两条线，如何将它们折叠起来？

cellpadding 表示单元格的内边距，cellspacing 表示单元格之间的距离。你看每个单元格的 4 条边框线形成了单元格自身的范围，而单元格之间的距离正是由 cellspacing 属性控制的。你可以尝试修改<table>标签的 cellspacing 属性，并查看表格效果的变化。

由图 6-8 可见，随着 cellspacing 属性值从 0 变成 5，单元格之间的双线情况越来越明显。单元格之间的距离越来越大。 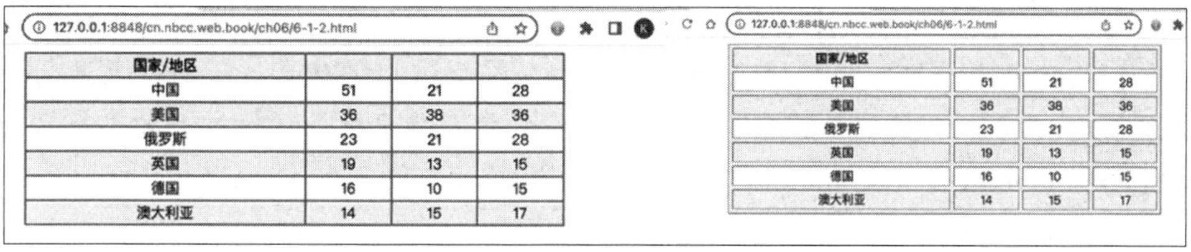

图 6-8　cellspacing 属性值从 0 变成 5 对表格效果的影响

使用同样的方式对<table>标签的 cellpadding 属性进行修改，并将该属性值从 0 调整到 10，观察值的变化对表格效果的影响。

由图 6-9 可见，随着 cellpadding 属性值的增大，单元格文字到单元格边框线之间的内边距不断变大。 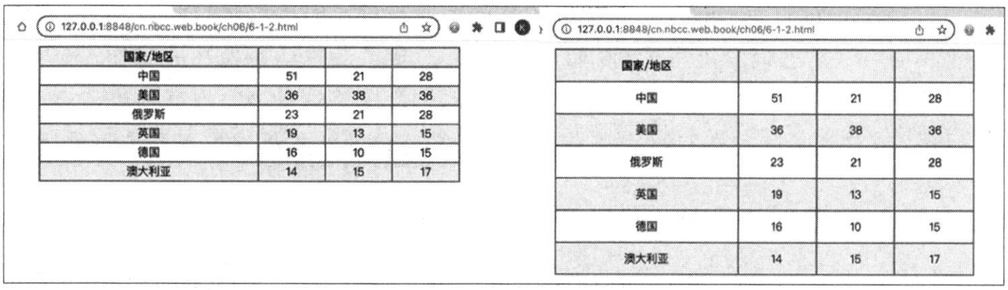

图 6-9　cellpadding 属性值从 0 变成 10 对表格效果的影响

6.3　CSS 表格相关样式属性

CSS 表格相关样式属性主要包括用于设置表格边框是否折叠、单元格间距、表格标题位置等的属性，如表 6-6 所示。

表 6-6　CSS 表格相关样式属性

属性名	属性值	描述
border-collapse	separate|collapse	默认值为 separate，表格边框线和单元格边框线分开
border-spacing	length	指定相邻单元格边框线之间的距离，单位为 px、em 等。如果定义两个参数值，则第一个参数值为相邻单元格之间的水平间隔距离，第二个参数值为相邻单元格之间的垂直间隔距离
caption-side	top|bottom	默认值为 top，表示表格标题显示在表格上方
table-layout	automatic|fixed	默认值为 automatic，使用自动表格布局算法，调整表格及其单元格的宽度以适应内容。如果设置该属性值为 fixed，则使用固定表格布局算法，在使用此关键字时，需要使用 width 属性显式指定表格的宽度。如果设置 width 属性值为 auto 或未指定，则浏览器使用自动表格布局算法，在这种情况下，固定值不起作用

🎥 老师，表 6-6 中没有列出表格内容的对齐方式，使用 CSS 如何实现表格内容在单元格中对齐呢？

👤 和 Word 中表格的单元格对齐方式一样（见图 6-10），主要分成左上、中上、右上、左中、中中、右中、左底、中底、右底 9 种。要实现这些对齐方式，只需提供两个样式属性分别控制水平方向和垂直方向。对于水平方向的控制，仍然可以使用 text-align 样式属性，它提供了现成的 left、center、right 对齐方式；对于垂直方向的控制，可以使用针对表格专门提供的 vertical-align 样式属性，它提供了 top、middle、bottom 对齐方式。配合使用这两个样式属性，便有 3×3=9 种单元格对齐方式。需要注意的是，单元格的默认对齐方式是左中，即 "text-align:left；vertical-align:middle"。

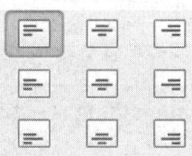

图 6-10　表格的单元格对齐方式

 技巧

对照表 6-5，vertical-align 样式属性的功能与对应的单元格的标签属性 valign 的功能相同。注意它们的使用区别：①在写法上，单元格的标签属性用缩写，而样式属性用单词全拼，并用 "-" 分隔多个单词，有人形象地将这种书写规范称为 "烤肉串" 式写法；②样式属性用在 CSS 样式定义中，而单元格的标签属性用在表格的开始标签中。

任务 6-2　导入数据创建表格

📝 根据本书所附的教学项目源文件提供的 GoldenMedalRank.txt 和素材精灵图，使用 CSS 表格相关样式属性实现 2008 年北京奥运会金牌榜表格的创建，效果如图 6-11 所示。

图 6-11　2008 年北京奥运会金牌榜表格的创建效果

老师，GoldenMedalRank.txt 是一个文本文件，里面仅提供了表格的数据。如何将这个外部文件的数据快速导入 HTML，并生成一个网页表格呢？

除了可以使用 Emmet 语法，通过编写 HTML 代码的方式创建表格，对于已有数据的情况，还可以通过 Dreamweaver 提供的导入表格数据功能来快速导入表格数据，生成对应表格的 HTML 代码，具体操作如下。

将光标放置在代码第 8 行（<body>标签内部），选择"File"→"Import"→"Tabular Data"命令，如图 6-12 所示。打开导入数据对话框，如图 6-13 所示。

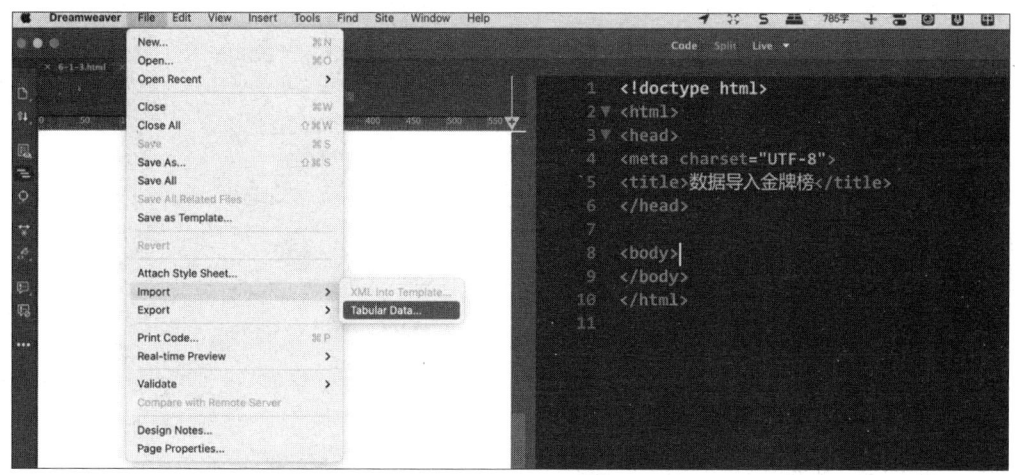

图 6-12　选择"Tabular Data"命令

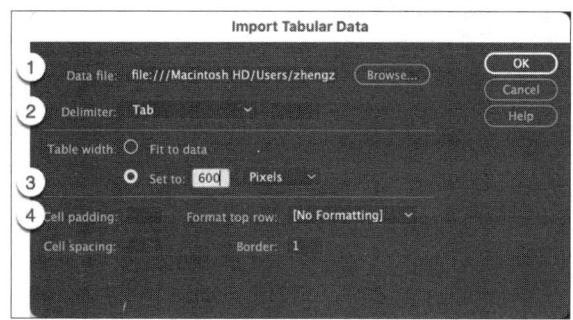

图 6-13　导入数据对话框

165

按照图 6-13 中的序号完成操作。

① 选择 GoldenMedalRank.txt 所在的物理磁盘位置。

② 指定数据分隔符，GoldenMedalRank.txt 中数据使用 "Tab" 进行分隔。

③ 指定生成的表格大小，这里指定为固定的 "600 Pixels"。

④ 指定 Cell padding、Cell spacing、Border 等值。"Cell padding" 文本框和 "Cell spacing" 文本框留空表示使用默认值，在 "Border" 文本框中输入 "1"。

单击 "OK" 按钮，完成数据的导入，并自动生成表格的 HTML 代码，如图 6-14 所示。

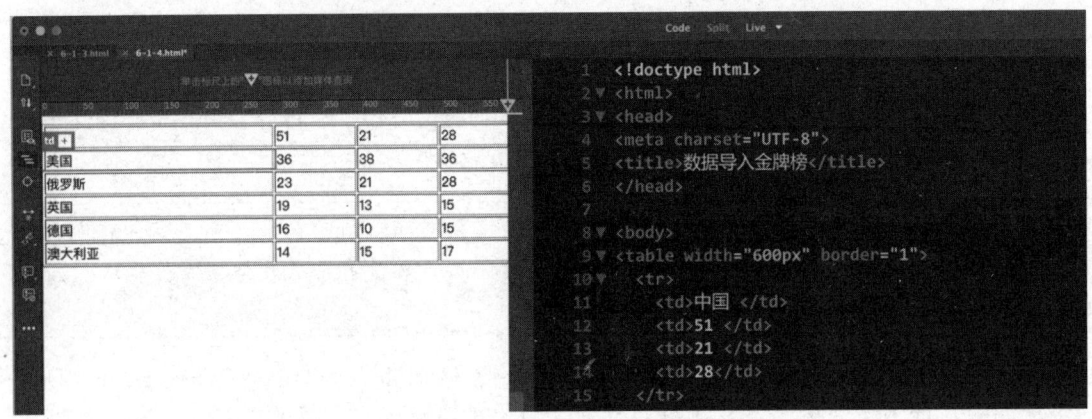

图 6-14　导入数据并自动生成表格的 HTML 代码

打开如图 6-15 所示的 "CSS Designer" 面板，单击 Sources 左侧的 "+" 按钮，在弹出的菜单中选择 "Create A New CSS File" 命令，如图 6-16 所示。

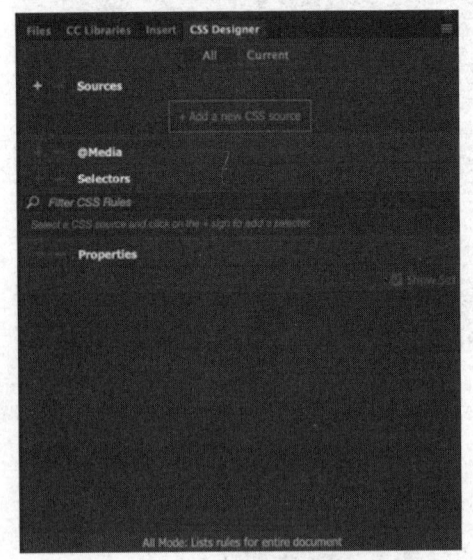

图 6-15　"CSS Designer" 面板　　　　　图 6-16　选择 "Creat A New CSS File" 命令

在弹出的 "Create a New CSS File" 对话框中，指定新样式表文件名为 style，存放位置在 css 文件夹中，并以 Link 方式引入当前文件，如图 6-17 所示。

根据提供的素材精灵图，可以测量出金、银、铜牌图标的尺寸是 18px×17px（见图 6-18），并获取它们在背景图片中的坐标位置。利用背景图片定位的相关知识，可以轻松实现金、银、铜牌图标的显示。

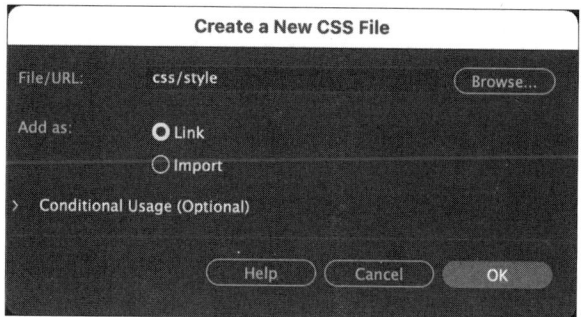

图 6-17　"Create a New CSS File"对话框

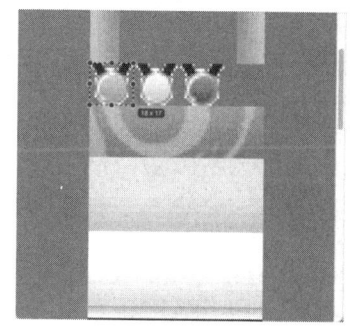

图 6-18　测量奖牌图标的尺寸

导入数据创建表格的相关实现代码 6-2 如下。

代码 6-2　导入数据创建表格

```
#001    <!DOCTYPE html>
#002    <html>
#003    <head>
#004    <meta charset="UTF-8">
#005    <title>数据导入金牌榜表格</title>
#006    <link href="css/style.css" rel="stylesheet" type="text/css">
#007    </head>
#008
#009    <body>
#010    <table width="600px" border="1">
#011        <caption>2008 年北京奥运会金牌榜</caption>
#012    <tr>
#013        <th>国家/地区</th>
#014        <th><i class="golden"></i></th>
#015        <th><i class="silver"></i></th>
#016        <th><i class="copper"></i></th>
#017    </tr>
#018    <tr>
#019        <td>中国 </td>
#020        <td>51 </td>
#021        <td>21 </td>
#022        <td>28</td>
#023    </tr>
#024    <tr>
#025        <td>美国 </td>
#026        <td>36 </td>
#027        <td>38 </td>
#028        <td>36</td>
#029    </tr>
#030    <tr>
#031        <td>俄罗斯 </td>
#032        <td>23 </td>
#033        <td>21 </td>
```

```
#034        <td>28</td>
#035      </tr>
#036      <tr>
#037        <td>英国 </td>
#038        <td>19 </td>
#039        <td>13 </td>
#040        <td>15</td>
#041      </tr>
#042      <tr>
#043        <td>德国 </td>
#044        <td>16 </td>
#045        <td>10 </td>
#046        <td>15</td>
#047      </tr>
#048      <tr>
#049        <td>澳大利亚 </td>
#050        <td>14 </td>
#051        <td>15 </td>
#052        <td>17</td>
#053      </tr>
#054    </table>
#055    </body>
#056    </html>
```

金牌榜表格的相关 CSS 代码如下（见代码 6-3）。

代码 6-3　金牌榜表格的相关 CSS 代码

```
#001    @charset "UTF-8";
#002    table{
#003        border-collapse: collapse;
#004        color:#666;
#005        font-size: 12px;
#006        margin:0 auto;
#007        border:1px solid #ccc;
#008    }
#009    tr td,tr th{
#010        text-align: center;
#011        vertical-align: middle;
#012    }
#013    th:first-child{
#014        background-color: #ccc;
#015        color:white;
#016    }
#017    th i{
#018        background: url("../images/all_bg_01.gif") no-repeat;
#019        display: inline-block;
```

```
#020          width: 18px;
#021          height: 17px;
#022    }
#023    caption{
#024          font-size: 26px;
#025          font-weight: bold;
#026    }
#027    .golden{
#028          background-position: 0 -79px;
#029    }
#030    .silver{
#031          background-position:-18px -79px;
#032    }
#033    .copper{
#034          background-position: -36px -79px;
#035    }
```

013 行代码使用:first-child 伪类指定第一个标题单元格的样式，017~022 行代码使用\<i\>标签将精灵图作为背景图片，并将其指定为 18px×17px 大小的行内块；027~035 行代码的背景图片定位语句分别用于显示金、银、铜牌图标。

6.4 表单

表单是 Web 应用的重要组成部分，负责收集、发送和处理用户提供的数据，为 Web 应用提供更多的功能。例如，图 6-19 所示的商品搜索表单用于搜集用户浏览的商品，图 6-20 所示的登录表单用于搜集用户的账号信息。

表单

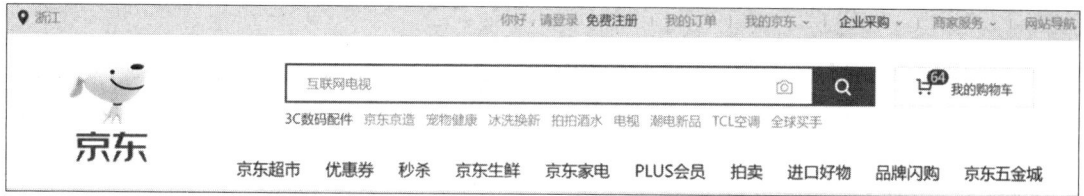

图 6-19　商品搜索表单

图 6-20　登录表单

　　表单的基本原理是用户在表单中输入想要提交的信息，提交的信息会通过 HTTP 的 POST 方法或 GET 方法在服务器和客户端之间传递。服务器接收到表单提交的信息后将对其进行处理，服务器会检查该信息是否符合要求，如检查用户名是否存在、密码是否符合要求等。如果检查通过，则服务器会将数据存入数据库并反馈给用户，告诉他们请求成功或失败；如果检查未通过，则服务器会发送给用户一个错误消息，告诉他们提交的信息没有通过检查，需要重新输入。另外，有时会使用验证码来防止机器人或恶意程序通过表单提交大量无效的内容，这也是表单的一种重要保护措施。表单提供了多种提交形式，如按钮、文本框、复选框、单选按钮等，根据需要可以设计不同的表单提交形式，以便用户能够更加便捷地提交信息。此外，表单还有一些安全控制（如只允许特定浏览器、cookie 控制）可以帮助用户防范 XSS 攻击或保护表单提交的数据。总之，表单对 Web 应用有着无可替代的作用，使用表单能让 Web 应用更加安全、可靠和灵活。

6.5　表单标签

　　如前文所述，表单是网页中一个用于搜集用户数据的特定区域。它由<form>标签定义，该标签主要起到两个作用：一是用于限定表单的范围，即定义一个特定区域容纳表单的相关控件。无论是文本框、复选框还是单选按钮，用户在此区域内操作，在单击提交按钮时，该区域内的所有数据都将被提交给服务器；二是利用该标签的相关属性可以定义提交方式，指定后台处理程序等。表单标签的使用语法如下。

```
<form name="表单名称" method="提交方式" action="服务端程序">
…
</form>
```

<form>标签的常用属性如表 6-7 所示。

表 6-7　<form>标签的常用属性

属性	描述
name	指定表单名称，该名称同时作为表单的变量
method	定义表单数据从客户端传送到服务器中的方法，主要包括 GET 方法和 POST 方法，默认使用 GET 方法
action	指定处理表单的服务端程序
onsubmit	指定处理表单的脚本函数
enctype	设置 MIME 类型，默认值为 application/x-wwww-form-urlencoded；当需要上传文件夹到服务器中时，要将该属性值设置为 multipart/form-data
target	与<a>标签的 target 属性类似，用于规定在何处打开 action URL，包括_self、_blank、_parent、_top 和 framename

　　🤖 表单提交的方法有 GET 方法和 POST 方法，这两种方法有何区别呢？

　　👤 表单的提交既可以使用 GET 方法，又可以使用 POST 方法。使用 GET 方法可以将表单内容附加到 URL 后面，而浏览器厂商对 URL 的长度通常会有一定的限制。例如，IE 浏览器对 URL 的最大限制字符数为 2083 个，如果超出这个数字，则提交按钮没有任何反应。同时，GET 方法不具有保密性，不适合处理密码、银行卡卡号等要求保密的内容，且不能传送非 ASCII 码的字符。使用 POST 方法可以使用户在表单中填写的数据包含在表单的主体中，并将其传送给服务器中的处理程序，该方法没有字符数和字符类型的限制，包含了 ISO 10646 中的所有字符，所传送的数据不会显示在浏览器的地址栏中。

技巧

　　在默认情况下，表单使用 GET 方法传送数据，当数据涉及保密内容时，必须使用 POST 方法；当所传送的数据用于执行插入或更新数据库操作时，建议使用 POST 方法；而当执行搜索操作时，建议使用 GET 方法。

6.5.1　<input>标签

　　<input>标签是表单标签中十分复杂，也是十分重要的一个。它主要用于设置表单输入元素，有许多类型，包括文本框、密码框、文件域、隐藏域等。该标签的设置语法如下。

```
<input type="类型" name="表单元素名称">
```

　　在上述语法中，type 属性用于设置不同类型的输入元素，它可以取表 6-8 中所列的各种属性值，从而变成元素。由于 name 属性用于指定输入元素的名称，同时作为服务端程序访问表单元素的变量标识，因此其名称必须符合标识符的定义，同时必须是唯一的。

表 6-8　type 属性值

属性值	描述
text	文本框
password	密码框
file	文件域
hidden	隐藏域
radio	单选按钮
checkbox	复选框
submit	提交按钮
button	普通按钮
reset	重置按钮
image	图像按钮

 常见的编程错误

　　对于 name 属性值，错误地使用中文或不符合标识符的定义是初学者容易犯的错误。

1．文本框

文本框的设置语法如下。

```
<input type="text" name="文本框名称" >
```

　　当 type 属性值为 text 时，<input>标签将创建一个单行输入文本框，可用于满足用户输入文本信息的需求，输入的文本信息将以明文形式显示。除了 type 属性、name 属性，还可以通过<input>标签常用属性进行进一步设置，如表 6-9 所示。

表 6-9 <input>标签常用属性

属性	描述
maxlength	设置文本框中可以输入的最大字符数
size	控制文本框的长度。单位是像素，默认值为 20 像素
value	设置文本框的默认值
placeholder	规定可描述输入 <input> 字段预期值的简短提示信息
readonly	默认值，规定该文本框为只读状态
disable	规定应该禁用的 <input> 标签

2. 密码框

密码框主要用于设置密码，其设置语法如下。

```
<input type="password" name="密码框名称">
```

当 type 属性值为 password 时，<input>标签将创建一个密码框。密码框会使用 "*" 符号或 "•" 符号回显输入的字符，从而起到保密的作用。

3. 文件域

文件域主要用于客户端上传文件，其设置语法如下。

```
<input type="file" name="avatarPic" >
```

当 type 属性值为 file 时，<input>标签将创建一个文件域，可以通过它将本地文件上传到服务器中。这里的 name 属性用于设置文件域的变量名，服务端程序通过变量名获取该域的文件数据。

需要注意的是，要想将文件内容上传到服务器中，必须修改表单的编码。在<form>标签中添加 enctype 属性，将其值设置为 multipart/form-data，同时需要将表单提交方式指定为 POST 方法。

4. 隐藏域

隐藏域用于在不同页面之间隐式传递页面数据，其设置语法如下。

```
<input type="hidden" name="域名称" value="域值">
```

当 type 属性值为 hidden 时，<input>标签将创建一个隐藏域，此时必须提供 type 属性、name 属性和 value 属性。隐藏域用于向<form>标签指定的 action 服务端应用传递该域的数据。

可以看到，隐藏域的数据是以 "键值对" 的形式提供的，name 就是这个数据的键，而 value 就是这个数据的值。

常见的编程错误

在使用隐藏域的<input>标签时，未提供 name 属性和 value 属性是一种常见的编程错误。

5. 单选按钮

单选按钮常用于制作单选题，在选择时具有排他性的特点，其设置语法如下。

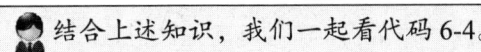

```
<input type="radio" name="单选按钮名称" value="值" checked="checked" >
```

当 type 属性值为 radio 时，<input>标签将创建一个单选按钮。name 属性用于设置单选按钮名称，服务端程序使用该名称作为变量名来获取它的值；value 属性值表示对应的单选按钮被选中后传递到服务端的变量值；当 checked 属性值为 checked 时，表示该单选按钮默认被选中，即默认选项。在默认情况下，如果用户没有指定默认选项，则单选按钮将没有默认选项。

> 老师，单选按钮通常以一组的形式显示，它们相互排斥，选中其中的一项，就不能选中其他项。这是怎么实现的呢？

> 结合上述知识，我们一起看代码6-4。

代码6-4 单选按钮示例

```
#001    <!DOCTYPE html>
#002    <html>
#003        <head>
#004            <meta charset="utf-8">
#005            <title></title>
#006        </head>
#007        <body>
#008            <form action="">
#009                <input type="radio" name="gender" value="male" checked>男
#010                <input type="radio" name="gender" value="female">女
#011            </form>
#012        </body>
#013    </html>
```

上述代码的运行效果如图 6-21 所示。

图 6-21 单选按钮示例的运行效果

> 从上述代码中可以看出，这里的单选按钮组用于搜集用户的性别，它提供了"男""女"两个相互排斥的选项。009 行代码中的 checked 属性表示"男"是默认的选项（见图 6-21）。gender 作为这个性别组的名称，在服务端可以通过它来读取用户当前选中的单选按钮。需要特别注意的是，它的值不是男或女，而是 male 或 female，如果用户选中"男"单选按钮，则服务端可以得到 gender 变量的值是 male，即 value 属性的对应值。

哦，原来是这样。如果用户选中"女"单选按钮，则 gender 变量的值就是 female，这样服务端就可以判断用户在页面中的选择了。这里还有个疑问，为什么 checked="checked"变成了 checked？

这是 HTML5 对布尔属性提供的简化写法，类似地，readonly="readonly"可以简化为 readonly，disabled="disabled"可以简化为 disabled。

常见的编程错误

对于单选按钮，必须提供<input>标签的 type 属性、name 属性、value 属性。缺少相应的属性将无法构成完整的单选按钮。

6. 复选框

复选框常用于制作多选题，其设置语法如下。

```
<input type="checkbox" name="复选框名称" value="域值" checked="checked">
```

当 type 属性值为 checkbox 时，<input>标签将创建一个复选框。复选框通常用于在一组选项中进行多项选择，每个复选框均用一个方框表示。其用法和单选按钮的用法非常类似，name 属性用于设置该组复选框的变量名，value 属性值表示当前复选框提交到服务端程序中的值，checked 属性用于设置当前该复选框的选择状态。

复选框和单选按钮在使用上非常相似，区别在于单选按钮具有排他性，而复选框允许用户多选。让我们一起来看代码 6-5。

代码 6-5 复选框示例

```
#001    <!DOCTYPE html>
#002    <html>
#003        <head>
#004            <meta charset="utf-8">
#005            <title></title>
#006        </head>
#007        <body>
#008            <form action="">
#009                <p>继杨利伟之后，2005 年，下列哪两名航天员搭乘神舟六号载人飞船，第一次进入轨道舱，第一次进行航天医学空间实验研究，完成了中国真正意义上有人参与的空间科学实验？</p>
#010                <input type="checkbox" name="astr" value="ylw" />杨利伟<br>
#011                <input type="checkbox" name="astr" value="fjl" checked />费俊龙<br>
#012                <input type="checkbox" name="astr" value="nhs" checked />聂海胜<br>
#013                <input type="checkbox" name="astr" value="lbm" />刘伯明<br>
#014                <input type="checkbox" name="astr" value="jhp" />景海鹏<br>
#015            </form>
#016        </body>
#017    </html>
```

上述代码的运行效果如图 6-22 所示。

复选框同样需要 type、name、value 三个属性，其用法和单选按钮的相同，只是 type 属性值必须为 checkbox。同一组复选框的 name 属性值是相同的，表示传递到服务端可读取的变量名。

图 6-22 复选框示例的运行效果

常见的编程错误

同一组复选框使用不同的 name 属性值是常见的编程错误。同一组复选框必须使用相同的 name 属性值。

老师，为什么在这两个示例的运行效果中，用户必须精确地选中文字前面的○或□，才能选中该选项呢？在很多网页应用或移动应用中，用户只要选择后面的文字选项就能选中对应的选项，非常轻松和方便。这是怎么做到的？

 你说的这个效果需要配合使用<label>标签。该标签专门用于<input>标签，用户只要单击<label>标签，就可以实现对应<input>标签的聚焦。下面是关于它的介绍。

<label>标签的两种用法：第一种为隐藏式，将<label>标签与<input>标签以父子嵌套的关系形成隐式绑定；第二种为指定式，通过为<input>标签添加唯一的 id 属性，在<label>标签中使用 for 属性来实现显式绑定。

隐藏式绑定语法如下。

```
<label>
    <input type="radio" value="male" name="gender">男
</label>
```

指定式绑定语法如下。

```
<input type="checkbox" name="astr" id="lbm" value="lbm" /><label for="lbm">
刘伯明</label>
```

常见的编程错误

在使用<label>标签的指定式绑定语法时，for 属性值对应的是<input>标签的 id 属性值，而不是 name 属性值。

7. 提交按钮

提交按钮常用于提交表单，其设置语法如下。

```
<input type="submit" name="按钮名称" value="按钮显示文本" >
```

当 type 属性值为 submit 时，<input>标签将创建一个提交按钮。name 属性用于设置该按钮的变量名，如果后端程序不需要引用该按钮，则可以忽略该属性；value 属性用于设置按钮上的显示文本。

> 提交按钮会触发整个表单，并将其内容提交到<form>标签的 action 属性所指定的服务端程序或在客户端脚本中进行处理。

8. 普通按钮

普通按钮的设置语法如下。

```
<input type="button" name="按钮名称" value="按钮显示文本" onclick="JavaScript
函数">
```

当 type 属性值为 button 时，<input>标签将创建一个普通按钮。name 属性用于设置该按钮的变量名，如果后端程序不需要引用该按钮，则可以忽略该属性；value 属性用于设置按钮上的显示文本。可以添加事件属性，用于处理单击按钮后的响应事件，onclick 是常见的事件属性之一。

> 普通按钮会触发按钮事件动作，需要配合 JavaScript 脚本对表单执行处理操作。至于脚本的编写已经超出了本书的知识范畴，大家只需通过后面的示例模仿和理解其中的书写规则，明白它们之间的对应关系即可。

9. 重置按钮

重置按钮常用于重置表单，其设置语法如下。

```
<input type="reset" name="按钮名称" value="按钮显示文本" >
```

当 type 属性值为 reset 时，<input>标签将创建一个重置按钮。name 属性用于设置该按钮的变量名，如果后端程序不需要引用该按钮，则可以忽略该属性；value 属性用于设置按钮上的显示文本。

> 重置按钮用于清除表单中所输入的内容，将表单内容恢复到加载页面时的最初状态。

10. 图像按钮

图像按钮用于添加一个带有图像背景的按钮，其设置语法如下。

```
<input type="image" name="按钮名称" src="图像路径" alt="替换信息" width="宽度"
height="高度" >
```

当 type 属性值为 image 时，<input>标签将创建一个图像按钮。name 属性用于设置该按钮的变量名，如果后端程序不需要引用该按钮，则可以忽略该属性；src 属性用于指定图像路径，为必须设置的属性；alt 属性通常也需要设置，用于无法访问图像时，设置页面上显示的替换信息；width 属性和 height 属性用于指定图像按钮的宽度和高度。

> 👤虽然图像按钮可以改变单调的默认按钮外观。但事实上，利用 CSS 同样可以达到美化按
> 钮的目的，而且推荐使用 CSS 的做法。

任务 6-3　<input>标签的综合示例

> 📝根据上述<input>标签的相关知识，制作一个简单的登录表单，要求具
> 有重置按钮、提交按钮、图像按钮、普通按钮，如图 6-23 所示。单击"删除
> 用户"按钮后执行 onclick 函数，如图 6-24 所示。

<input>标签
的综合示例

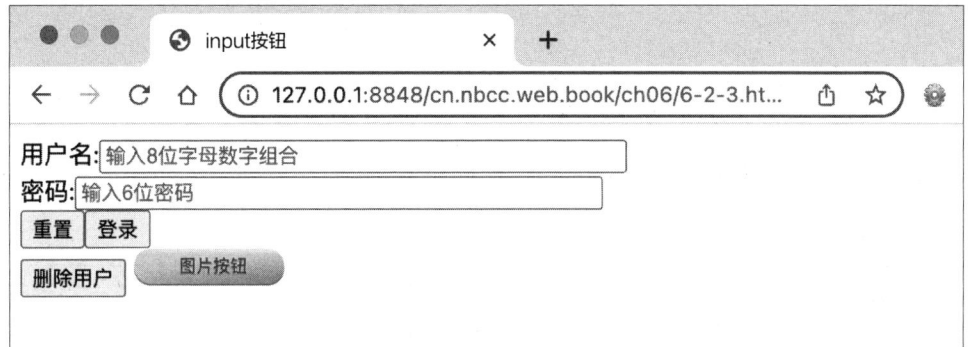

图 6-23　简单的登录表单

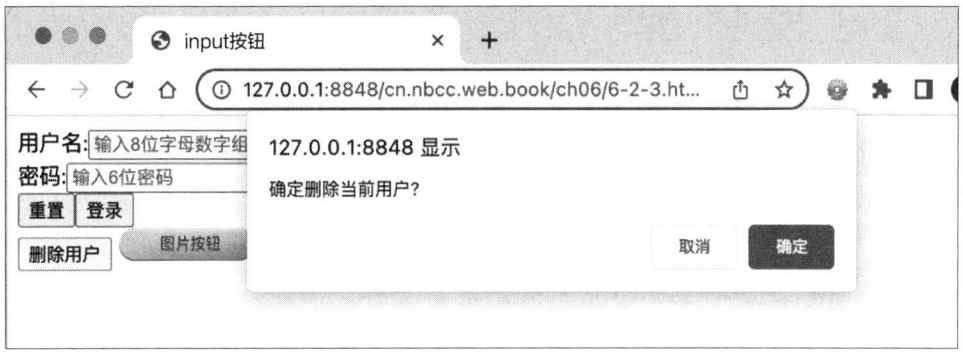

图 6-24　单击"删除用户"按钮后执行 onclick 函数

本任务的实现代码 6-6 如下。

代码 6-6　<input>标签的综合示例

```
#001   <!DOCTYPE html>
#002   <html>
#003      <head>
#004         <meta charset="utf-8">
#005         <title>input 按钮</title>
#006         <script>
#007            function deluser(){
#008               if(confirm("确定删除当前用户?"))
#009                  console.log("用户已删除!");
```

#010	}
#011	</script>
#012	</head>
#013	<body>
#014	<form action="">
#015	用户名:<input type="text" name="username" size="50" placeholder="输入 8 位字母数字组合" />
#016	密码:<input type="password" name="password" size="50" placeholder="输入 6 位密码" />
#017	<input type="reset" value="重置"><input type="submit" value="登录">
#018	<input type="button" value="删除用户" onclick="deluser()">
#019	<input type="image" src="image/btn_bg.png" alt="图片按钮" name="imageBtn" width="100">
#020	</form>
#021	</body>
#022	</html>

这里的 size 属性指定了文本框的长度，placeholder 是 HTML5 新增的属性，用来描述文本框的提示文字。"删除用户"按钮提供了 onclick 属性，用于指定该事件由 007 行代码定义的 deluser()函数来执行。我们将 deluser()称为一次函数的调用，当 onclick 事件发生时（即用户单击按钮），上述定义函数将执行一次。

6.5.2 <button>标签

前面介绍的提交按钮、普通按钮和重置按钮均使用了表单的<input>标签。但是由<input>标签构成的按钮，其内容只能是文本。当制作更为复杂的按钮时，如按钮中包含图片或其他元素，或者在样式、脚本上需要有更灵活的表现时，可以使用<button>标签，其设置语法如下。

```
<button type="submit|button| reset" name="按钮名称" value=" 初始值">文本|图片
|…</button>
```

注意，此时使用的标签名为 button，包裹在该标签内部的内容即按钮的内容，可以是文字、图片、动画等。其 type 属性值可以是 submit、button 或 reset。

在 W3C 浏览器中，type 属性值默认为 submit，而在 IE9 以前版本的 IE 浏览器中，type 属性值默认为 button。当 type 属性值为 submit 时，其功能等效于提交按钮；当 type 属性值为 button 时，其功能等效于普通按钮；当 type 属性值为 reset 时，其功能等效于重置按钮。

 技巧

需要注意的是，在较低版本的 IE 浏览器中，如 IE9 以前版本的 IE 浏览器，将提交<button>与<button/>标签之间的内容；而其他 W3C 浏览器和 IE10 及其以后版本的 IE 浏览器将提交<button>标签 value 属性的内容。

下面我们使用<button>标签修改代码 6-7。

代码 6-7   使用<button>标签

```
#001    <!DOCTYPE html>
#002    <html>
#003        <head>
#004            <meta charset="utf-8">
#005            <title>button 按钮</title>
#006            <script>
#007                function deluser(){
#008                    if(confirm("确定删除当前用户?"))
#009                        console.log("用户已删除!");
#010                }
#011            </script>
#012        </head>
#013        <body>
#014            <form action="">
#015                用户名:<input type="text" name="username"  size="50" placeholder="输
        入 8 位字母数字组合" /><br>
#016                密码:<input type="password" name="password" size="50"  placeholder="
        输入 6 位密码" /><br>
#017                <button type="submit">登录</button><button type="reset">重置
        </button><br>
#018                <button type="button" onclick="deluser()">删除用户</button>
#019                <button><img src="image/btn_bg.png" alt="图片按钮"
        width="100"></button>
#020            </form>
#021        </body>
#022    </html>
```

上述代码的运行效果如图 6-25 所示。

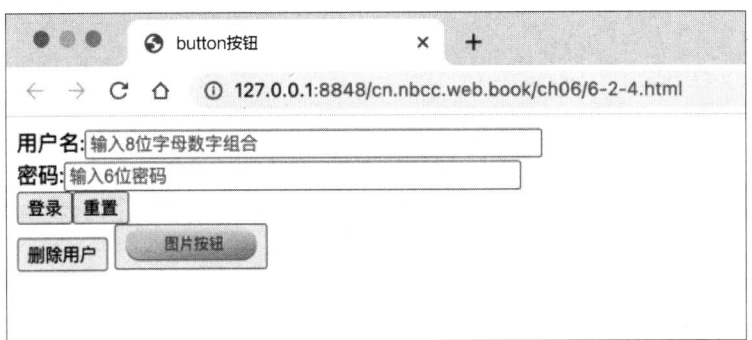

图 6-25   使用<button>标签的运行效果

👤 对比上述两个代码片段,可以看到从功能上,两者能实现 reset、submit 和 button 的完全替换。对图片按钮而言,直接将<img>标签作为<button>标签的子元素来实现,更加方便和直观。

6.5.3 <select>标签

列表框（见图 6-26）允许用户从选项列表中选择一项或几项，等效于单选按钮（在单选时）或复选框（在多选时）。在选项比较多的情况下，对单选按钮和复选框来说，使用列表框可以节省很大的空间。

下拉列表（见图 6-27）是一种一次只能显示和选择一个选项的特殊的列表框。

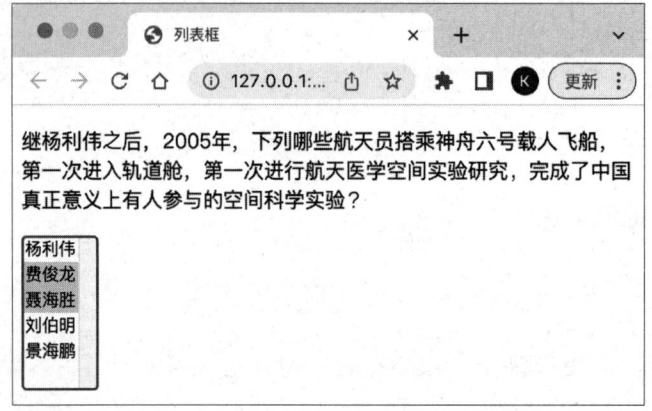

图 6-26　列表框

图 6-27　下拉列表

> 👨 正是因为下拉列表可以被理解成特殊的列表框，所以在 HTML 中使用同一套标签来实现它们。

1. 列表框

列表框的设置语法如下。

```
<select name="列表名" size="显示的选项数目" [multiple="multiple"]>
    <option value="选项值1" [selected="selected"]>选项1</option>
    <option value="选项值2" [selected="selected"]>选项2</option>
    …
</select>
```

上述语法表示列表框在实现上需要使用一组<select>标签和<option>标签。其中，<select>标签用于声明列表框，指定选项是否可多选，以及一次可显示的选项数目；而<option>标签用于设置选项值（value），以及选项是否为默认选项（selected）。

> 👨 <select>标签的可选属性 multiple 可以实现多选效果。当默认不添加 multiple 属性时，用户只能选择一个选项；而当添加了该属性时，用户可以选择多个选项。

🎥 和前面类似，<select>标签的 name 属性值是不是就是整个列表的变量名呢？而用户具体选择了哪些选项，最终在表单提交时会将 value 属性值提交给服务端程序，从而后端程序只需要根据 name 属性提供的变量名即可得到用户的当前选择呢？

👤 你理解得非常正确。这些表单常用控件的使用规则对你今后掌握脚本开发和后端程序开发至关重要。

代码 6-8 给出了一个列表框示例。

代码 6-8　列表框示例

```
#001    <!DOCTYPE html>
#002    <html>
#003        <head>
#004            <meta charset="utf-8">
#005            <title>列表框</title>
#006        </head>
#007        <body>
#008            <form action="">
#009                <p>继杨利伟之后，2005 年，下列哪些航天员搭乘神舟六号载人飞船，第一次进入轨道舱，
        第一次进行航天医学空间实验研究，完成了中国真正意义上有人参与的空间科学实验？</p>
#010                <select name="astr" size="6" multiple="multiple">
#011                    <option value="ylw">杨利伟</option>
#012                    <option value="fjl" selected="selected">费俊龙</option>
#013                    <option value="nhs">聂海胜</option>
#014                    <option value="lbm">刘伯明</option>
#015                    <option value="jhp">景海鹏</option>
#016                </select>
#017            </form>
#018        </body>
#019    </html>
```

上述代码的运行效果如图 6-28 所示。

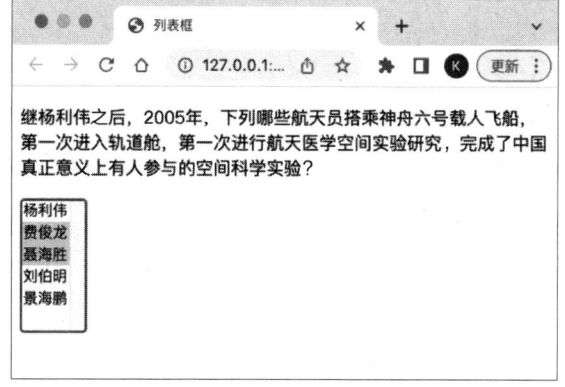

列表框和下拉列表

图 6-28　列表框示例的运行效果

2. 下拉列表

> 既然下拉列表和列表框同根同源，那它们在语法上是不是也很相近？快让我看一看下拉列表的设置语法吧。

下拉列表的设置语法如下。

```
<select name="下拉列表名" >
    <option value="选项值1" [selected="selected"]>选项1</option>
    <option value="选项值2" [selected="selected"]>选项2</option>
    …
</select>
```

> 可以看到，它的语法同样使用<select>标签和<option>标签。只是可以不用给<select>标签添加size属性和mutiple属性。因为size属性值默认为1，你也可以理解成当前的列表框只显示一个选项的退化情况。

代码6-9给出了一个下拉列表示例。

代码6-9　下拉列表示例

```
#001  <!DOCTYPE html>
#002  <html>
#003      <head>
#004          <meta charset="utf-8">
#005          <title>下拉列表</title>
#006      </head>
#007      <body>
#008          <form action="">
#009              <p>截至2023年，下面哪个城市既举办过冬季奥运会，又举办过夏季奥运会？</p>
#010              <select name="city" size="1">
#011                  <option value="shanghai">上海</option>
#012                  <option value="beijing" selected="selected">北京</option>
#013                  <option value="newyork">纽约</option>
#014                  <option value="tokyo">东京</option>
#015              </select>
#016          </form>
#017      </body>
#018  </html>
```

下拉列表的默认选择效果如图6-29所示，单击下拉按钮的效果如图6-30所示。

图6-29　下拉列表的默认选择效果

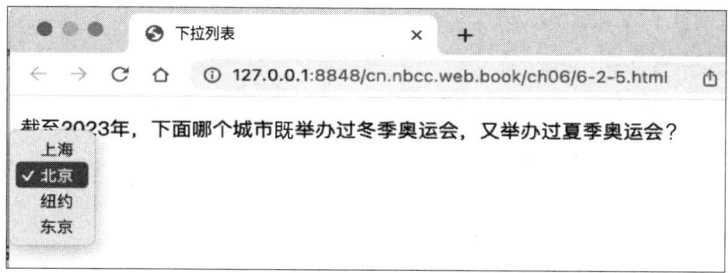

图 6-30　单击下拉按钮的效果

6.5.4　\<textarea>标签

对于前面介绍的文本框，虽然可以在文本框中输入任意多个字符，但它只能以单行形式显示文本。当用户输入的内容比较多时，如填写问卷或回复评论，使用文本框显然不合适，这时可以使用多行的文本域，如图 6-31 所示。在 HTML 中，多行的文本域使用\<textarea>标签来创建。

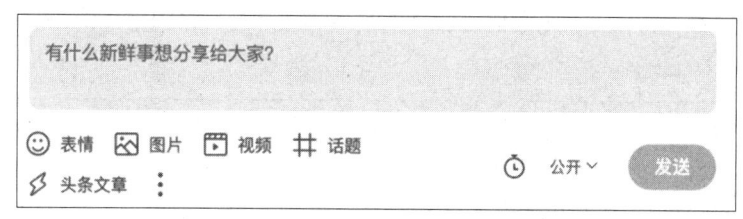

图 6-31　文本域

文本域的设置语法如下。

```
<textarea name="文本域名" rows="行数" cols="列数">
    …(此处输入默认文字)
</textarea>
```

文本域的使用

代码 6-10 给出了一个文本域示例。

代码 6-10　文本域示例

```
#001    <!DOCTYPE html>
#002    <html>
#003        <head>
#004            <meta charset="utf-8">
#005            <title>文本域</title>
#006        </head>
#007        <body>
#008            <form action="">
#009                <textarea name="comments" rows="5" cols="20" placeholder="有什么新鲜
事想跟大家分享?"></textarea>
#010            </form>
#011        </body>
#012    </html>
```

上述代码的运行效果如图 6-32 所示。

图 6-32　文本域示例的运行效果

👨 009 行代码使用<textarea>标签创建了一个文本域，指定它为 5 行 20 列，并使用 HTML5 提供的新属性 placeholder 为文本域添加提示文字，从而友好地告诉用户这里要填写什么信息。

🧑 老师，您在设置语法中写道，在<textarea>标签中可以添加默认文字，如<textarea>默认文字</textarea>。在<textarea>标签中添加的默认文字和通过 placeholder 属性添加的提示文字有何区别？

👨 我们知道<textarea>标签中的 name 属性值就是该文本域的变量名，在本示例中它是 comments。如果仅添加提示文字，那么 comments 变量的值仍为空；如果仅添加默认文字，那么 comments 变量的值是用户添加的默认文字。也可以这么理解，placeholder 属性仅起到提示的作用，不会影响<textarea>标签，而默认文字会影响<textarea>标签提交给服务器的值，相当于对 comments 变量进行初始化。

6.5.5　表单新属性

HTML5 中添加了 form、formaction、required、autofocus、pattern 等新属性，这些新属性提供了数据验证、非空校验、自动聚焦和信息提示等功能，从而替代早期需要使用脚本实现的功能，极大地简化了表单功能的设计与实现。下面我们一起来学习一些常用的表单新属性。

表单新属性

1．form 属性

在 HTML5 之前，为表明表单标签和表单的从属关系，一个表单的标签必须放在<form>标签内。HTML5 为所有表单标签添加了 form 属性，使用 form 属性可以定义表单标签和某个表单之间的从属关系，这时就不需要再遵循前面的规定了。可以通过在控件上添加 form 属性来描述表单控件和表单标签之间的从属关系，并将属性值指定为某个表单的 id 属性值即可。

其设置语法如下：

```
<form id="login_form">
…
</form>
<input type="text" form="login_form" >
```

👨 在 HTML5 之前，<input>标签必须包含在<form>标签内。上述语法中的<input>标签在<form>标签外，显然是不属于表单 login_form 的。然而，在 HTML5 中，情况发生了变化。允许将<input>标签放置在<form>标签外，但是需要通过 form 属性指定它所属的表单，它的值对应表单标签的 id 属性值。从而可以更灵活地实现表单的布局。

2. formaction 属性

很多时候，经常需要在一个表单中包含两个或两个以上的提交按钮，如学工系统中的学生管理模块。通常一个表单中会包含增加、修改和删除按钮，单击不同的按钮会将表单数据提交给不同的后台程序处理。这个功能在 HTML5 之前，只能通过 JavaScript 来动态地修改<form>标签的 action 属性来实现。在 HTML5 中，这一要求不再需要脚本的控制，只需要在每个提交按钮中使用新增的 formaction 属性来指定处理逻辑。

其设置语法如下。

```
<input type="submit" formaction="处理程序" >
```

👨 所有提交按钮都可以使用 formaction 属性，包括<input type="submit">、<input type="image">和<button type="submit">，下面来看代码 6-11。

代码 6-11 formaction 属性示例

```
#001  <!DOCTYPE html>
#002  <html>
#003      <head>
#004          <meta charset="utf-8">
#005          <title>formaction</title>
#006      </head>
#007      <body>
#008          <form action="">
#009              <p>姓名:张三</p>
#010              <p>学号:031102</p>
#011              <p>
#012                  <input type="submit" value="新增" formaction="add.do">
#013                  <input type="submit" value="修改" formaction="update.do">
#014                  <input type="submit" value="删除" formaction="delete.do">
#015              </p>
#016          </form>
#017      </body>
#018  </html>
```

上述代码的运行效果如图 6-33 所示。

👨 上述代码使用 3 个提交按钮分别对应不同的表单处理程序。这样，用户在单击不同的按钮时，表单数据将被提交给不同的服务端程序。

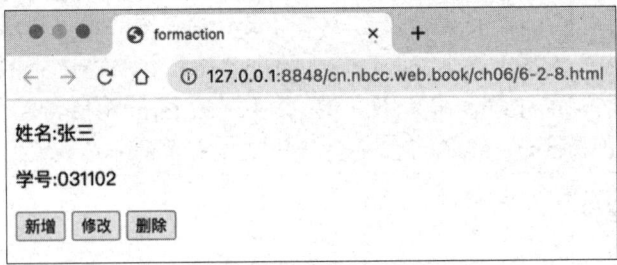

图 6-33 formaction 属性示例的运行效果

3. required 属性

在 HTML5 之前，要验证某个表单标签的内容是否为空，需要通过 JavaScript 代码来判断内容是否为空或字符长度是否等于零。在 HTML5 中，可以通过 required 属性取代该功能的实现脚本，简化了页面的开发步骤。

其设置语法如下。

```
<input type="text" name="name" required>
```

或者

```
<input type="text" name="name" required="true">
```

表单中需要提交内容的表单标签，如<input>、<textarea>、<select>等，都可以设置该属性。请看下面的代码 6-12。

代码 6-12 使用 required 属性进行字段非空校验

```
#001   <!DOCTYPE html>
#002   <html>
#003       <head>
#004           <meta charset="utf-8">
#005           <title>required</title>
#006       </head>
#007       <body>
#008           <form action="">
#009               <p>姓名:<input type="text" id="name" required /></p>
#010               <p>学号:<input type="text" name="id" id="id" required /></p>
#011               <p><input type="submit" value="确定提交">      </p>
#012           </form>
#013       </body>
#014   </html>
```

上述代码的运行效果如图 6-34 所示。

4. autofocus 属性

HTML5 表单的文本域 textarea 和所有<input>标签都具有 autofocus 属性，其属性值是一个布尔值，默认值是 false。一旦为某个标签设置了该属性，页面加载完成后，该标签将自动获得焦点。在 HTML5 之前，该功能需要借助 JavaScript 来实现。

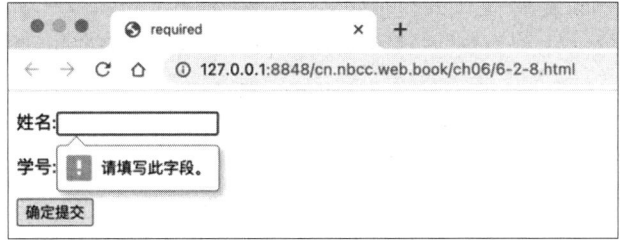

图 6-34 使用 required 属性进行字段非空校验的运行效果

> 需要注意的是，在一个页面中，最多只能对一个表单标签设置该属性，否则该功能将失效。建议对第一个<input>标签设置 autofocus 属性。

其设置语法如下。

```
<input type="text" autofocus>
```

或者

```
<input type="text" autofocus="true">
<textarea rows="" cols="" autofocus>…</textarea>
```

或者

```
<textarea rows="" cols="" autofocus="true">…</textarea>
```

5. pattern 属性

pattern 属性是<input>标签的验证属性，其属性值是一个正则表达式，通过这个表达式可以验证输入内容的有效性。

其设置语法如下。

```
<input type="text" pattern="正则表达式" title="错误提示信息" >
```

> 正则表达式是一种高效的用于匹配字符串中字符组合的模式，被广泛应用在 Word、Excel 等常用文本处理软件和 JavaScript、Python 等程序语言中。在后续的 JavaScript 中，我们可以更详细地了解正则表达式的相关内容。感兴趣的学生也可以查看官方介绍。下面通过代码6-13，更深入地了解该属性的应用。

代码6-13 正则表达式校验示例

```
#001  <!DOCTYPE html>
#002  <html>
#003      <head>
#004          <meta charset="utf-8">
#005          <title>pattern</title>
#006      </head>
#007      <body>
#008          <form action="">
#009              学号: <input type="text" name="id" id="id" required pattern="\d{8}"
```

```
            title="请输入 8 位学号"/>
                用户名:<input type="text" name="username" id="username" required
#010    pattern="^[a-zA-Z]\w{2,7}" title="请输入用户名，必须以字母开始，字母与数字的组合，长度为
        3~8 位"/>
#011            <button type="submit">提交</button>
#012        </form>
#013    </body>
#014 </html>
```

上述代码的运行效果如图 6-35 和图 6-36 所示。

图 6-35　8 位学号的验证效果

图 6-36　用户名的验证效果

对于 8 位学号，正则表达式中的\d 表示所有数字符号，{8}表示多重性，即出现 8 次数字符号，这就意味着用户只有输入 8 位数字才符合要求。对于用户名，正则表达式中的^ [a-zA-Z]表示以大写或小写字母开始，\w 表示字母和数字的组合，{2,7}表示最少 2 个、最多 7 个，这也就意味着用户名最少 3 位、最多 8 位，但必须是以字母开始的字母与数字的组合。

title 属性是用来显示错误提示的吧？

你说得没错，当用户输入不符合正则表达式的用户名时，将显示 title 属性值。

6.5.6　表单美化

前面讨论了表单标签的相关内容，通过示例我们也可以看到在默认情况下，表单标签都具有一些自带样式。使用不同的浏览器调试可以发现它们渲染默认表单标签的效果也是不一样的。这些默认样式在不同浏览器中的渲染差异会导致显示效果不一致，在严重时还会对网页布局造成影响，从而影响用户的浏览体验。通常，为了避免这些情况的发生，确保不同浏览器的显示效果一致，需要重置表单标签的默认样式。

❓ 如何查看表单标签的默认样式呢?

👤 在项目 5 中,我们介绍了开发者工具,常见浏览器都提供了自身的开发者工具。利用它找到你要查看的表单标签,就可以查看对应的样式及盒子模型的信息了。以下是常见表单标签的默认样式和样式重置,如表 6-10 所示。

表 6-10　常见表单标签的默认样式和样式重置

表单标签	默认样式	样式重置

form	在 IE6 浏览器中,\<form\>标签有一个 margin 属性值	form{
		　　margin:0;
		}

input	文本框:有内填充、边框
	单选框:有外边距
	复选框:有外边距
	各 input 控件默认都有 outline 轮廓线
		input[type=text]{
		　　border:none;
		　　padding:0;
		　　outline:0;
		}
		input[type=radio]{
		　　margin:0;
		　　outline:0;
		}
		input[type=checkbox]{
		　　margin:0;
		　　outline:0;
		}

textarea	不同浏览器略有不同,通常具有上外边距、下外边距、内边距和边框。
	有些浏览器的右下角有倒三角图标,可以对文本域进行拉伸,需要使用 resize 属性。在 IE6 浏览器下,当标签内容没超出时也会有滚动条,需要使用 overflow 属性
		textarea{
		　　margin:0;
		　　padding:0;
		　　outline:0;
		　　resize:0;
		　　overflow:auto;
		}

select	默认有边框,某些浏览器还有内边距	select{
		　　padding:0;
		}

option	默认有左内边距、右内边距	option{
		　　padding:0px npx;
		}
		这里的 n 根据需要设定

👤 这里简要介绍一下 outline,它是描述控件范围的一圈轮廓线,通常位于元素的边缘。当按“Tab”键切换表单控件时,当前选中的控件将被一圈轮廓线围绕,以突出当前获得焦点的控件。

那 outline 和 border 还有哪些区别呢？

首先，outline 在 border 的外围，不会占据元素空间，也不会影响布局；其次，border 应用于几乎所有的 HTML 元素，而 outline 仅针对链接、表单控件等少量元素。

💡 **技巧**

outline 效果在随着焦点 focus 到控件上时自动出现，当失去焦点 blur 时自动消失。

表 6-10 中在对表单进行样式重置时，使用了类似 input[type=text]的属性选择器，利用它可以选择复杂多变的<input>标签。

任务 6-4　个性化表单控件美化

个性化表单
控件美化

学会了表单控件的重置，再添加一些自定义样式，就可以个性化地设计出表单元素。下面我们通过示例，演示表单控件美化。

📖 使用表单控件美化和重置语法，并利用本书所附的配套素材实现如图 6-37 所示的表单控件美化效果。

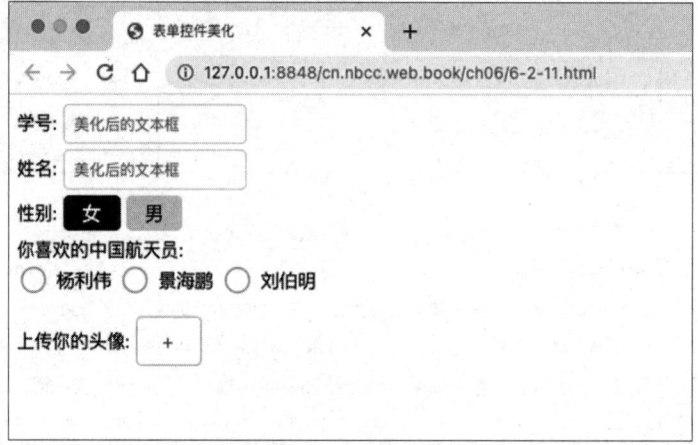

图 6-37　表单控件美化效果

本任务的实现代码 6-14 如下。

代码 6-14　表单控件美化

```
#001  <!DOCTYPE html>
#002  <html>
#003      <head>
#004      <meta charset="utf-8">
#005      <title>pattern</title>
#006      <style>
#007          p.row{
```

```
#008                    margin:5px 0;
#009                }
#010            .frm_txt{
#011                width: 150px;
#012                height: 30px;
#013                outline: none;
#014                border: 1px solid #ccc;
#015                padding-left: 8px;
#016                border-radius: 5px;
#017                margin-left: 6px;
#018            }
#019
#020            .frm_radio ,.frm_chkbox{
#021                display: none;
#022            }
#023
#024            .frm_radio+span,.frm_chkbox+span {
#025                width: 50px;
#026                height: 30px;
#027                display: inline-block;
#028                background-color: #ccc;
#029                border-radius: 5px;
#030                font: 16px/30px "微软雅黑";
#031                text-align: center;
#032            }
#033            .frm_radio:checked+span{
#034                color:#fff;
#035                background-color: darkblue;
#036            }
#037            .frm_chkbox+span{
#038                background: url("image/unchecked.png") no-repeat;
#039                background-size: 30px 30px;
#040                padding-left: 35px;
#041            }
#042            .frm_chkbox:checked+span{
#043                background: url("image/checked.png") no-repeat;
#044                background-size: 30px 30px;
#045            }
#046            .file{
#047                color:#1F638B;
#048                line-height: 32px;
#049                border-radius: 5px;
#050                padding:4px 12px;
#051                text-decoration: none;
```

```
#052                    display: inline-block;
#053                    border:1px solid #98BED5;
#054                    position: relative;
#055                    width: 32px;
#056                    height: 32px;
#057                    text-align: center;
#058                }
#059            .frm_file{
#060                    position: absolute;
#061                    right:0;
#062                    top:0;
#063                    opacity: 0;
#064                    width: 100%;
#065                    height: 100%;
#066                }
#067            .file:hover{
#068                    color:#243A45;
#069                    background-color: #AFD2E6;
#070                    border-color: #6BAAD2;
#071                    text-decoration: none;
#072                }
#073
#074        </style>
#075      </head>
#076      <body>
#077        <form action="">
#078            <p class="row">
#079                学号:<input type="text" name="id" id="id" class="frm_txt"
      placeholder="美化后的文本框" />
#080            </p>
#081            <p class="row">
#082                姓名:<input type="text" name="name" id="name" class="frm_txt"
      placeholder="美化后的文本框" />
#083            </p>
#084            <p class="row">
#085                性别:<label>
#086                    <input type="radio" name="gender" id="female" value="female"
      class="frm_radio" checked/><span>女</span>
#087                    </label>
#088                    <label>
#089                    <input type="radio" name="gender" id="male" value="male"
      class="frm_radio" /><span>男</span></label>
#090            </p>
#091            <p class="row">
#092                <div>你喜欢的中国航天员:</div>
```

192

```
#093                    <div><label>
#094                        <input type="checkbox" name="astr" id="ylw"
        class="frm_chkbox" value="ylw"><span>杨利伟</span>
#095                    </label>
#096                    <label>
#097                        <input type="checkbox" name="astr" id="jhp"
        class="frm_chkbox" value="jhp"><span>景海鹏</span>
#098                    </label>
#099                    <label>
#100                        <input type="checkbox" name="astr" id="lbm"
        class="frm_chkbox" value="lbm"><span>刘伯明</span>
#101                    </label>
#102                    </div>
#103                </p>
#104                <p class="row">
#105                上传你的头像：
#106                <a href="javascript:;" class="file">
#107                        <input type="file" name="avatar" id="avatar"
        class="frm_file">+
#108                </a>
#109                </p>
#110            </form>
#111        </body>
#112    </html>
```

021 行代码使用 display 样式属性将单选按钮和复选框的默认组件○与□设为不可见，而对其后面用<span>标签包裹的文字部分使用特定样式进行显示。042 行代码中的.frm_chkbox:checked+span 选择器使用:checked 伪类，当用户勾选复选框时起作用，background-size 样式属性指定了复选框前面的背景图片的大小。

对于上传文件的处理比较特殊。106～108 行代码通过在 HTML 结构中使用<a>标签包裹 input[type="file"]的方式进行处理，由于<a>标签和 input[type="file"]是行内元素，这样可以建立超链接和上传文件控件在位置上的联系，也就是说它们在位置上是重叠的，其目的是利用超链接可单击、容易控制样式的特性来代替上传文件控件。而为了隐藏上传文件控件，又保留上传文件的功能，这里通过定位语法将其覆盖整个超链接的可视范围，并将其可视性通过 063 行代码的 opacity 样式属性设置为 0。这样虽然看不到上传文件控件，但它的作用范围覆盖了整个超链接区域。通过对按钮的 CSS 样式进行定制，将其做成圆角矩形的形态，这就是上传文件控件样式美化的基本思路。关于定位的相关概念参见项目 7 的相关内容。

任务 6-5 制作登录表单

> 有时候，HTML5 自带的表单标签样式不好修改，可以通过对其他标签进行创意组合来制作想要的效果。下面我们来看一个综合示例。

根据如图 6-38 所示的效果，制作一个城院商城页面登录表单。

制作登录表单

图 6-38　城院商城登录表单

本任务的实现代码 6-15 如下。

代码 6-15　制作登录表单

```
#001  <!DOCTYPE html>
#002  <html>
#003  <head>
#004  <meta charset="utf-8">
#005  <title>城院商城</title>
#006  <link href="css/login-style.css" rel="stylesheet" type="text/css">
#007  </head>
#008  <body>
#009      <div class="nav-simple">
#010          <div class="w"><a href="" class="logo">城院商城</a></div>
#011      </div>
#012      <div class="page-wrap">
#013          <div class="w">
#014              <div class="user-con">
#015                  <div class="user-title">用户登录</div>
#016                  <div class="user-box">
#017                      <div class="user-item">
#018                          <label class="user-label"><i></i></label>
#019                          <input type="text" id="username" name="username"
class="user-content" placeholder="请输入用户名">
#020                      </div>
#021                      <div class="user-item">
#022                          <label class="user-label"><i></i></label>
#023                          <input type="text" id="password" name="password"
```

```
        class="user-content" placeholder="请输入密码">
#024                        </div>
#025                        <a href="#" class="btn btn-submit" id="submit">登录</a>
#026                        <div class="link-item">
#027                           <a href="#" class="link">忘记密码</a>
#028                           <a href="" class="link">免费注册</a>
#029                        </div>
#030                     </div>
#031                  </div>
#032               </div>
#033            </div>
#034      </body>
#035   </html>
```

登录表单的相关 CSS 代码如下（见代码 6-16）。

代码 6-16　登录表单的相关 CSS 代码

```
#001   *{
#002       margin:0px;
#003       padding:0px;
#004   }
#005   body{
#006       background: #f6f6f6;
#007       font:12px/1.5 tahoma,Microsoft YaHei,sans-serif;
#008   }
#009   li{
#010       list-style: none;
#011   }
#012   a{
#013       text-decoration: none;
#014   }
#015   .w{
#016       width: 1080px;
#017       margin:0 auto;
#018   /*   border:1px solid #000;*/
#019   }
#020   .nav-simple{
#021       height: 60px;
#022       line-height: 60px;
#023       background-color: #Fff;
#024   }
#025   .nav-simple .logo{
#026       font-size: 26px;
#027       font-weight: bold;
```

```
#028        color:#c60023;
#029    }
#030
#031    .page-wrap{
#032        background-color: #e72955;
#033        padding: 40px 0;
#034    }
#035    .user-con{
#036        width: 400px;
#037        background-color: #fff;
#038        margin:0 auto;
#039    }
#040    .user-con .user-title{
#041        text-align: center;
#042        font-size: 18px;
#043        font-weight: bold;
#044        color:#666;
#045        padding:10px 0px;
#046    }
#047    .user-con .user-box{
#048        padding:20px;
#049    }
#050    .user-con .user-item{
#051        position: relative;
#052        margin-bottom: 20px;
#053    }
#054    .user-item .user-label{
#055        position: absolute;
#056        left:1px;
#057        bottom:1px;
#058        width: 40px;
#059        line-height: 36px;
#060        font-size: 18px;
#061        color:#d3d3d3;
#062        text-align: center;
#063        border-right:1px solid #bdbdbd;
#064    }
#065    .user-item .user-content{
#066        padding:10px 0 10px 50px;
#067        width: 308px;
#068        height: 18px;
#069        line-height: 18px;
#070        font-size: 15px;
```

```
#071        border:1px solid #bdbdbd;
#072        outline:none;
#073    }
#074    .btn{
#075        display: inline-block;
#076        height: 40px;
#077        line-height: 40px;
#078        font-size: 17px;
#079        font-weight: bold;
#080        padding:0 20px;
#081        background-color: #c60023;
#082        color:#fff;
#083    }
#084    .btn-submit{
#085        width: 100%;
#086        padding:6px 0px;
#087        text-align: center;
#088        font-size: 20px;
#089    }
#090    .user-con .link-item{
#091        text-align: right;
#092        margin-top: 10px;
#093    }
#094    .link-item .link{
#095        color:#999;
#096        margin-left: 10px;
#097    }
```

6.6 小结

本项目介绍了网页中常见的两种结构：表格和表单。其中，表格主要用来呈现数据，有时也会利用其结构化的特点进行布局；而表单主要用来搜集用户提交的相关数据。通过掌握大量、常用的表单标签，理解它们相关属性，厘清它们之间的区别和应用技巧，为后续前端交互打好扎实的基础。

6.7 作业

一、选择题

1. 表示表格跨越行的 HTML 属性是（   ）。

A. rowspan   B. colspan   C. rows   D. columns

2. 表示表格行的标签是（   ）。

A. table   B. th   C. tr   D. td

3．要将表格的边框折叠，应使用的样式属性是（　　　）。

A．border　　　　　　B．border-style　　　　C．border-collapse　　D．border-gap

4．属性表单标签的是（　　　）。

A．table　　　　　　　B．form　　　　　　　C．action　　　　　　D．input

5．关于表单提交，说法不正确的是（　　　）。

A．表单提交通常需要通过 action 属性指定后台处理程序

B．要以 GET 方法进行提交，应将其 action 属性值设置为 GET

C．通过 method="POST"可以指定 POST 方法

D．GET 方法的特点是值会以请求的参数形式在地址栏中显示

二、操作题

1．中央电视台网站为 2022 年北京冬奥会制作了一个奖牌榜，如图 6-39 所示。请利用本书所附的相关素材文件完成该奖牌榜的制作。

图 6-39　2022 年北京冬奥会奖牌榜

2．正确使用表单标签，制作如图 6-40 的表单效果。

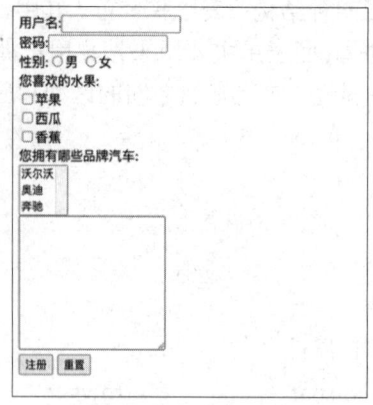

图 6-40　表单效果

三、项目讨论

讨论主题

北京于 2008 年成功举办了夏季奥运会，又于 2022 年成功举办了冬季奥运会，成为世界上唯一举办过夏、冬两季奥运会的城市。请结合自身专业，讲述我国成功举办奥运会带给你的感受。

项目 7

浮动和定位

思政课堂

　　以 Web 前端技术为代表的网页应用技术可以帮助乡村地区宣传本地特色和文化，吸引游客前来观光旅游，促进经济发展。同时，网页应用技术还可以为乡村地区提供数字化服务，如在线教育、医疗等，提高乡村地区居民的生活质量。未来，随着互联网技术的不断发展，网页应用技术将更加深入地应用于美丽乡村建设中，为乡村地区带来更多发展机遇和可能性。

学习目标

- 了解网页布局排版的概念
- 掌握标准流排版的相关概念
- 掌握浮动排版的相关概念
- 掌握浮动排版的特性
- 使用 BFC 解决高度塌陷的问题
- 掌握 position 属性
- 掌握固对定位、绝定定位、相对定位的特性
- 熟练应用定位技巧实现网页布局特效

技能目标

- 能使用浮动和清除浮动
- 能正确使用固定定位
- 能正确使用绝对定位
- 能正确使用相对定位

素养目标

- 培养正确的审美观念
- 培养严谨求实的劳动作风
- 培养精益求精的工匠精神

7.1 网页布局简介

从本项目开始，我们进入网页制作的另一个非常重要的技术领域——网页布局。网页布局主要思考和解决如下问题：一个网页如何排列分布这些盒子，从而达到美观的排版？在 CSS2 中，给出了 3 种盒子的排版模型，即标准流排版、浮动排版和定位排版。在 CSS3 中，新增了排版模型，如 Flex 排版、网格排版等。

7.1.1 标准流

在前面的项目中，示例代码中的元素大都采用标准流进行排版。它是元素的默认排版方式。

> 🎥 什么是标准流，它是如何排版的呢？

> 👤 标准流亦称文档流、普通流，是指元素在排版布局过程中，会默认按照自左而右、自上而下的方式流式排列（见图 7-1）。当前面的内容位置发生变化时，后面的内容位置也会随之发生变化。具体而言，多个元素根据定义顺序形成盒子序列，同级块级盒子按照自上而下的方式，同级行内元素按照自左而右的方式进行排列。对于子元素亦是如此，整个页面犹如河流一样不断分支，并向同一个方向流动，故而称其为"标准流"。浮动排版和定位排版都是通过更改元素的默认排版方式实现的。

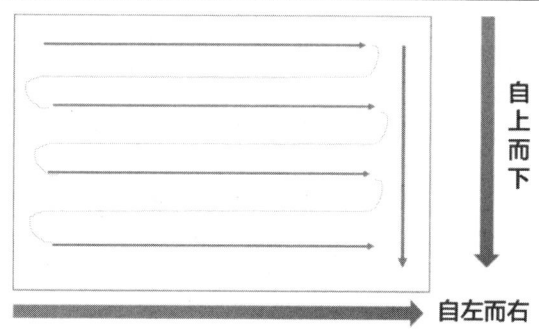

图 7-1 标准流

7.1.2 浮动排版

标准流让内容排版显得方方正正、规规矩矩。但有些时候需要打破这种排版模式，如要求实现文字围绕图片显示的文字环绕效果。

> 👤 要实现元素的浮动，就要学会浮动的设置和浮动的清除。与此密切相关的就是 CSS2 提供的 float 属性了，该属性值可以取 none、left、right、inherit 种，如表 7-1 所示。

表 7-1 float 属性值

属性值	描述
none	默认值，不浮动，按照标准流排列元素
left	向左浮动，元素浮动在父元素的左侧

属性值	描述
right	向右浮动，元素浮动在父元素的右侧
inherit	继承父元素的 float 属性值

可见，通过 float 属性可以指定盒子是否浮动，以及向哪个方向浮动。当设置元素 float 属性值为 left 或 right 时，元素将变成浮动元素，同时脱离标准流。

浮动框可以向左或向右移动，直到它的外边缘碰到父容器的边框（也称包含框）或另一个浮动框的边框为止。由于浮动框不在文档的标准流中，因此文档的标准流中的块框表现得就像浮动框不存在一样。为了更好地理解浮动的这个特性，我们来完成下面的任务。

任务 7-1　浮动特性 1：脱离标准流

根据下列效果图，使用 float 属性，将"框 1"盒子向右浮动，设置浮动前、后的效果分别如图 7-2 和图 7-3 所示。

浮动特性 1：
脱离标准流

图 7-2　设置浮动前的效果

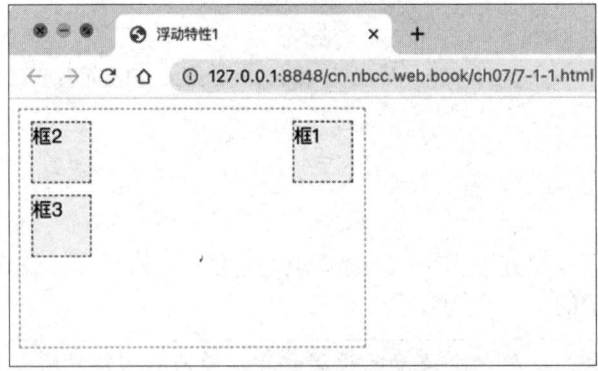

图 7-3　设置浮动后的效果

本任务的实现代码 7-1 如下。

代码 7-1　浮动特性 1：脱离标准流

```
#001    <!DOCTYPE html>
#002    <html>
```

```
#003        <head>
#004            <meta charset="utf-8">
#005            <title>浮动特性 1</title>
#006            <style>
#007                .outer{
#008                    border:1px dashed #969696;
#009                }
#010                .box{
#011                    background-color: #FAFAF1;
#012                    border:1px dashed #373734;
#013                    width: 50px;
#014                    height: 50px;
#015                    margin:10px;
#016                }
#017                .box1{
#018                    float: right;
#019                }
#020            </style>
#021        </head>
#022        <body>
#023            <div class="outer">
#024                <div class="box box1">框 1</div>
#025                <div class="box">框 2</div>
#026                <div class="box">框 3</div>
#027            </div>
#028        </body>
#029    </html>
```

浮动前，div 作为块级元素占据父容器 div.outer 的一整行。浮动后，box1 元素向指定方向（右侧）移动，直到外边框碰到父容器的边框为止。

你观察得非常仔细，那"框 1"原来占据父容器的一整行，现在还占据吗？

它原有的位置现在被"框 2"占据了，这就是脱离标准流的意思吧？

正是如此。先将.box1 类样式恢复成向右浮动，再尝试对"框 2""框 3"应用.box1 类样式，看看会发生什么变化。

老师，我依次在"框 2""框 3"的开始标签处添加.box1 类样式，分别出现了如图 7-4 和图 7-5 所示的效果。除了 3 个框向右排列成了一行，由于子元素脱离，因此标准流中的父容器最终塌陷成了一条线。

根据这些变化，你能总结出浮动的特性吗？

我尝试一下。

图 7-4　"框 1""框 2"应用.box1 类样式的效果

图 7-5　"框 1""框 2""框 3"应用.box1 类样式的效果

对于同一个父容器的同级子元素，浮动具有以下特性。

（1）浮动可以让块级元素显示在同一行中。

（2）当浮动元素向指定方向移动时，直到它碰到父容器的边框或另一个浮动框为止。

（3）浮动元素会脱离原来的标准流，且不占据原来标准流中的位置和空间。

（4）子元素全部浮动后，如果父容器中没有其他内容撑开高度，则会发生高度塌陷。

任务 7-2　浮动特性 2：图文环绕

在上述代码的基础上，跟随老师的步骤，理解更多浮动特性。并利用它实现图文环绕效果。

在前一个任务中，我们发现浮动元素会脱离原来的标准流。你能不能设计一个子任务，来证明脱离后的浮动元素是衬于标准流之下的还是浮于标准流之上的？

这个简单，将.box1 类样式改成 float:left。我尝试观察了一下：脱离标准流的"框 1"似乎把顶替上来的"框 2"给遮挡了。但"框 2""框 3"似乎被挤到下一行并重叠在一起了（见图 7-6）。

浮动特性 2：
图文环绕

图 7-6　"框 2""框 3"重叠在一起

是这样吗？我们打开开发者工具，选择"框 2"。此时可以看到，"框 2"隐藏在"框 1"之下（见图 7-7），但是"框 2"中的文字仍然在原来的位置上（第二行），并和顶替上来的"框 3"发生了重叠。

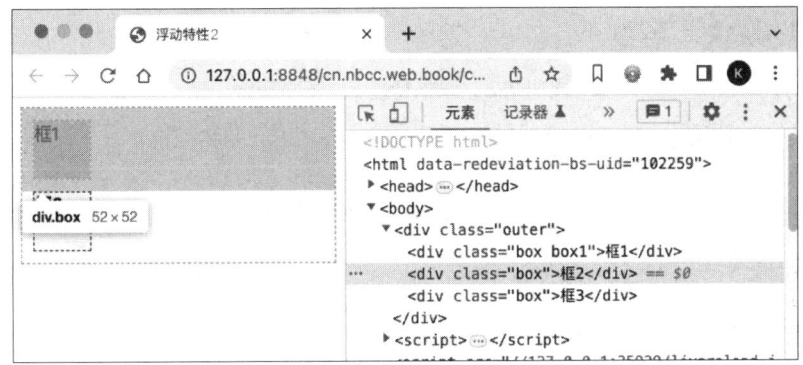

图 7-7 "框 2"隐藏在"框 1"之下

之所以会出现这样的情况，是因为元素盒子其实是立体的。下面我们介绍它的基本原理。

在 HTML 中，元素在构造时是由两层构成的，底层是元素层，其上方是内容层，包括文字、图片、视频等内容，普通标准流的元素立体层次如图 7-8 所示。当给元素设置浮动后，该浮动元素会脱离标准流，提升层级，"浮"到内容层。后面的元素会受到浮动元素的影响，上移占据浮动元素原有的元素层位置。此时，标准元素的内容层被挤出来形成环绕效果，同时，"框 2""框 3"重叠在一起，如图 7-9 所示。

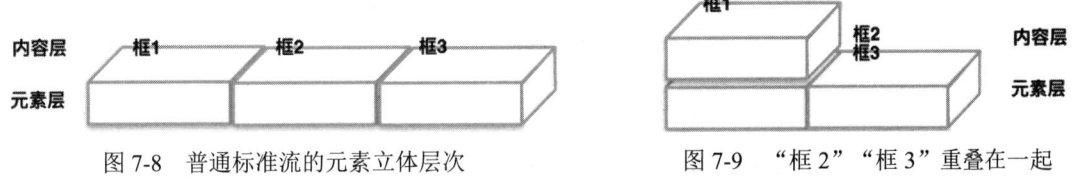

图 7-8 普通标准流的元素立体层次　　　　图 7-9 "框 2""框 3"重叠在一起

这也许就是有些书把浮动称为提升半个层级的原因。利用这个原理，就可以实现图文环绕效果啦！图 7-10 所示为使用本项目素材实现的新疆简介的图文环绕效果。

图 7-10 新疆简介的图文环绕效果

本任务的实现代码 7-2 如下。

代码 7-2　浮动特性 2：图文环绕

```
#001    <!DOCTYPE html>
#002    <html>
#003        <head>
#004            <meta charset="utf-8">
#005            <title>浮动特性2</title>
#006            <style>
#007                .outer{
#008                    width: 500px;
#009                    background-color: #F8F4E7;
#010                    color:#666;
#011                    padding:5px 10px;
#012                }
#013                .outer>img{
#014                    width: 250px;
#015                    float:left;
#016                    padding:5px;
#017                }
#018                .outer>p{
#019                    text-indent: 2em;
#020                }
#021                .outer>p.intro::first-letter{
#022                    font-size: 2em;
#023                }
#024            </style>
#025        </head>
#026        <body>
#027            <div class="outer">
#028                <img src="images/xinjiang2.png" alt="新疆地图">
#029                <p class="intro">
#030    新疆位于中国西北角，北靠哈萨克斯坦、蒙古国、俄罗斯，西南与吉尔吉斯斯坦、塔
吉克斯坦、巴基斯坦等国接壤，是我国最大的省份。从古至今，新疆始终是人们心中的西域，既遥远，又神秘。
#031                </p>
#032
#033                <p>
#034    新疆兼具美景和人文，对任何一位旅行者来说，它都不会是一个枯燥乏味的目的地。
辽阔、丰富的地域让这里并存着生机与萧瑟，这里既有漫山盛放的杏花、广阔的草原风光、一片金黄的白桦林，
又有无边无际的大漠风光、炙热难耐的火焰山和凄凉壮阔的雅丹地貌。而昔日繁华的古丝绸之路，更赋予了它
丰富而又深厚的文化底蕴。吐鲁番、哈密、喀什、库车、和田等，都是曾经繁华路上的重镇。直至今日，它们
还保留着当年宗教、商业、各民族文化交融的痕迹与证据，吸引着众多文化旅行者前来探寻。</p>
#035
#036                <p>
```

| #037 | 此外，独具特色的新疆美食更为旅途锦上添花。大盘鸡、飘香四溢的烤肉、香甜可口的瓜果，都是人们离开之后还念念不忘的美味，说是吸引你再去一次新疆的缘由，也丝毫不为过。 |

```
#038                    </p>
#039                </div>
#040            </body>
#041        </html>
```

👨 通过 015 行代码将图片设置为向左浮动，这样与段落 p 的文字处于相同层，而其余文字被挤到图片周围，形成了图文环绕的效果。

这个示例告诉我们，浮动可以让元素脱离标准流，提升半个层级。图文环绕效果就是利用该特性实现的，它也是浮动的本质。

任务 7-3　浮动特性 3：浮动对行内元素的影响

📝 按照下面的步骤完成示例代码，观察并总结浮动对行内元素的影响。

👨 前面我们使用的研究对象都是 div 块级元素，下面我们将其替换成 span 行内元素，查看浮动对行内元素的应用特性。

浮动特性 3：浮动对行内元素的影响

本任务的实现代码 7-3 如下。

代码 7-3　浮动特性 3：浮动对行内元素的影响

```
#001    <!DOCTYPE html>
#002    <html>
#003        <head>
#004            <meta charset="utf-8">
#005            <title>浮动特性 3</title>
#006            <style>
#007                .outer{
#008                    border:1px dashed #969696;
#009                }
#010                .outer span {
#011                    border:1px dashed #373734;
#012                    background-color: #FAFAF1;
#013                    width: 50px;
#014                    height: 50px;
#015                }
#016                .fl{
#017                    float: left;
#018                }
#019            </style>
#020        </head>
#021        <body>
#022            <div class="outer"><span>行内 1</span><span>行内 2</span></div>
#023        </body>
#024    </html>
```

行内元素浮动前的效果如图 7-11 所示。

图 7-11　行内元素浮动前的效果

🎀 可以看到，width 属性和 height 属性对行内元素并不起作用（013～014 行代码），它的宽度和高度是由文字内容来决定的。

👦 下面我们给"行内 2"添加 .fl 类样式，让它向左浮动。再来观察一下会发生什么变化，"行内 2"添加浮动后的效果如图 7-12 所示。

图 7-12　"行内 2"添加浮动后的效果

🎀 从图 7-12 中可以看出"行内 2"突然变大了，013～014 行代码中的 width 属性和 height 属性起作用了。同时，在标准流中排在后面的"行内 2"经过向左浮动后，被排到左边去了，而原本前面的"行内 1"被挤到右边去了。

👦 很好，这就是浮动的第三个特性。

浮动作用与行内元素：
（1）会使行内元素具有块级元素的特征，又称"块级格式化上下文"。
（2）行内元素在立体空间中与文字同属内容层，会受到浮动影响被挤出原有位置。

7.1.3　清除浮动

🎀 浮动让原本不具备宽度和高度设置的行内元素具有了块状特征，同时会使其脱离标准流影响原有的布局和排版。如果上述"行内 1""行内 2"同时向左浮动，则可能造成父容器失去高度，着实需要谨慎使用啊。老师，后续不需要这个浮动的话，该如何消除它呢？

👦 你说的父容器失去高度的现象，我们也形象地称为高度塌陷，如图 7-13 所示。要清除浮动，CSS 中提供了清除浮动的相关样式属性 clear，clear 属性值如表 7-2 所示。

图 7-13　父容器高度塌陷

表 7-2　clear 属性值

属性值	描述
left	元素左侧不允许有浮动元素
right	元素右侧不允许有浮动元素
both	元素两侧不允许有浮动元素
none	默认值，元素两侧允许有浮动元素
inherit	继承父元素的 clear 属性值

修改任务 7-1，以右浮动为例，要清除右浮动，可以对浮动元素后的元素使用 clear 属性，实现代码 7-4 如下。

代码 7-4　清除浮动

```
#001    <!DOCTYPE html>
#002    <html>
#003        <head>
#004            <meta charset="utf-8">
#005            <title>清除浮动</title>
#006            <style>
#007                .outer{
#008                    border:1px dashed #969696;
#009                }
#010                .box{
#011                    background-color: #FAFAF1;
#012                    border:1px dashed #373734;
#013                    width: 50px;
#014                    height: 50px;
#015                    margin:10px;
#016                }
#017                .box1{
#018                    float: right;
#019                }
#020                .clr{
#021                    clear:right;
#022                }
#023            </style>
```

```
#024        </head>
#025        <body>
#026          <div class="outer">
#027              <div class="box box1">框 1</div>
#028              <div class="box clr">框 2</div>
#029              <div class="box ">框 3</div>
#030          </div>
#031        </body>
#032    </html>
```

上述代码的运行效果如图 7-14 和图 7-15 所示。

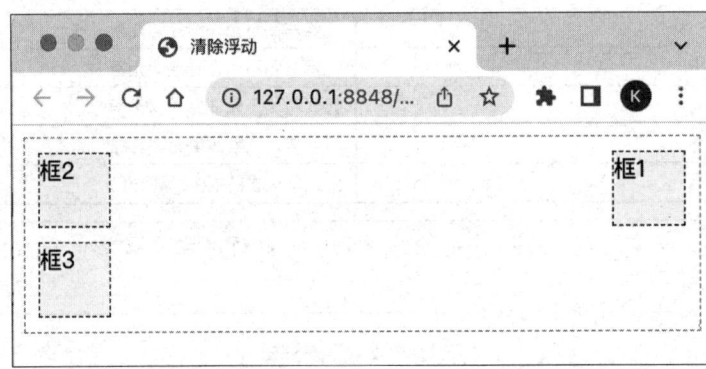

图 7-14　清除浮动前"框 1"向右浮动

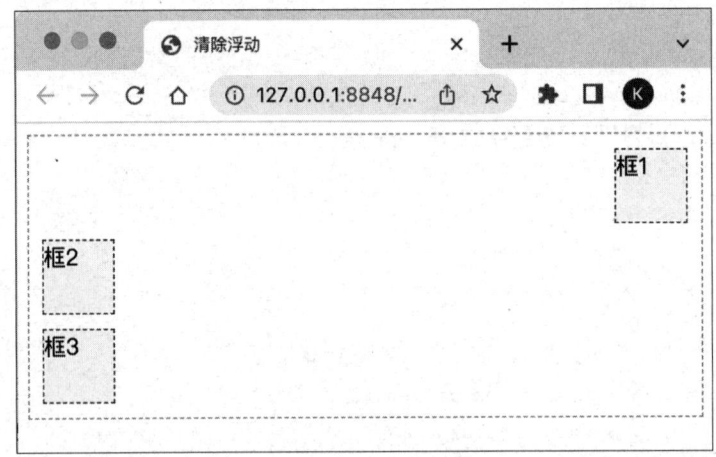

图 7-15　清除右浮动

可以看到，对于右浮动的元素，要清除右浮动就要设置"clear:right"。同理，对于左浮动的元素，要清除左浮动就要设置"clear:left"。如果浮动元素既有左浮动又有右浮动，则后面的元素就要设置"clear:both"来清除两侧浮动。

💡 技巧

这里还需要注意清除浮动的前提条件和要点。

（1）具有 clear 属性的元素必须是块级元素。

（2）具有 clear 属性的元素必须与浮动元素是同级元素（兄弟关系）。

（3）设置 clear 属性的目的是清除标准流元素上方的浮动元素对自身的影响。

对于清除左浮动、清除两侧浮动的代码修改就交给大家来完成了。

任务 7-4　使用清除浮动解决父容器高度塌陷的问题

使用清除浮动的样式属性和规则，解决父容器高度塌陷的问题。

在图 7-5 中，我们看到未设置高度的父容器因子元素的浮动，而出现高度塌陷的问题。下面尝试使用清除浮动解决。

可以在浮动元素之后添加一个空白行，让它承担清除浮动的工作，思路如图 7-16 所示。

图 7-16　清除浮动的思路

使用清除浮动
解决父容器高度
塌陷的问题

本任务的实现代码 7-5 如下。

代码 7-5　使用清除浮动解决父容器高度塌陷的问题

```
#001    <!DOCTYPE html>
#002    <html>
#003        <head>
#004            <meta charset="utf-8">
#005            <title>使用清除浮动解决父容器高度塌陷的问题1</title>
#006            <style>
#007                .outer{
#008                    border:1px dashed #969696;
#009                }
#010                .box{
#011                    background-color: #FAFAF1;
#012                    border:1px dashed #373734;
#013                    width: 50px;
#014                    height: 50px;
#015                    margin:10px;
#016                }
#017                .box1{
#018                    float: right;
#019                }
#020                .clr{
#021                    clear:right;
#022                }
```

```
#023                </style>
#024            </head>
#025        <body>
#026            <div class="outer">
#027                <div class="box box1">框1</div>
#028                <div class="box box1">框2</div>
#029                <div class="box box1">框3</div>
#030                <div class="clr"></div>
#031            </div>
#032        </body>
#033    </html>
```

上述代码的运行效果如图 7-17 所示。

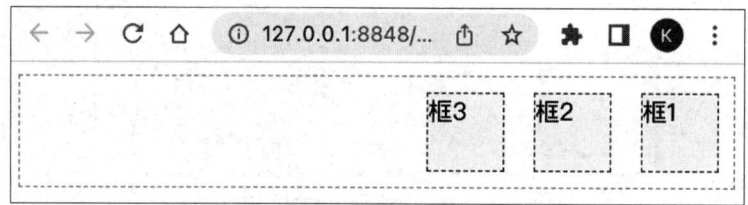

图 7-17　使用清除浮动解决父容器高度塌陷问题的运行效果

👨 虽然上述做法能达成目的，但是在 HTML 中添加了不具有语义功能的 "<div class="clr"></div>"。如果页面中大量用到浮动，则这样的无意义代码会相应增加。有没有更好的思路，可以在不增加新的 HTML 标签的同时来实现清除浮动的效果呢？

🤖 我想到了，可以用 CSS 中的::after 伪类元素来实现。

实现代码 7-6 如下。

代码 7-6　使用::after 伪类元素清除浮动

```
#001    <!DOCTYPE html>
#002    <html>
#003        <head>
#004            <meta charset="utf-8">
#005            <title>使用清除浮动解决父容器高度塌陷的问题2</title>
#006            <style>
#007                .outer{
#008                    border:1px dashed #969696;
#009                }
#010                .box{
#011                    background-color: #FAFAF1;
#012                    border:1px dashed #373734;
#013                    width: 50px;
#014                    height: 50px;
#015                    margin:10px;
#016                }
```

```
#017                 .box1{
#018                     float: right;
#019                 }
#020                 .clr::after{
#021                     content:"";
#022                     display: block;
#023                     clear: right;
#024                 }
#025         </style>
#026     </head>
#027     <body>
#028         <div class="outer clr">
#029             <div class="box box1">框 1</div>
#030             <div class="box box1">框 2</div>
#031             <div class="box box1">框 3</div>
#032         </div>
#033     </body>
#034 </html>
```

> 🖐 因为::after 伪类元素默认是一个行内元素，所以根据清除浮动的前提条件，必须将其显示属性值设置为 block。同时需要满足添加的内容为空，可以通过"content:"""来实现。

> 👤 非常好，举一反三，对于其他方向的浮动，或者两侧浮动的情况，只需要修改清除浮动的属性值即可实现清除浮动。

7.1.4 使用 BFC 解决高度塌陷的问题

使用浮动的元素将生成 BFC（Block Formatting Context，块级格式上下文），它为元素提供了一个独立的布局环境，该环境中的内容不会影响外部的布局，外部的布局同样也不会影响该环境中的内容。就如同围墙，围墙内的东西出不去，围墙外的东西进不来。

根据前面的介绍，父容器在没有指定高度时由其子元素的内容撑开，但当给子元素设置了浮动后，子元素会脱离原来的标准流，从而导致父容器高度塌陷，而这势必对周围的元素造成影响。

由 BFC 的概念可以设想，如果给父容器加上一个围墙（BFC），则围墙能包含浮动元素，使之无法脱离父容器区域，从而可以达到清除浮动的效果。

任务 7-5 触发 BFC 的 3 种常用方式

> 📝 可以使用设置 inline-block、设置父元素浮动、设置 overflow 属性 3 种常用方式来触发 BFC，解决父容器高度塌陷的问题。

> 👤 前面介绍了 BFC 的概念，回顾高度塌陷的过程，可以想到，解决高度塌陷的问题的第二个思路是通过触发元素的 BFC 来实现。下面有 3 种常用方式来触发 BFC。

触发 BFC 的
3 种常用方式

1. 设置 inline-block 触发 BFC

当将一个元素设置为行内块元素时会触发 BFC，此时该元素内部发生的任何变化都只局限在元素内部，而不会影响元素外部。因为触发了 BFC，所以每个行内块元素都具有"包裹性"，当其中存在浮动元素时，它能包裹住内部的浮动元素，从而起到类似于清除浮动的效果。

代码 7-7 演示了设置 inline-block 触发 BFC。

代码 7-7　设置 inline-block 触发 BFC

```
#001    <!DOCTYPE html>
#002    <html>
#003        <head>
#004            <meta charset="utf-8">
#005            <title>BFC:inline-block</title>
#006            <style>
#007                .outer{
#008                    border:1px dashed #969696;
#009                    display: inline-block;
#010                }
#011                .box{
#012                    background-color: #FAFAF1;
#013                    border:1px dashed #373734;
#014                    width: 50px;
#015                    height: 50px;
#016                    margin:10px;
#017                }
#018                .fr{
#019                    float: right;
#020                }
#021                .fl{
#022                    float: left;
#023                }
#024            </style>
#025        </head>
#026        <body>
#027            <div class="outer">
#028                <div class="box fr">框 1</div>
#029                <div class="box fr">框 2</div>
#030                <div class="box fl">框 3</div>
#031            </div>
#032        </body>
#033    </html>
```

上述代码的运行效果如图 7-18 所示。

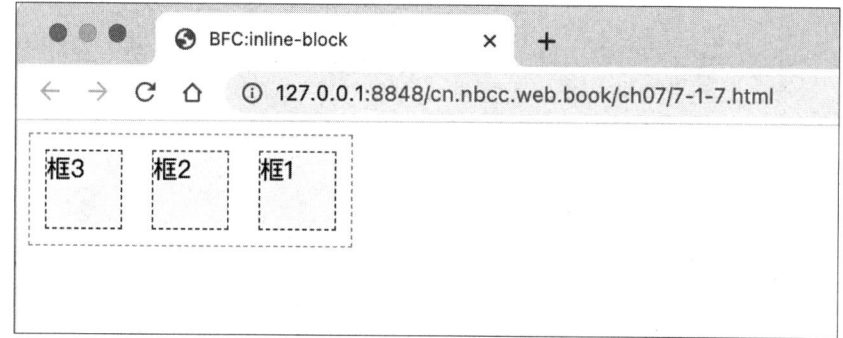

图 7-18 设置 inline-block 触发 BFC 的运行效果

2. 设置父元素浮动触发 BFC

为浮动元素的父元素设置浮动属性，通过此方法也能触发父元素的 BFC，从而包裹住内部的浮动元素。

代码 7-8 演示了设置父元素浮动触发 BFC。

代码 7-8 设置父元素浮动触发 BFC

```
#001    <!DOCTYPE html>
#002    <html>
#003        <head>
#004            <meta charset="utf-8">
#005            <title>BFC:父元素浮动</title>
#006            <style>
#007                .outer{
#008                    border:1px dashed #969696;
#009                    float:left;
#010                }
#011                .box{
#012                    background-color: #FAFAF1;
#013                    border:1px dashed #373734;
#014                    width: 50px;
#015                    height: 50px;
#016                    margin:10px;
#017                }
#018                .fr{
#019                    float: right;
#020                }
#021                .fl{
#022                    float: left;
#023                }
#024            </style>
#025        </head>
#026        <body>
#027            <div class="outer">
```

```
#028                <div class="box fr">框1</div>
#029                <div class="box fr">框2</div>
#030                <div class="box fl">框3</div>
#031            </div>
#032        </body>
#033    </html>
```

上述代码的运行效果如图7-19所示。

图7-19   设置父元素浮动触发BFC的运行效果

需要注意的是，在这种触发方式中，给父元素设置浮动属性后，使得父元素具有BFC，可以包裹住浮动的子元素，但同样也会影响自身和其他元素。所以，解决高度塌陷问题的方法有很多，每种方法都有其自身的特点和优缺点，需要根据具体情况来选择合适的方法。

3. 设置overflow属性值触发BFC

设置overflow属性值可以触发BFC。表7-3所示为overflow属性值。

表7-3   overflow属性值

属性值	描述
visible	默认值，溢出的内容不会被裁剪，会显示在元素框之外
hidden	溢出的内容会被隐藏
scroll	溢出的内容会被隐藏，不管内容是否溢出，浏览器都会显示滚动条
auto	由浏览器决定是否显示滚动条，如果内容溢出了，则显示滚动条，否则不显示
inherit	继承父元素的overflow属性值

overflow属性有一个非常重要的用途是，可以通过设置它的属性值来触发BFC，从而解决子元素浮动后父容器高度塌陷的问题。

当把父元素的overflow属性值设置为除默认值之外的值时，会触发该元素的BFC。所以当其子元素有浮动时，可以将父元素的overflow属性值设置为scroll|hidden|auto来触发BFC。

代码7-9演示了设置overflow属性值触发BFC。

代码7-9   设置overflow属性值触发BFC

```
#001    <!DOCTYPE html>
#002    <html>
#003        <head>
```

```
#004              <meta charset="utf-8">
#005              <title>BFC:overflow</title>
#006              <style>
#007                  .outer{
#008                      border:1px dashed #969696;
#009                      overflow: hidden;
#010                  }
#011                  .box{
#012                      background-color: #FAFAF1;
#013                      border:1px dashed #373734;
#014                      width: 50px;
#015                      height: 50px;
#016                      margin:10px;
#017                  }
#018                  .fr{
#019                      float: right;
#020                  }
#021                  .fl{
#022                      float: left;
#023                  }
#024              </style>
#025          </head>
#026          <body>
#027              <div class="outer">
#028                  <div class="box fr">框1</div>
#029                  <div class="box fr">框2</div>
#030                  <div class="box fl">框3</div>
#031              </div>
#032          </body>
#033      </html>
```

上述代码的运行效果如图 7-20 所示。

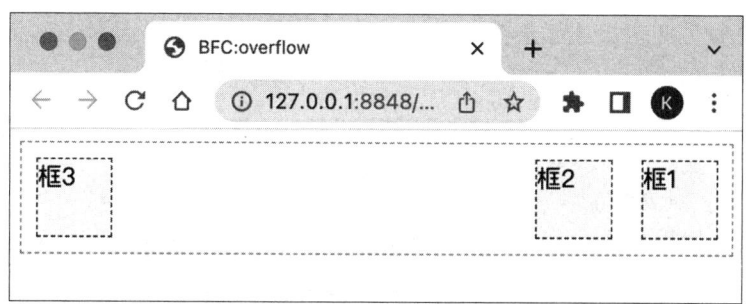

图 7-20 设置 overflow 属性值触发 BFC 的运行效果

😀 目前，我们已经看到 3 种不同触发 BFC 的方式，其实还可以通过绝对定位等其他方式触发 BFC。

7.2　定位简介

如果说通过浮动可以解决平面空间的排版问题，那么通过定位则可以让元素向纵深方向（z轴）发展，形成层级叠加的现象。网页应用和移动应用中的各种弹窗、对话框等效果需要定位功能的支持，随着用户对页面的各种互动和操作需求的不断增长，定位让页面呈现出丰富的交互效果。

7.2.1　定位属性

元素需要使用 CSS 样式的 position 属性，还需要配合 left、right、top、bottom 定位属性来达到特定的定位目的。对于在纵向空间形成的叠加现象，可以通过 z-index 属性调整它们的层叠顺序。表 7-4、表 7-5、表 7-6 展示了它们的属性值及描述。

表 7-4　position 属性值及描述

属性值	描述
static	默认值，静态定位，元素按照标准流进行布局
fixed	固定定位，依据浏览器视口进行偏移
absolute	绝对定位，将对象从标准流中脱离出来，相对于其最近的一个已定位元素（相对/绝对的祖先元素）进行绝对定位；如果不存在这样的祖先元素，则相对于最外层的包含框（body）进行定位
relative	相对定位，相对于自身位置进行偏移

表 7-5　定位属性值及描述

属性值	描述
left	元素左边的偏移量，可取负值
right	元素右边的偏移量，可取负值
bottom	元素下边的偏移量，可取负值
top	元素上边的偏移量，可取负值

表 7-6　z-index 属性值及描述

属性值	描述
auto	默认值，层级与父元素相等
number	指定元素的层级高低。数值越大，层级越高
inherit	继承父元素的 z-index 属性值

> 这里你需要记住 3 点：①常用的定位有 static 静态定位、fixed 固定定位、absolute 绝对定位、relative 相对定位 4 种；②left、right、bottom、top 是 4 个 CSS 属性，也被称为定位属性，可以和 relative、absolute、fixed 属性配合使用，实现坐标定位的效果；③如果定位的元素发生空间上的重叠，则可以通过 CSS 的 z-index 属性实现层级的切换，数值越大，层级越高，如同 PPT "排列"选项中"前移一层"的效果。

7.2.2　静态定位

当 position 属性值取 static 或不设置 position 属性时，元素的默认定位就是静态定位。在静态定位时，元素将按照标准流进行布局，即块级元素、行内元素、行内块元素等不同类型的元素将按照出现的先后顺序及各自的默认特征在网页中进行排列显示。块级元素将会从上往下依次排列，而行内元素和行内块元素将会从左往右依次排列。各元素没有任何移动效果。之前的示例代码都使用了静态定位来布局各元素，在此就不再举例说明了。

7.2.3　固定定位

固定定位

接下来，先介绍相对简单而又实用的固定定位。在很多网页应用或移动应用中，经常会看到不随滚动条滚动而固定不动的元素。例如，京东商城页面中的固定侧边栏（见图 7-21），不管页面滚动到哪里，侧边栏始终出现在页面的相同位置上，从而便于用户操作。从这个常规应用出发，可以定义固定定位的基本概念。

图 7-21　京东商城页面中的固定侧边栏

　　固定定位是相对于浏览器视口（可视窗口）进行定位的。它的位置固定，不会随着网页滚动条的滚动而移动。

因此，固定定位的实现步骤为：①修改定位属性；②通过 left、right、bottom、top 固定位置。

你说得没错，考考你：如果要使用定位属性进行定位，则至少需要 4 个定位属性中的几个才能确定元素的位置？

由于元素是基于盒子模型的，因此在水平方向上和垂直方向上至少各需要一个定位属性。

说得没错，以下是固定定位的示例。

任务 7-6　使用固定定位实现导航悬停

根据固定定位语法和链接锚点的相关知识，实现页面导航悬停的效果。

使用固定定位实现导航悬停

　　本任务的实现代码 7-10 如下。

代码 7-10　页面导航悬停

```
#001    <!DOCTYPE html>
#002    <html>
#003        <head>
#004            <meta charset="utf-8">
#005            <title></title>
#006            <style>
#007                .outer{
#008                    width: 512px;
#009                    border:1px solid #ccc;
#010                    margin:0 auto;
#011                    padding:20px;
#012                    background-color: #fafbfc;
#013                }
#014                .outer img{
#015                    width: 100%;
#016                }
#017
#018                .toolbar{
#019                    position:fixed;
#020                    right:10px;
#021                    top:100px;
#022                }
#023                .toolbarItem{
#024                    background-color: bisque;
#025                    border-top:1px dashed #ccc;
#026                }
#027                .toolbarItem>a{
#028                    text-decoration: none;
#029                    display: inline-block;
#030                    padding:5px 10px;
#031                    color:#F8534D;
#032                }
#033                .toolbarItem>a:hover{
#034                    text-decoration: underline;
#035                }
#036            </style>
#037        </head>
#038        <body>
#039            <div class="outer" id="top">
#040            <h2>建设宜居宜业美丽乡村——权威解读《乡村建设行动实施方案》</h2>
#041            <img src="./images/meili01.jpeg" alt="">
#042            <p>新华社北京 5 月 23 日电 乡村建设是实施乡村振兴战略的重要任务,也是国家现代化建设的重
        要内容。</p>
```

#043

#044　　　　`<p>`中办、国办印发的《乡村建设行动实施方案》23 日对外公布。未来乡村建设建什么？怎么建？建成什么样？记者就热点问题采访了中央农办负责人和有关业内专家。`</p>`

#045　　　　　　`<img src="./images/meili02.jpeg" alt="">`

#046　　　　　　`<h3 id="sec01">`建什么？加强重点领域农村基础设施建设`</h3>`

#047

#048　　　　　　`<p>`全面建设社会主义现代化国家，既要建设繁华的城市，又要建设繁荣的农村。必须把乡村建设摆在社会主义现代化建设的重要位置，切实加强农村基础设施和公共服务体系建设，缩小城乡发展差距。`</p>`

#049　　　　　　`<img src="images/meili03.jpeg"/>`

#050　　　　　　`<p>`方案既聚焦"硬件"又突出"软件"，提出加强道路、供水、能源、物流、信息化、综合服务、农房、人居环境等农村重点领域基础设施建设，改善农村公共服务和乡村治理。`</p>`

#051

#052　　　　　　`<p>`近年来，党中央、国务院出台了一系列政策措施，加快推进农村基础设施建设和公共服务改善，取得了显著成效，乡村面貌发生巨大变化。同时也要看到，农村公共基础设施往村覆盖、往户延伸还存在明显薄弱环节，教育、医疗卫生、养老等公共服务质量还有待提高，与农民群众日益增长的美好生活需要还有差距。`</p>`

#053

#054　　　　　　`<p>`"乡村建设的一个基本目标是改善农村生产生活条件，水平、标准、档次可以因地而异、高低有别，重点是保障基本功能，解决突出问题。"中央农办有关负责人表示，乡村建设行动的重点任务概括起来就是"183"行动："1"就是制定一个规划，确保一张蓝图绘到底；"8"就是实施八大工程，加强道路、供水、能源、物流、信息化、综合服务、农房、农村人居环境等重点领域基础设施建设；"3"就是健全三个体系，改善农村公共服务和乡村治理。`</p>`

#055

#056　　　　　　`<p>`小厕所，大民生。方案提出，实施农村人居环境整治提升五年行动，推进农村厕所革命。落实方案要求，要健全专家技术服务队伍，开展常态化改厕技术服务。对摸排整改情况进行"回头看"，加强日常督促检查。`</p>`

#057

#058　　　　　　`<p>`乡村建设也要顺应数字化、信息化发展趋势。方案提出，实施数字乡村建设发展工程。推进数字技术与农村生产生活深度融合，持续开展数字乡村试点。`</p>`

#059　　　　　　`<img src="./images/meili04.jpeg" alt="">`

#060　　　　　　`<p>`目前，一些地方已经开始探索。浙江省杭州市萧山区驻四川省旺苍县东西部协作工作队探索推出"旺苍县数字乡村"示范平台，下放了 57 项审批事项，形成了一张政务服务大网，有效解决群众办事跑路多、产业服务成效低、村庄治理手段少等乡村治理难题，用数字化手段提升乡村治理水平。`</p>`

#061

#062　　　　　　`<p>`"乡村建设不仅包括乡村的基础设施建设，还包括乡村治理机制培育、乡村产业可持续发展、社会公共服务和乡村文化建设等。"中国农业大学文科讲席教授李小云说，有序推进乡村建设需要坚持可持续发展的理念，从人口、居住、产业、基础设施建设和社会公共服务等方面进行科学规划、有序推进。`</p>`

#063　　　　　　`<img src="./images/meili05.jpg" alt="">`

#064　　　　　　`<h3 id="sec02">`怎么建？坚持乡村建设是为农民而建`</h3>`

#065

#066　　　　　　`<p>`"完善农民参与乡村建设机制""引导农民全程参与乡村建设，保障农民的知情权、参与权、监督权""激发农民主动参与意愿，保障农民参与决策""完善农民参与乡村建设的程序和方法"……从工作导向、实施机制到要素聚集，方案提出的一系列要求体现"坚持乡村建设是为农民而建"的理念。`</p>`

#067

#068　　　　　　`<p>`解决农民群众的问题，还需要发挥农民的主体作用。"在推进乡村建设中，农民群众不仅是受益者，更是重要的参与者、建设者、监督者。方案强调乡村建设是为农民而建，要坚持问需于民、问计于民，

完善农民参与机制，把农民满意作为衡量标准。"农业农村部农村经济研究中心副研究员张斌说。</p>

#069

#070   <p>中央农办有关负责人表示，农民是乡村生产生活的主体，搞乡村建设关键是要把农民组织动员起来，建立自下而上、村民自治、农民参与的实施机制。健全党组织领导的村民自治机制，充分发挥村民委员会、村务监督委员会、农村集体经济组织作用，才能引导农民全程参与乡村建设。</p>

#071   <img src="./images/meili06.jpg" alt="">

#072   <p>北京师范大学中国乡村振兴与发展研究中心主任张琦表示，农民可以干的要尽量交给农民干，比如农村厕所改造、庭院环境卫生和绿化美化等，这些农民户内和房前屋后的事可以放手发动农民群众来干。政府重点做农民干不了、干不好的事，比如农村改厕涉及的供水保障和污水处理、生活垃圾的收集转运和集中处理等。</p>

#073

#074   <p>突出农民主体作用，要激发他们自觉参与乡村建设的内生动力。要健全农民参与乡村建设机制，制定农民参与乡村建设指导意见，编制完善农民参与乡村建设指南，健全程序和方法，总结推广典型经验做法，组织带动农民推进建设。</p>

#075

#076   <h3 id="sec03">建成什么样？不搞大拆大建，保留乡村风貌</h3>

#077

#078   <p>方案指出，"严禁随意撤并村庄搞大社区、违背农民意愿搞大拆大建""不搞齐步走、'一刀切'，避免在'空心村'无效投入、造成浪费""防止超越发展阶段搞大融资、大拆建、大开发，牢牢守住防范化解债务风险底线""既尽力而为又量力而行，求好不求快，干一件成一件，努力让农村具备更好生活条件，建设宜居宜业美丽乡村。"</p>

#079

#080   <p>中央农办负责人表示，实施乡村建设行动，必须坚持数量服从质量、进度服从实效，求好不求快，以普惠性、基础性、兜底性民生建设为重点，逐步使农村基本具备现代生活条件。在目标上，要坚持从实际出发，同地方经济发展水平相适应、同当地文化和风土人情相协调，结合农民群众实际需要，分区分类明确目标任务，合理确定公共基础设施配置和基本公共服务标准。</p>

#081

#082   <p>"望得见山，看得见水，记得住乡愁。"这是"城里人"和"村里人"共同的生活愿景，也是推进乡村建设的应有之义。</p>

#083

#084   <p>方案提出，注重保护，体现特色。传承保护传统村落民居和优秀乡土文化，突出地域特色和乡村特点，保留具有本土特色和乡土气息的乡村风貌，防止机械照搬城镇建设模式，打造各具特色的现代版"富春山居图"。</p>

#085

#086   <p>如今，一些地方已经开始"一面是乡愁、一面是烟火气"的乡村建设探索。在昆明市晋宁区福安村、宜良县麦地冲村，当地政府通过和高校联手，推动村集体合作经济组织和农民共同参股成立资产资源运营公司，提升村容村貌，将老院落、烤烟房改造成民宿、水吧、餐厅，逐步实现"利润留村庄，房舍变客居"，还设置"乡村CEO"岗位来培养乡村振兴专业人才。</p>

#087

#088   <p>未来美丽乡村将呈现怎样的新图景？根据方案，到2025年乡村建设取得实质性进展，农村人居环境持续改善，农村公共基础设施往村覆盖、往户延伸取得积极进展，农村基本公共服务水平稳步提升，农村精神文明建设显著加强，农民获得感、幸福感、安全感进一步增强。</p>

#089

#090   <p>乡村建设涉及领域广、部门多，关键还是要抓落实。方案从责任落实、项目管理、农民参与、运行管护等方面提出乡村建设实施机制。</p>

#091

#092	`<p>`如何确保乡村建设行动取得实效？中央农办负责人表示，围绕强化乡村建设"人、地、钱"要素保障，方案提出了一揽子政策支持措施。其中，包括从财政投入、金融服务、社会力量参与等方面，健全乡村建设多元化投入机制。明确中央财政、中央预算内投资、土地出让收入、地方政府债券等支持乡村建设具体要求，创新金融服务拓宽乡村建设融资渠道，大力引导和鼓励社会力量投入乡村建设。（新华社记者侯雪静 吉哲鹏 于文静 参与采写胡锐）`</p>`
#093	`</div>`
#094	`<div class="toolbar">`
#095	`<div class="toolbarItem"><a href="#top">`回到顶部`</a></div>`
#096	`<div class="toolbarItem"><a href="#sec01">`
#097	建什么
#098	`</a></div>`
#099	`<div class="toolbarItem"><a href="#sec02">`
#100	怎么建
#101	`</a></div>`
#102	`<div class="toolbarItem"><a href="#sec03">`
#103	建成什么样
#104	`</a></div>`
#105	`</div>`
#106	`</body>`
#107	`</html>`

上述代码的运行效果如图 7-22 所示。

图 7-22 页面导航悬停的运行效果

👤 针对.toolbar 类样式，使用 position 属性将其指定为 fixed。同时，配合使用 right、top 定位属性将其定位到页面的相应位置上。这样，无论怎么滚动滚动条，该导航都将脱离普通的标准流，悬停在视口的相应位置上。

7.2.4 绝对定位

🧑 老师，什么又是绝对定位呢？

👤 绝对定位是指相对于距离最近的已定位祖先元素进行的定位。如果元素没有已定位祖先元素，那么它的位置相对于浏览器进行定位。

🧑 听起来好复杂呀。

绝对定位

👤 是的，初学者不太容易理解这个定义。不过，从定义中可以看出，它有两种情况。一种是在其上下文中存在已定位祖先元素，另一种是不存在这样的已定位祖先元素。下面一起先来看不存在已定位祖先元素的情况，如代码 7-11 所示。

代码 7-11 绝对定位

```
#001    <!DOCTYPE html>
#002    <html>
#003        <head>
#004            <meta charset="utf-8">
#005            <title>绝对定位</title>
#006            <style>
#007                .outer{
#008                    background-color: #01FFFF;
#009                }
#010                .box{
#011                    width: 100px;
#012                    height: 50px;
#013                    background-color: #FFE4C4;
#014                    border: 1px dashed #518F93;
#015                }
#016                .box2{
#017                    position: absolute;
#018                    left:20px;
#019                    top:40px;
#020                }
#021            </style>
#022        </head>
#023        <body>
#024            <div class="outer">
#025                <div class="box">div1</div>
#026                <div class="box box2">div2</div>
```

```
#027                    <div class="box">div3</div>
#028            </div>
#029        </body>
#030   </html>
```

为了便于比较，先删除.box2 类样式，可以看到未使用绝对定位的效果，如图 7-23 所示。
接着，加上.box2 类样式，可以看到使用绝对定位的效果，如图 7-24 所示。

图 7-23　未使用绝对定位的效果

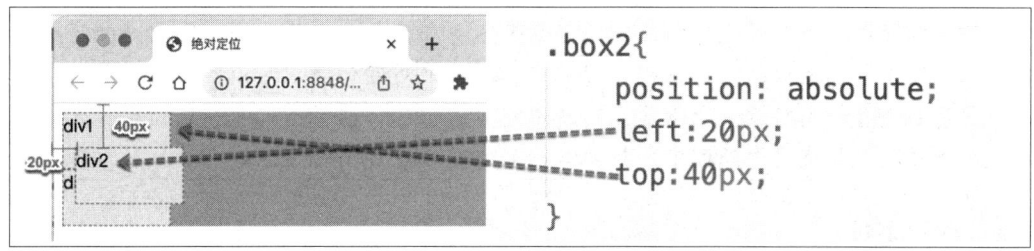

图 7-24　使用绝对定位的效果

在这个例子中，026 行代码针对 div2 添加了.box2 类样式，使其具有绝对定位的效果。
而它的祖先元素，无论是 div.outer 还是 body，均没有添加任何定位。因此，属于不存在已
定位祖先元素的情况。观察此时的绝对定位效果：div2 脱离原来的标准流，配合使用 left
和 top 定位属性将其定位到距离浏览器左边界 20px、距离浏览器上边界 40px 的位置。

当不存在已定位祖先元素时，其元素位置相对于浏览器进行定位，效果比较明显，也不
难理解。我还试了一下，如果只设置绝对定位，而没有 left、top 等定位属性的配合，则元
素会在原来的位置上，但是会脱离标准流。

很好！如果你注释了 011 行代码，则你还能观察到，在不设置宽度、绝对定位后，元素
宽度将由内容撑开（见图 7-25），还具有触发 BFC 等类似浮动特性的效果。

图 7-25　不设置宽度、绝对定位后的元素宽度由内容撑开

原来绝对定位有这么多特性，我来总结一下。

绝对定位的特性如下。

（1）脱离原来的标准流，并提升层级。

（2）如果在其祖先元素中有已定位元素，则就近进行绝对定位；如果不存在这样的祖先元素，则根据浏览器进行绝对定位。

（3）可以使行内元素支持宽度、高度和内边距、外边距等样式效果。

（4）当块级元素不设置宽度时，其宽度由内容撑开。

（5）可以触发 BFC。

根据以上特性，大家可以通过修改上述代码来验证。关于特性（2），目前只介绍了不存在已定位祖先元素的情况。在学习完相对定位后，再来讨论在存在已定位祖先元素的情况下绝对定位的表现特征。

技巧

固定定位是相对于视口的，这意味着即使滚动页面，元素也会固定保持在同一个位置上；而绝对定位与此不同，如果不存在已定位祖先元素，则它是相对于浏览器窗口进行定位的。在选择是固定定位还是绝对定位时，可以牢记以下特性：如果页面垂直方向超过一个屏幕，则使用绝对定位后，拖动滚动条，绝对定位元素会随着文档一起滚动，而固定定位元素则始终显示在原有位置上。

7.2.5 相对定位

相对定位是指元素相对于自身原始位置进行偏移的定位，而偏移量则由 top、right、bottom、left 四个定位属性来实现。如果未指定这些偏移量，则它们的默认值为 0。代码 7-12 演示了相对定位的基本使用及其特性。

代码 7-12 相对定位

```
#001    <!DOCTYPE html>
#002    <html>
#003        <head>
#004            <meta charset="utf-8">
#005            <title>相对定位</title>
#006            <style>
#007                .outer{
#008                    background-color: #01FFFF;
#009                }
#010                .box{
#011                    width: 100px;
#012                    height: 50px;
#013                    display:inline-block;
#014                    margin:5px;
#015                    background-color: #FFE4C4;
```

```
#016                    border: 1px dashed #518F93;
#017               }
#018           .box2{
#019               position: relative;
#020               /* left:20px;
#021               top:40px; */
#022           }
#023       </style>
#024   </head>
#025   <body>
#026     <div class="outer">
#027         <div class="box">div1</div>
#028         <div class="box box2">div2</div>
#029         <div class="box">div3</div>
#030     </div>
#031   </body>
#032 </html>
```

> 👤 图 7-26 所示为不设置偏移量的相对定位效果，从该效果来看，似乎和静态定位没什么区别。打开 020～021 行代码中的注释，观察配合使用 left、top 定位属性后，相对定位的变化。设置偏移量的相对定位效果如图 7-27 所示。

图 7-26　不设置偏移量的相对定位效果

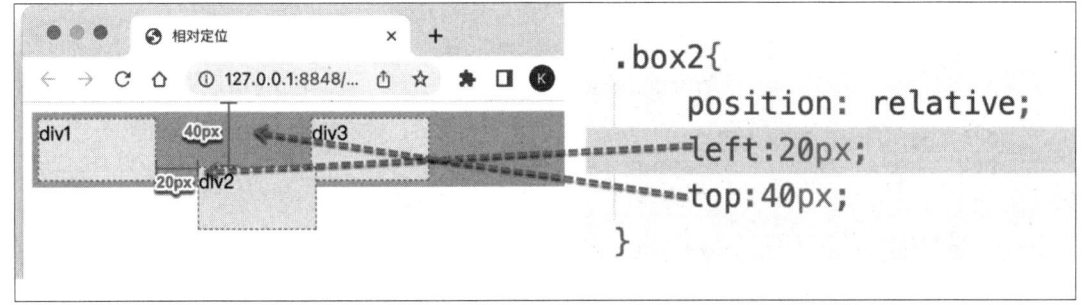

图 7-27　设置偏移量的相对定位效果

从图 7-26、图 7-27 中可以看出，使用相对定位后，如果不设置偏移量，则元素仍然位于其在标准流中的位置上。设置偏移量后，其最终位置相对于原来标准流中的位置进行了偏移。同时，从 div2 和 div3 的遮挡关系中可以看出，相对定位的层级比标准流的层级高。

通过上述分析，可以总结出如下相对定位的特性。

（1）如果只设置相对定位，不设置偏移量，则相对定位元素的位置不会有任何变化。

（2）元素设置相对定位后仍然占据其原有空间，不会脱离标准流。

（3）元素设置相对定位后会提升其层级，与原有标准流元素形成遮挡关系。

（4）在配合定位属性时，元素的偏移位置相对于原来元素在标准中的位置。

> 与固定定位、绝对定位相比，相对定位不会脱离标准流，因此其他元素不会受到相对定位元素的影响，仍然按照原有的位置排列。相对定位元素会提升一个层级，并具有由自身偏移量计算的参考系，这就可以使其成为一个已定位元素。就好像拥有一个局部坐标系来定义它的子元素，其所有子元素在定位时将参考这个局部坐标系。

> 原来已定位元素是这么来的，除了相对定位元素可以作为已定位元素。设置了其他定位方式的元素也可以成为已定位元素吗？

> 除了默认的静态定位，父元素使用绝对定位、相对定位、固定定位都属于已定位情况。结合前面绝对定位的定义，此时，子元素使用绝对定位，使用的是父元素的局部坐标系。下面结合任务 7-7 来演示绝对定位、相对定位的综合应用。

任务 7-7　精品课程封面的制作

> 根据如图 7-28 所示的制作效果，使用定位的相关知识，利用"父元素的相对定位+子元素的绝对定位"的技巧，实现快速局部区域定位，完成精品课程封面的制作。

精品课程封面
的制作

图 7-28　精品课程封面的制作效果

本任务的实现代码 7-13 如下。

代码 7-13　精品课程封面的制作

```
#001    <!DOCTYPE html>
#002    <html>
#003    <head>
#004    <meta charset="utf-8">
#005    <title>JavaCourse</title>
#006    <style>
#007        .outer{
#008            width: 300px;
```

```
#009          }
#010      .course{
#011          width: 100%;
#012          position: relative;
#013          overflow: hidden;
#014      }
#015      .course:hover{
#016          box-shadow: 0 1px 5px 1px rgb(62,62,62,0.3);
#017      }
#018      .course .img-wrap{
#019          height: 162px;
#020          overflow: hidden;
#021      }
#022      .course img{
#023          max-width: 100%;
#024          transition:all 0.6s;
#025      }
#026      .course img:hover{
#027          transform: scale(1.3);
#028      }
#029
#030      div.tag{
#031          width: 120px;
#032          background-color: #4c98ff;
#033          color:#fff;
#034          text-align: center;
#035          position: absolute;
#036          right:-22px;
#037          top:26px;
#038          transform: rotate(45deg);
#039          font-size: 14px;
#040      }
#041      .course-term,.course-status,.teacher-school{
#042          font-size: 13px;
#043          color:#333;
#044          padding:0px 15px;
#045          display: flex;
#046          justify-content: space-between;
#047      }
#048      .title{
#049          font-weight: 800;
#050      }
#051      .term-year{
#052          background: url("images/autumn.svg") no-repeat left top;
```

```
#053          width: 66px;
#054          height: 20px;
#055          line-height: 20px;
#056       }
#057     .year{
#058          color:#dc5704;
#059          font-size: 14px;
#060          font-weight: 400;
#061          padding-left: 10px;
#062     }
#063     .term{
#064          color:white;
#065          padding: 3px;
#066          font-size: 13px;
#067     }
#068     .status{
#069          color:blue;
#070     }
#071     .course-status img{
#072          max-width: 16px;
#073          margin-right: 5px;
#074     }
#075     .teacher{
#076          display: flex;
#077          align-content: center;
#078
#079     }
#080     .teacher img{
#081          max-width: 16px;
#082          margin-right: 5px;
#083     }
#084
#085  </style>
#086  </head>
#087
#088  <body>
#089     <div class="outer">
#090         <div class="course">
#091            <div class="img-wrap"><img src="./images/cover.png" alt=""></div>
#092            <div class="tag"><span class="title">省级精品</span></div>
#093            <p class="course-term">
#094                <span class="title">Java 程序设计</span>
#095                <span class="term-year">
#096                    <span class="year">2021</span>
```

```
#097                        <span class="term">秋</span>
#098                    </span>
#099                </p>
#100            <p class="course-status">
#101                <span class="status">正在开课</span>
#102                <span class="num">
#103                    <img src="images/people.png" alt="">472</span>
#104            </p>
#105            <p class="teacher-school">
#106                <span class="teacher">
#107                    <img src="images/teacherHeader.png" alt="">
#108                    <span class="t-name">郑哲</span>
#109                </span>
#110                <span class="school">宁波城市职业技术学院</span>
#111            </p>
#112        </div>
#113    </div>
#114 </body>
#115 </html>
```

👤 图 7-28 中右上角的"省级精品"标注是通过"父元素的相对定位+子元素的绝对定位"的技巧实现的局部坐标系快速定位。具体做法是，首先在 012 行代码中使用"position:relative;"构建一个已定位祖先元素，然后在 035 行代码中将其子元素指定为绝对定位，并通过 top、right 定位属性将其置于右上角。通过 038 行代码中的 transform 属性进行变形，利用 rotate()函数实现 45 度旋转。

❓ 代码中还出现了 scale()函数、transition 属性等，它们分别有什么作用？

👤 transform 是变形属性，提供了 scale()、rotate()、translate()等函数，而 transition 则是用来实现过渡效果的属性。我们将在项目 9 中讲述它们的具体使用方法，这里可以先模仿这些代码，学习完项目 9 后再体会它们的实际含义。

💡 **技巧**

　　利用"父元素的相对定位+子元素的绝对定位"的技巧可实现局部坐标系内的快速定位效果。

7.3　综合案例

任务 7-8　圣杯布局

 圣杯布局是一种常见的三列布局形式，其左、右两列为固定宽度（假定左侧栏宽度为 150px，右侧栏宽度为 200px），中间列的宽度会根据浏览器自适应。请利用所学知识，完成如图 7-29 所示的圣杯布局效果。

圣杯布局

图 7-29   圣杯布局效果

👤 圣杯布局源于一篇文章 "In Search of the Holy Grail"。"圣杯"在西方文字中是"渴求之物"的意思。要实现上述布局效果，可以利用浮动、margin 负值和定位等相关知识，并通过一些制作技巧来完成。首先，为了优先渲染中间列（往往是页面中的主要部分），可以对 HTML 代码进行如下构建（见代码 7-14）。

代码 7-14   圣杯布局

```
#001    <!DOCTYPE html>
#002    <html>
#003        <head>
#004            <meta charset="utf-8">
#005            <title>圣杯布局</title>
#006            <style>
#007                html{height: 100%;}
#008                body{
#009                    margin:0;/*去除默认外边距*/
#010                    height: 100%;
#011                }
#012                .outer{
#013                    margin:0 auto;/*居中*/
#014                    height: 100%;
#015                }
#016                .main{
#017                    float:left;
#018                    width: 100%;/*自适应填满父容器的宽度*/
#019                    height: 300px;
#020                    background-color: #FFE4C4;
#021                }
#022                .left{
#023                    float: left;
#024                    width: 150px;
#025                    height: 200px;
#026                    background-color: #01FFFF;
#027                    border:1px dashed #518F93;
#028                }
```

```
#029              .right{
#030                   float: left;
#031                   width: 200px;
#032                   height: 200px;
#033                   background-color: #01FFFF;
#034                   border:1px dashed #518F93;
#035              }
#036          </style>
#037      </head>
#038      <body>
#039          <div class="outer">
#040              <div class="main">main-content</div>
#041              <div class="left">left-column</div>
#042              <div class="right">right-column</div>
#043          </div>
#044      </body>
#045  </html>
```

设置浮动后的运行效果如图 7-30 所示。

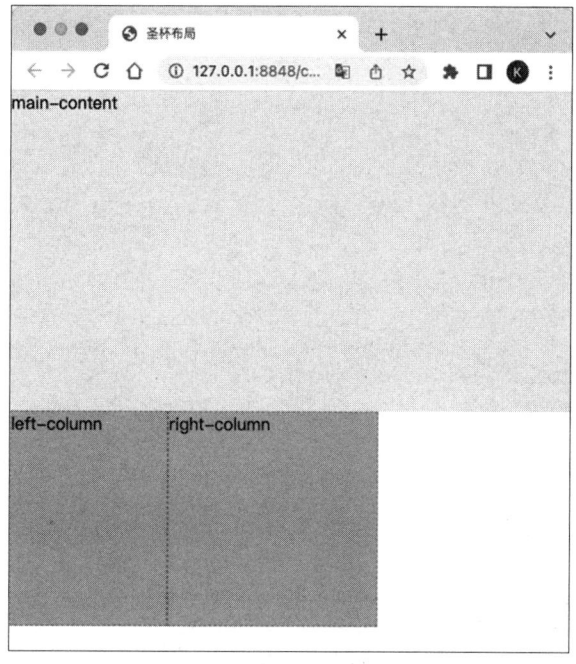

图 7-30　设置浮动后的运行效果

> 要想将左、右两列定位到相应位置上，可以设置 margin 负值。对 left-column、right-column 元素添加如下两条样式规则语句，可以得到如图 7-31 所示的效果。

```
.left{
    …
    margin-left:-100%;
}
```

```
.right{
…
    margin-left:-202px;
}
```

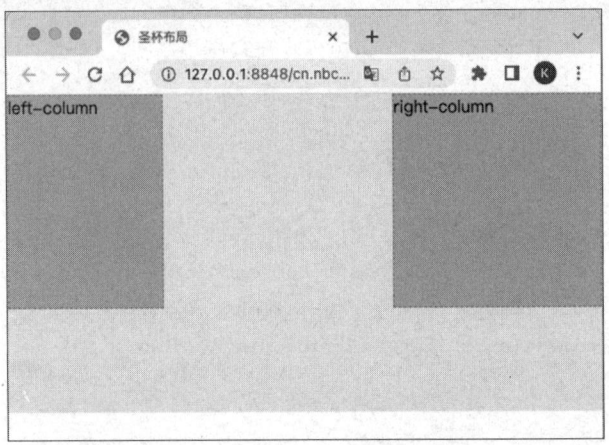

图 7-31　设置 margin 负值的效果

👤 这里将 margin-left 属性值设置为–202px 是因为除了需要加上盒子自身的宽度 200px，还需要加上两侧的边线宽度 1px。随后，根据左、右两列的宽度设置.outer 类的 padding 属性，效果如图 7-32 所示。

```
.outer{
…
    padding-left: 150px;
    padding-right:200px;
}
```

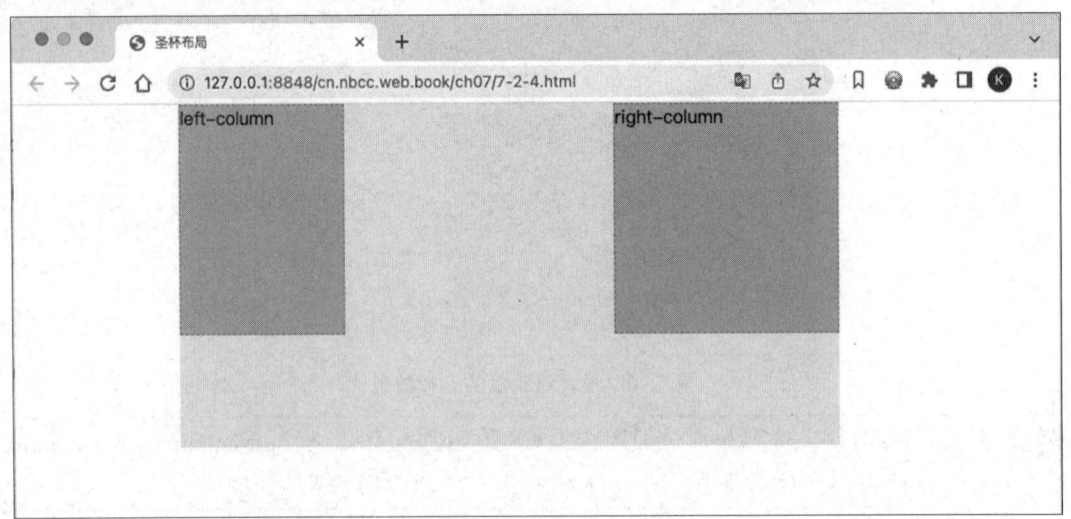

图 7-32　设置.outer 类的 padding 属性的效果

👤 最后，利用相对定位的特性，左列相对于当前位置向左移动，其偏移量为自身宽度；而右列相对于当前位置向右移动，其偏移量也为自身宽度，效果如图 7-33 所示。

```
.left{
…
    position: relative;
    left:-150px;
}
.right{
…
    position: relative;
    right:-200px;
}
```

图 7-33   左、右两列相对于当前位置的移动效果

> 你也可以将 3 列的垂直高度都设置为 "height:100%"，以填满整个父容器高度，得到更加完整的圣杯布局，如图 7-34 所示。

图 7-34   更加完整的圣杯布局

以下是圣杯布局的完整代码，如代码 7-15 所示。

代码 7-15　圣杯布局的完整代码

```
#001  <!DOCTYPE html>
#002  <html>
#003      <head>
#004          <meta charset="utf-8">
#005          <title>圣杯布局</title>
#006          <style>
#007              html{height: 100%;}
#008              body{
#009                  margin:0;           /*去除默认外边距*/
#010                  height: 100%;
#011              }
#012              .outer{
#013                  margin:0 auto;      /*居中*/
#014                  height: 100%;
#015                  padding-left:150px;
#016                  padding-right:200px;
#017              }
#018              .main{
#019                  float:left;
#020                  width: 100%;        /*自适应填满父容器的宽度*/
#021                  /* height: 300px; */
#022                  height: 100%;
#023                  background-color: #FFE4C4;
#024              }
#025              .left{
#026                  float: left;
#027                  width: 150px;
#028                  /* height: 200px; */
#029                  height: 100%;
#030                  background-color: #01FFFF;
#031                  border:1px dashed #518F93;
#032                  margin-left:-100%;
#033                  position: relative;
#034                  left:-150px;
#035              }
#036              .right{
#037                  float: left;
#038                  width: 200px;
#039                  /* height: 200px; */
#040                  height: 100%;
#041                  background-color: #01FFFF;
#042                  border:1px dashed #518F93;
#043                  margin-left:-202px;
```

```
#044                    position: relative;
#045                    right:-200px;
#046                }
#047        </style>
#048    </head>
#049    <body>
#050        <div class="outer">
#051            <div class="main">main-content</div>
#052            <div class="left">left-column</div>
#053            <div class="right">right-column</div>
#054        </div>
#055    </body>
#056 </html>
```

任务 7-9 双飞翼布局

📝双飞翼布局源于淘宝的 UED，灵感来自页面渲染，它将左、右两列的固定列宽比喻成小鸟的两个翅膀，是对页面的形象表示，效果如图 7-35 所示。通常，认为它是圣杯布局的改进版。

双飞翼布局

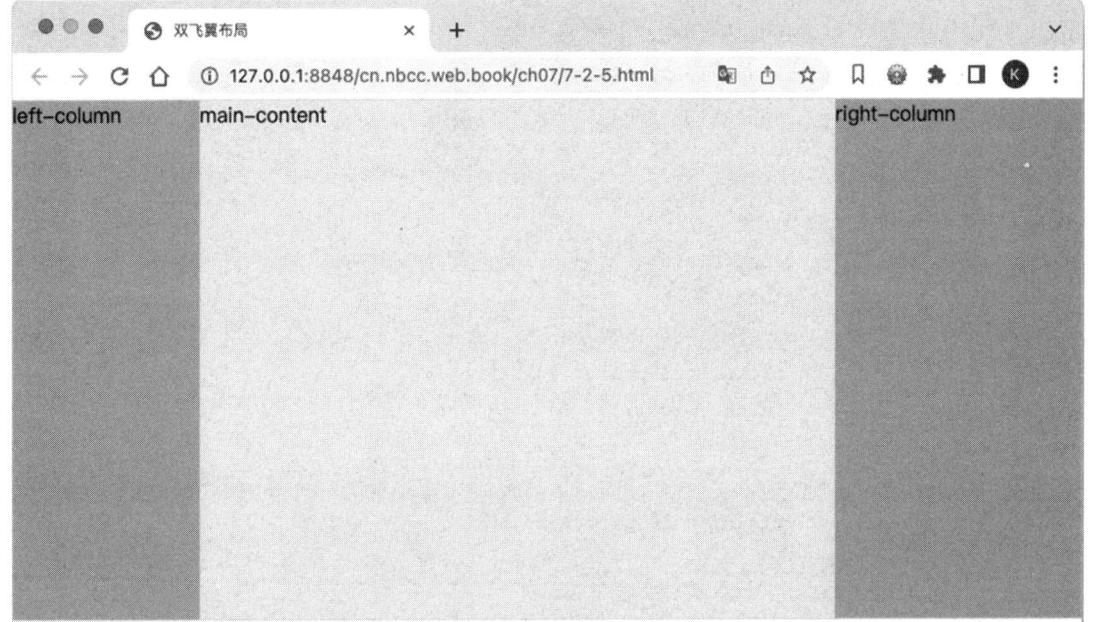

图 7-35 双飞翼布局效果

👨双飞翼布局和圣杯布局的思想有些相似，都利用了浮动和 margin 负值，但双飞翼布局在圣杯布局的基础上做了改进，在 main 元素上添加了一层 div 并设置 margin 值。由于左、右两列的 margin 负值都是相对于 main-wrap 元素的，main 元素的 margin 值变化不会影响它们，因此省略了对左、右两列设置相对布局的步骤。本任务的实现代码 7-16 如下。

代码 7-16　双飞翼布局

```
#001    <!DOCTYPE html>
#002    <html>
#003        <head>
#004            <meta charset="utf-8">
#005            <title>双飞翼布局</title>
#006            <style>
#007                html,body{
#008                    height: 100%;
#009                    margin: 0;
#010                }
#011                .main-wrap {
#012                    float: left;
#013                    width: 100%;
#014                    background-color: #FFE4C4;
#015                    height: 100%;
#016                }
#017                .left {
#018                    float: left;
#019                    width: 150px;
#020                    margin-left: -100%;
#021                    background-color: #01FFFF;
#022                    height: 100%;
#023                }
#024                .right {
#025                    float: left;
#026                    width: 200px;
#027                    margin-left: -200px;
#028                    background-color: #01FFFF;
#029                    height: 100%;
#030                }
#031                .main {
#032                    margin: 0 200px 0 150px;
#033                }
#034            </style>
#035        </head>
#036        <body>
#037            <div class="main-wrap">
#038                <div class="main">main-content</div>
#039            </div>
#040            <div class="left">left-column</div>
#041            <div class="right">right-column</div>
#042        </body>
#043    </html>
```

从上述代码中可以看出，双飞翼布局的精髓其实和圣杯布局的一样，都是通过设置 margin 负值来实现元素布局的。不同的就是 HTML 结构，双飞翼布局在 main-wrap 元素内部又设置了一层 main 元素，并设置了它的左、右 margin 值；而圣杯布局是通过 padding 属性来消除两边元素的覆盖的。因此这两种布局原理基本一样，关键就在于设置 margin 负值的技巧和元素浮动的相对定位技巧。

任务 7-10 绝对居中布局

元素绝对居中是一种常见的布局效果。图 7-36、图 7-37 分别展示了淘宝 App 和美团 App 中元素绝对居中的布局效果。请利用所学知识，模拟元素绝对居中的布局效果，假设对话框的宽度和高度分别为 200px、300px。

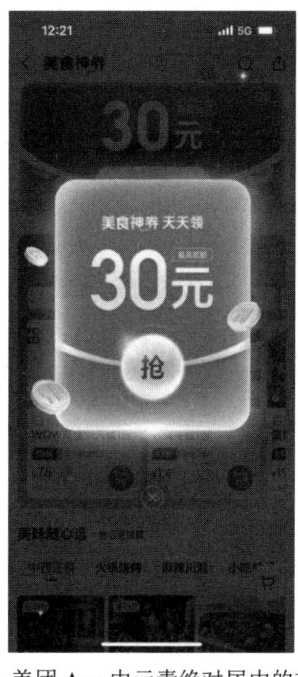

绝对居中布局

图 7-36 淘宝 App 中元素绝对居中的布局效果　　图 7-37 美团 App 中元素绝对居中的布局效果

要想让元素水平或垂直居中，就需要使元素的中心与父元素的中心重合。这个问题的关键是父容器的尺寸是不固定的（如不同的手机尺寸，其显示屏的尺寸是不同的）。

那就不同于使用相对父容器进行具体数值的定位了。

你说得没错，可以考虑使用百分比。请看下面的代码 7-17。

代码 7-17 绝对居中布局

```
#001    <!DOCTYPE html>
#002    <html>
#003        <head>
#004            <meta charset="utf-8">
#005            <title>绝对居中布局</title>
```

```
#006            <style type="text/css">
#007          html,body{
#008               margin:0;
#009               height:100%;
#010          }
#011          .outer{
#012               background-color: #FFE4C4;
#013               height: 100%;
#014
#015          }
#016          div.mask{
#017               position:absolute;
#018               left:0;
#019               top:0;
#020               width: 100%;
#021               height: 100%;
#022               opacity:0.3;
#023               background-color: #000;
#024          }
#025          .dialog{
#026               width: 300px;
#027               height: 400px;
#028               position:absolute;
#029               top:50%;
#030               left:50%;
#031          }
#032          .dialog img{
#033               width: 100%;
#034          }
#035        </style>
#036      </head>
#037      <body>
#038        <div class="outer">
#039          <div class="dialog">
#040               <img src="./images/dialog-img.png">
#041          </div>
#042          <div class="mask"></div>
#043        </div>
#044      </body>
#045    </html>
```

上述代码的运行效果如图 7-38 所示。

图 7-38　使用绝对居中布局的运行效果

> 👨 016～024 行代码对遮罩层使用绝对定位，让其充满整个浏览器，并将 opacity 属性值设置为 0.3，从而实现半透明效果。025～031 行代码通过绝对定位，并设置百分比将对话框置于窗体的中心。

> 👦 可是对话框没有绝对居中啊，这是什么原因呢？

> 👨 这是因为对话框是相对于左上角进行偏移定位的，如图 7-39 所示。要想让它绝对居中，还需要进行最后一步操作。

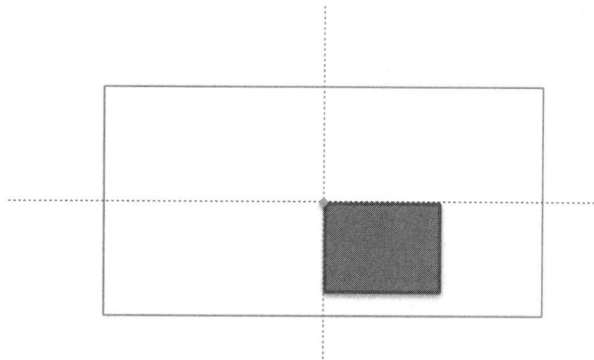

图 7-39　相对于左上角进行偏移定位

> 👦 可以使用 margin 负值！下面是我修改的代码，其效果如图 7-40 所示。

```
.dialog{
…
        margin-top:-200px;
        margin-left:-150px;
}
```

图 7-40　使用 margin 负值的居中效果

非常好！但是这里对话框也受到了遮罩的影响，可以通过 z-index 属性来调整两者的顺序。

以下是绝对居中布局的完整代码，如代码 7-18 所示。

代码 7-18　绝对居中布局的完整代码

```
#001    <!DOCTYPE html>
#002    <html>
#003        <head>
#004            <meta charset="utf-8">
#005            <title>绝对居中布局</title>
#006            <style type="text/css">
#007                html,body{
#008                    margin:0;
#009                    height:100%;
#010                }
#011                .outer{
#012                    background-color: #FFE4C4;
#013                    height: 100%;
#014                }
#015                div.mask{
#016                    position:absolute;
#017                    left:0;
#018                    top:0;
#019                    width: 100%;
#020                    height: 100%;
#021                    opacity:0.3;
#022                    background-color: #000;
```

```
#023                }
#024            .dialog{
#025                width: 300px;
#026                height: 400px;
#027                position:absolute;
#028                top:50%;
#029                left:50%;
#030                margin-top:-200px;
#031                margin-left:-150px;
#032                z-index:999;
#033            }
#034            .dialog img{
#035                width: 100%;
#036            }
#037        </style>
#038    </head>
#039    <body>
#040        <div class="outer">
#041            <div class="dialog">
#042                <img src="./images/dialog-img.png">
#043            </div>
#044            <div class="mask"></div>
#045        </div>
#046    </body>
#047 </html>
```

绝对居中布局的最终运行效果如图 7-41 所示。

图 7-41　绝对居中布局的最终运行效果

任务 7-11　京东秒杀模块的制作

京东秒杀模块
的制作

根据如图 7-42 所示的效果，使用定位的相关知识完成京东秒杀模块的制作。

图 7-42　京东秒杀模块的制作效果

本任务的实现代码 7-19 如下。

代码 7-19　京东秒杀模块的制作

```
#001   <!DOCTYPE html>
#002   <html>
#003   <head>
#004   <meta charset="utf-8">
#005   <title>无标题文档</title>
#006       <style type="text/css">
#007           *{
#008               margin: 0px;
#009               padding:0px;
#010               font:12px/1.5 "微软雅黑", Tahoma, Arial, Harrington, "sans-serif"
#011           }
#012           a{
#013               text-decoration: none;
#014               color:#666;
#015           }
#016           a:hover{
#017               color:#c81623;
#018           }
#019           .container{
#020               overflow: hidden;
#021   /*          border:1px solid red;*/
#022           }
#023           .item{
#024               float:left;
#025               width: 190px;
#026               height: 275px;
#027               border:1px solid #eee;
#028           }
#029           .ms{
```

```
#030              background-color: #e83632;
#031              color:#fff;
#032              text-align: center;
#033          }
#034          .ms .title{
#035              font-size: 34px;
#036              margin: 15px;
#037          }
#038          .ms .subtitle{
#039              font-size: 20px;
#040              color:rgba(255,255,255,0.5);
#041              margin-bottom: 10px;
#042          }
#043          .ms .icon{
#044              width: 20px;
#045              height: 33px;
#046              display: block;
#047              background-image: url("./images/sprite.seckill.png");
#048              background-position: -35px -25px;
#049              margin:0 auto 20px;
#050          }
#051          .ms .desc{
#052              font-size: 16px;
#053              margin:10px;
#054          }
#055          .ms .clock span{
#056              display: inline-block;
#057              width: 40px;
#058              height: 40px;
#059              background-color: #2f3430;
#060              font-size: 20px;
#061              line-height: 40px;
#062          }
#063          .product-link{
#064              display: block;
#065              height: 100%;
#066              text-align: center;
#067              padding-top:39px;
#068          }
#069          .product-desc{
#070              white-space: nowrap;
#071              width: 160px;
#072              overflow: hidden;
#073              text-overflow: ellipsis;
```

```
#074                    margin:0 auto;
#075            }
#076        .price{
#077            width: 160px;
#078            height: 20px;
#079            background-color: #e6382f;
#080            margin:20px auto;
#081            padding: 1px;
#082        }
#083
#084        .price span{
#085            width: 78px;
#086            height: 20px;
#087            font-size: 14px;
#088            display: inline-block;
#089        }
#090        .price .price-new{
#091            line-height: 20px;
#092            color:#fff;
#093
#094        }
#095        .price .price-origin{
#096
#097            color:#b7bcb8;
#098            background-color: #fff;
#099        }
#100    </style>
#101 </head>
#102
#103 <body>
#104    <div class="container">
#105        <div class="item ms">
#106            <h2 class="title">京东秒杀</h2>
#107            <h3 class="subtitle">FLASH DEALS</h3>
#108            <i class="icon"></i>
#109            <p class="desc">本场距离结束时间</p>
#110            <div class="clock">
#111                <span class="hour">23</span>
#112                <span class="minute">59</span>
#113                <span class="second">20</span>
#114            </div>
#115        </div>
#116        <div class="item">
#117            <a href="#" class="product-link">
```

```
#118                          <img src="./images/pic01.jpg" >
#119                          <p class="product-desc">合生元(BIOSTIME)儿童婴幼儿益生菌冲剂
1.5g*30 袋 （0～7 岁）益生元 免疫调节 法国原装进口直供</p>
#120
#121                          <div class="price">
#122                               <span class="price-new">138.00</span>
#123                               <span class="price-origin">208.00</span>
#124                          </div>
#125                     </a>
#126
#127                </div>
#128           <div class="item">
#129
#130           <a href="#" class="product-link">
#131
#132                          <img src="./images/pic02.jpg" >
#133                          <p class="product-desc">索尼（SONY） WH-1000XM2 无线蓝牙耳机 头戴式
智能主动降噪 Hi-Res1000X 二代 黑色</p>
#134
#135                          <div class="price">
#136                               <span class="price-new">1599.00</span>
#137                               <span class="price-origin">2899.00</span>
#138                          </div>
#139                     </a>
#140           </div>
#141           <div class="item">
#142           <a href="#" class="product-link">
#143
#144                          <img src="./images/pic03.jpg" >
#145                          <p class="product-desc">艾戈勒（agelocer）博世新款瑞士原装进口手表男
士时尚镂空雕花全自动机械表超长动能潮男腕表 银白精钢皮带 80 小时动能 5401A1</p>
#146
#147                          <div class="price">
#148                               <span class="price-new">2097.00</span>
#149                               <span class="price-origin">4380.00</span>
#150                          </div>
#151                     </a>
#152           </div>
#153           <div class="item">
#154
#155           <a href="#" class="product-link">
#156
#157                          <img src="./images/pic04.jpg" >
#158                          <p class="product-desc">合生元（BIOSTIME）儿童益生菌粉(益生元)奶味 26
```

袋装（0～7 岁宝宝婴儿幼儿　法国进口活性益生菌 ）</p>

```
#159
#160                    <div class="price">
#161                        <span class="price-new">155.00</span>
#162                        <span class="price-origin">176.00</span>
#163                    </div>
#164                </a>
#165            </div>
#166        </div>
#167    </body>
#168 </html>
```

7.4　小结

　　浮动和定位常用于网页的个性化布局中，是静态网页制作中非常重要的概念。通过本项目的学习，我们可以掌握与浮动和定位相关的知识，同时需要重点掌握网页的标准流特性、浮动的相关特性及清除浮动的常用方法。7.2 节介绍了静态定位、固定定位、绝对定位、相对定位的特性及应用案例，我们需要熟练掌握它们的特性及常用的应用写法，以为后续复杂页面布局打好基础。

7.5　作业

一、选择题

　　1．在如图 7-43 所示的京东商城页面中，随着页面滚动条向下滚动，侧边栏的位置不变，这样的效果是使用了（　　）。

图 7-43　京东商城页面

　　A．固定定位　　　　　　B．相对定位　　　　　C．绝对定位　　　　D．静态定位

　　2．标准流中的默认定位是（　　）。

　　A．固定定位　　　　　　B．相对定位　　　　　C．绝对定位　　　　D．静态定位

　　3．浮动最初的用途是（　　）。

　　A．制作导航　　　　　　　　　　　　B．实现图文混排

C. 解决父容器高度坍塌的问题　　　　　D. 影响行内元素的尺寸

4. 关于浮动，说法错误的是（　　　）。

A. 浮动元素会脱离原来的标准流

B. 不论是块级元素还是行内元素，只要是浮动元素都可以指定其宽度、高度

C. 不论是块级元素还是行内元素，只要是非静态元素都可以指定其宽度、高度

D. 通过对浮动元素设置 overflow 属性值可以触发 BFC

5. 将父容器设置为相对定位，下面关于子元素的说法中正确的是（　　　）。

A. 如果将子元素设置为绝对定位，则该元素相对于该父容器进行定位

B. 如果将子元素设置为绝对定位，则该元素始终相对于浏览器窗口进行定位

C. 只有绝对定位元素才能配合使用 left、right、bottom、top 定位属性

D. 如果将子元素设置为固定定位，则该元素相对于父容器进行固定

二、操作题

根据如图 7-44 所示的效果，制作一个登录框，并使用定位将其居中显示。

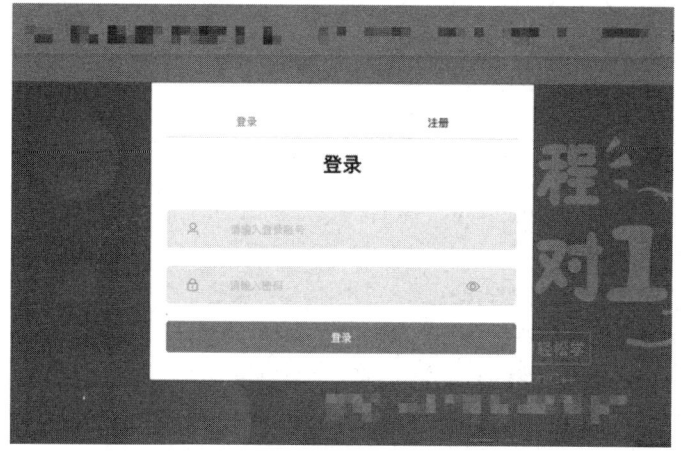

图 7-44　居中显示的登录框

三、项目讨论

讨论主题

　　使用所学知识，以美丽乡村为主题，帮助你所在的城市设计和规划一个网页。试讨论你的做法、思路及特点！

项目 8

Flex 布局

思政课堂

网页应用技术是当今数字化时代的重要组成部分，它与 ChatGPT、AIGC 等技术的结合，为各行业带来了巨大的变革。ChatGPT 和 AIGC 等技术通过自然语言处理和机器学习算法实现了更加智能化的交互体验，而网页应用技术则为这些技术提供了展示和应用的平台，使得它们能够更好地服务于各领域。随着技术的不断发展，网页应用技术将与 ChatGPT、AIGC 等技术更加紧密地结合，为各行业带来更加智能、高效的应用体验。

学习目标

- 了解 Flex 布局的基本概念
- 掌握 Flex 布局的特点
- 掌握 Flex 容器的相关属性
- 掌握常用的 Flex 布局技巧
- 掌握 Flex 子项的使用方法

技能目标

- 能正确使用 Flex 布局实现主轴元素布局控制
- 能正确使用 Flex 布局实现交叉轴元素布局控制
- 能应用 Flex 样式属性调整子项样式

素养目标

- 培养精益求精的工匠精神
- 培养勇于探索、崇尚科学的学习品质
- 培养高尚的审美情趣

8.1　Flex 布局简介

Flex 是 flexible box 的缩写，意为"弹性布局"。它是一种对元素进行按行或按列布局的常用布局手法，常被理解为一种一维布局手法。使用 Flex 布局的元素可以通过相应的 grow 样式属性来抓取填充额外的容器空间。图 8-1 演示了当容器窗口从 100px 到 300px 横向扩展时，使用弹性布局可以让元素 1、元素 3 在大小保持不变的情况下，由元素 2 扩展所有额外空间的效果。图 8-2 演示了当容器窗口从 100px 到 300px 纵向扩展时，元素 1、元素 3 大小保持不变，由元素 2 扩展所有额外空间的效果。同样地，也可以通过 shrink 样式属性在容器窗口收缩时得到合适的收缩效果。这正是弹性布局的要义。

Flex 布局简介

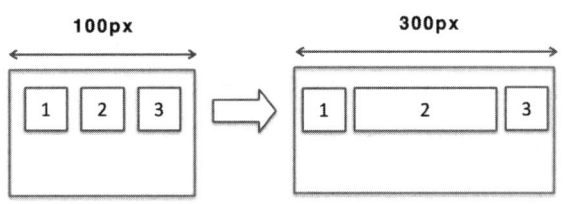

图 8-1　弹性布局的横向扩展效果

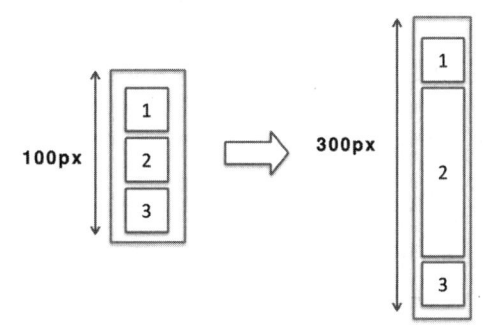

图 8-2　弹性布局的纵向扩展效果

8.2　Flex 布局的相关术语

采用 Flex 布局的元素被称为 Flex 容器（flex container），简称"容器"，如图 8-3 所示。它的所有子元素都被称为 Flex 子项（flex item），简称"子项"。在默认情况下，Flex 容器的子项按照主轴（main axis）横向排列，左侧为主轴的起点（main start），右侧为主轴的结束点（main end）。与主轴正交的轴被称为交叉轴（cross axis），它的默认起点（cross start）在上方、终点（cross end）在下方。每个子项占据主轴空间的宽度被称为 main size，占据交叉轴空间的宽度被称为 cross size。

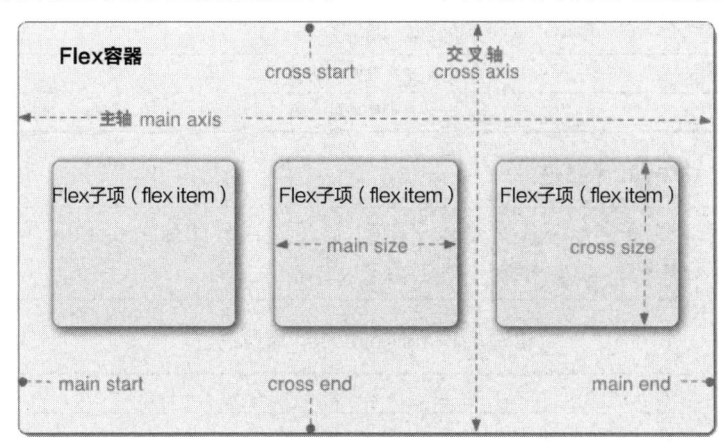

图 8-3　Flex 容器

8.3 Flex 容器

在使用 Flex 布局时，首先需要将盒子模型的 display 显示属性设置为 Flex 布局。任何一个容器都可以被指定为 Flex 布局。

对于块级元素，可以使用下面的语法。

```
display:flex;
```

对于行内元素，可以使用下面的语法。

```
display:inline-flex;
```

 良好的编程习惯

对于 WebKit 内核的浏览器，可以通过加上"-webkit"前缀来实现兼容性。

```
.box{
    display:-webkit-flex; /* Safari*/
    display:flex;
}
```

需要特别注意的是，当设置了 Flex 布局之后，子元素中的 float、clear、vertical-align 等样式属性将失效。

8.3.1 Flex 容器的相关属性

要想正确使用 Flex 布局，需要掌握 Flex 容器的相关属性。Flex 容器常见的 6 个属性如表 8-1 所示。

表 8-1 Flex 容器常见的 6 个属性

属性名	描述
flex-direction	调整布局方向（指定主轴的方向）
flex-wrap	控制是否换行
flex-flow	综合样式属性，是 flex-direction 属性和 flex-wrap 属性的组合
justify-content	定义主轴对齐方式
align-items	定义交叉轴对齐方式
align-content	定义多根轴线的对齐方式，如果只有一根轴线，则该属性不起作用

8.3.1.1 flex-direction 属性

flex-direction 属性语法如下（见语法 8-1）。使用不同的 flex-direction 属性值可以改变主轴的方向，从而调整整个布局方向，效果如图 8-4 所示。

语法 8-1 flex-direction 属性语法

定义语法
flex-direction:row|row-reverse|column|column-reverse

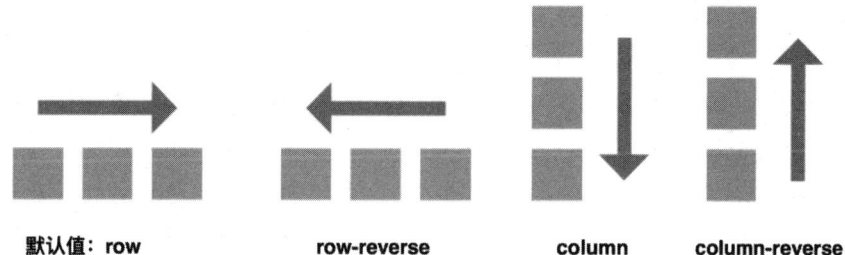

默认值：row　　　　　row-reverse　　　　column　　　column-reverse

图 8-4　使用不同 flex-direction 属性值的效果

可以看到将属性值设置为 row 时，主轴在水平方向上自左向右布局；当属性值设置为 column 时，主轴在垂直方向上，自上而下布局。加了"-reverse"的属性值会产生逆向的布局方式。

8.3.1.2　flex-wrap 属性

flex-wrap 属性用来控制子项在 Flex 容器中的换行情况，它的属性值如表 8-2 所示。

表 8-2　flex-wrap 属性值

属性值	描述
nowrap	默认值，不换行
wrap	换行，当子项在父容器中宽度不足时自动换行
wrap-reverse	逆向换行，换行方向与轴方向相反

下面我们做一个实验，这里设置子项为宽度是 50px、高度是 50px 的正方形，当父容器宽度大于 300px 时，它的所有子项如何排列？

可以看到，在默认情况下，Flex 容器中的子项都排列在一根轴线上。当容器足以承载所有子项宽度时，子项正常显示，如图 8-5 所示。

不断缩小容器宽度，当容器宽度小于 250px，不足以显示所有子项宽度（50px×5）时，子项如何变化？

可以看到，子项并不会换行，而是弹性地缩小其水平空间的尺寸，每个子项的实际宽度都不足 50px，如图 8-5 所示。

缩小容器

图 8-5　子项默认不换行

如果要保持子项的原有尺寸，则可以通过在容器中设置 flex-wrap:wrap 来实现换行，效果如图 8-6 所示。

在默认情况下，换行方向为交叉轴的正方向（即自上而下），可以设置 flex-wrap:wrap-reverse 将换行方向指定为交叉轴的逆方向（即自下而上），效果如图 8-7 所示。

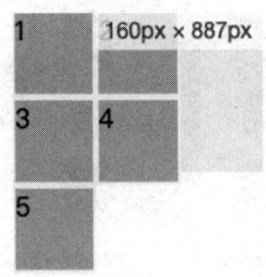

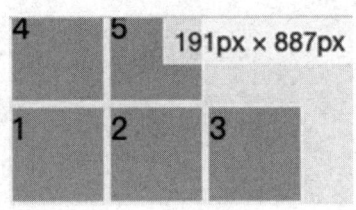

图 8-6　设置 flex-wrap:wrap 后子项的换行效果　　图 8-7　设置 flex-wrap:wrap-reverse 后子项的换行效果

8.3.1.3　flex-flow 属性

flex-flow 属性是一种综合样式属性，是 flex-direction 属性和 flex-wrap 属性的简写形式，默认属性值为 row nowrap，其语法如下（见语法 8-2）。

语法 8-2　flex-flow 属性语法

定义语法	示例
flex-flow: [flex-direction]‖ [flex-wrap]	flex-flow: column wrap-reverse;

8.3.1.4　justify-content 属性

justify-content 属性主要定义了子项在主轴上的对齐方式，其语法如下（见语法 8-3）。

语法 8-3　justify-content 属性语法

定义语法	示例
justify-content: flex-start | flex-end | center | space-between | space-around;	justify-content:space-around;

表 8-3 展示了对 Flex 容器设置 justify-content 属性时的取值情况。justify-content 属性不同取值的应用效果如图 8-8 所示。

表 8-3　justify-content 属性值

属性值	描述
flex-start	子项在主轴上对齐起点（main-start）
flex-end	子项在主轴上对齐结束点（main-end）
center	子项沿主轴朝容器的中心对齐
flex-around	子项在主轴上平均分布，首、尾两项与父容器两侧也有一定的间隔（记为 A），子项之间有均匀的间隔（记为 B），B 通常是 A 的两倍
flex-between	子项在主轴上平均分布，首、尾两项紧贴父容器

图 8-8　justify-content 属性不同取值的应用效果

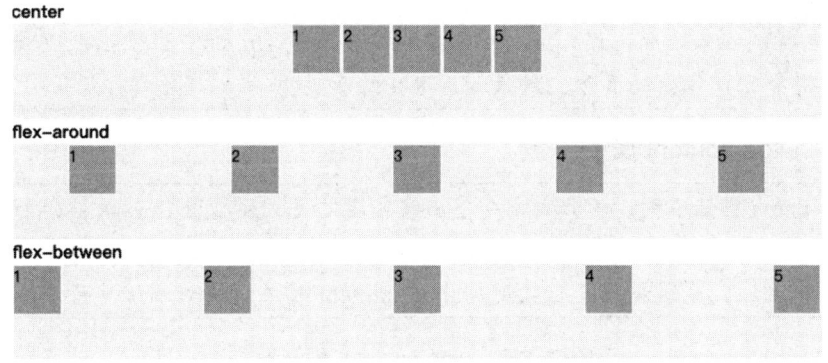

图 8-8 justify-content 属性不同取值的应用效果（续）

8.3.1.5 align-items 属性

justify-content 属性定义了子项在主轴上的对齐方式，而 align-items 属性则定义了子项在交叉轴上的对齐方式，其语法如下（见语法 8-4）。

语法 8-4 align-items 属性语法

定义语法	示例
align-items: flex-start | flex-end | center | baseline | stretch;	align-items:stretch;

align-items 属性主要有 5 种取值，具体的对齐方式与交叉轴的方向有关。假设交叉轴的方向为从上到下，根据 align-items 属性不同取值的应用效果（见图 8-9），其属性值如表 8-4 所示。

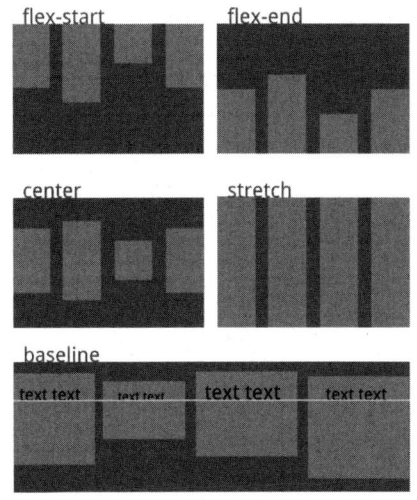

图 8-9 align-items 属性不同取值的应用效果

表 8-4 align-items 属性值

属性值	描述
flex-start	与交叉轴的起点对齐
flex-end	与交叉轴的终点对齐
center	与交叉轴的中心对齐
baseline	与子项文字基线对齐
stretch	默认值，如果子项未设置高度或设置为 auto，则占满整个父容器的高度

这里需要特别注意的是，align-items 属性的默认值是 stretch。当子项没有设置高度时，默认子项占满整个父容器的高度，效果如图 8-9 所示。

8.3.1.6　align-content 属性

和 align-items 属性不同，当子项宽度超出父容器宽度，且启用 flex-wrap 属性换行时，我们称这些子项具有多根轴线。align-content 属性专门用来定义多根轴线的对齐方式，如果子项中只有一根轴线，则该属性不起作用。align-content 属性语法如下（见语法 8-5）。

语法 8-5　align-content 属性语法

定义语法	示例
align-content: flex-start | flex-end | center | space-between | space-around | stretch;	align-content:center;

align-content 属性值如表 8-5 所示。图 8-10 所示为 align-content 属性不同取值的应用效果。

表 8-5　align-content 属性值

属性值	描述
flex-start	多轴子项与交叉轴的起点对齐
flex-end	多轴子项与交叉轴的终点对齐
center	多轴子项与交叉轴的中点对齐
space-between	多轴子项与交叉轴的两端对齐，轴线之间的间隔平均分布
space-around	多轴子项在交叉轴上平均分布，首、尾两项与父容器两侧也有一定的间隔（记为 A），子项之间有均匀的间隔（记为 B），B 通常是 A 的两倍
space-evenly	多轴之间的间隔相等（即全部平均分配）
stretch	默认值，轴线占满整个交叉轴

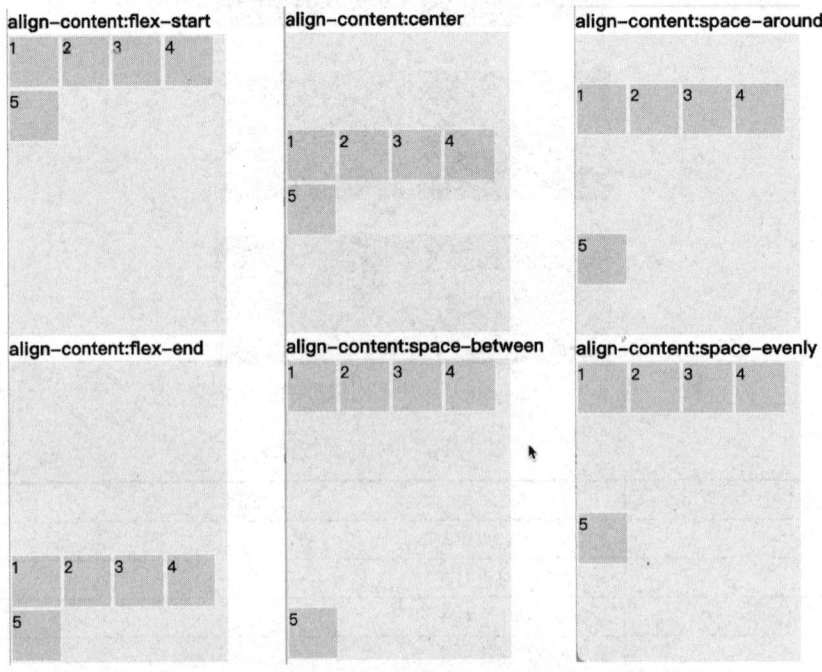

图 8-10　align-content 属性不同取值的应用效果

💬 老师，为什么在表 8-5 中指出 align-content 属性的默认值是 stretch，表示轴线占满整个交叉轴，但是在图 8-10 中却找不到默认的拉伸效果呢？

👤 要让默认值 stretch 起作用，一定要确保 Flex 容器中的子项没有指定高度。这样就会看到默认的拉伸效果了，如图 8-11 所示。

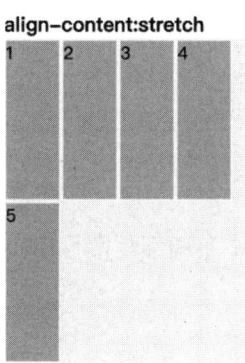

图 8-11　默认的拉伸效果

💬 老师，前面已经有了 align-items 属性，为什么还需要有 align-content 属性呢？在多轴的情况下，到底何时使用 align-items 属性，何时使用 align-content 属性呢？

👤 align-items 属性针对每个交叉轴进行设置，而 align-content 属性针对多轴的内容进行整体设置。例如，对于一组同样由 5 个子项构成的两行元素，如果设置 align-items:flex-start，则这两行元素默认平均得到交叉轴空间，flex-start 将每个轴（即每行）的元素对齐到该行交叉轴空间（红色阴影覆盖）的起始位置；如果设置 align-content:flex-start，则表示将多轴整体对齐到交叉轴空间的起始位置。align-items 属性和 align-content 属性的效果对比如图 8-12 所示。

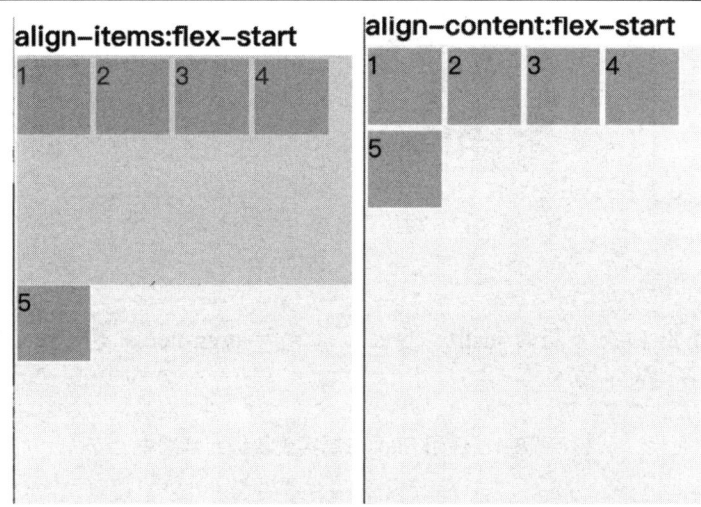

图 8-12　align-items 属性和 align-content 属性的效果对比

💬 老师，如果只有一根轴线，则是不是这两者的效果就一样了呢？

确实，当只保留图 8-12 中的 4 个子项时，align-items 属性就会将所有交叉轴空间给该子项。此时，它们的效果就是一样的。但是，它们在代码实现上还是有些区别的。由于 align-content 属性用于对多轴内容进行处理，所以一定要配合使用 flex-wrap 属性进行换行，这样才有多轴内容，才会起作用哦。

常见的编程错误

　　仅使用 align-content 属性而不配合使用 flex-wrap 属性往往达不到预期的应用效果，这是一种常见的编程错误。

8.3.2　居中布局

　　无论是 App，还是网站页面，居中布局都是常见的布局形式。下面通过几种常见的应用实例展现居中布局在实践中的应用。

任务 8-1　块级元素居中布局

　　随着人工智能技术的不断发展，以 ChatGPT 为代表的人工智能产品、AI 绘图应用不断推出。某在线商城发布了一款智能绘图产品，请实现如图 8-13 所示的块级元素居中布局效果。

块级元素居中布局

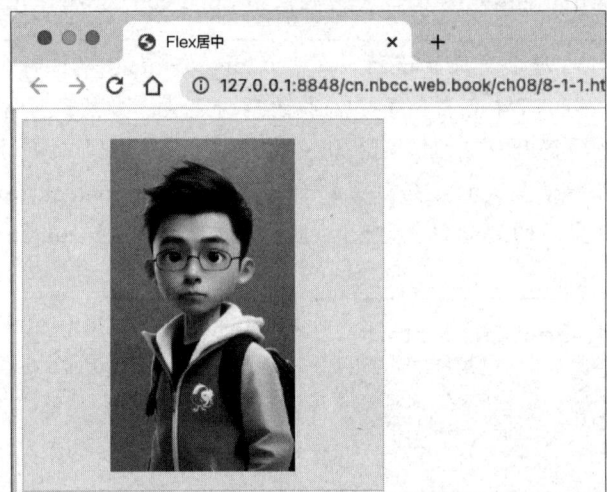

图 8-13　块级元素居中布局效果

1. 使用 Flex 布局

　　这个简单，使用 Flex 布局的 justify-content 属性和 align-items 属性就可以实现块级元素居中布局。实现代码 8-1 如下。

代码 8-1　使用 Flex 布局实现块级元素居中

```
#001  <!DOCTYPE html>
#002  <html>
#003      <head>
#004          <meta charset="utf-8">
#005          <title>Flex居中</title>
```

```
#006        <style>
#007            div{
#008                display: flex;
#009                border:1px solid #ccc;
#010                background-color: #eee;
#011                align-items: center;
#012                justify-content: center;
#013                width: 300px;
#014                height: 300px;
#015            }
#016            div>img{
#017                height: 90%;
#018            }
#019
#020        </style>
#021    </head>
#022    <body>
#023        <div>
#024            <img src="./images/AI_01.png" alt="">
#025        </div>
#026    </body>
#027 </html>
```

2. 使用表格单元格

👤非常棒！这里扩展一下知识，可以使用 table-cell 实现垂直居中，这有点类似于 Word 中的单元格对齐方式，如图 8-14 所示。配合使用 text-align 属性实现水平居中，配合使用 vertical-align 属性实现垂直居中。实现代码 8-2 如下。

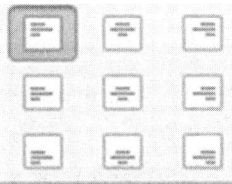

图 8-14　Word 中的单元格对齐方式

代码 8-2　使用 table-cell 实现垂直居中

```
#001        ...
#002            div{
#003                display: table-cell;
#004                border:1px solid #ccc;
#005                background-color: #eee;
#006                vertical-align:middle;
#007                text-align:center;
#008                width: 300px;
#009                height: 300px;
```

```
#010                    }
#011                    div>img{
#012                        height: 90%;
#013                    }
#014            ...
```

3. 使用定位技术

> 👤 除此之外，还可以使用定位技术，并使用 transform 样式属性的 translate()函数进行平移操作来实现垂直居中，其实现代码 8-3 如下。

代码 8-3　使用定位技术和 translate()函数实现垂直居中

```
#001        ...
#002        div{
#003            position:relative;
#004            border:1px solid #ccc;
#005            background-color: #eee;
#006            width: 300px;
#007            height: 300px;
#008        }
#009        div>img{
#010            position:absolute;
#011            left:50%;
#012            top:50%;
#013            height:90%;
#014            transform: translate(-50%,-50%);
#015        }
#016        ...
```

任务 8-2　不定项居中布局

不定项居中布局

> 📝 在制作轮播图等效果时，底部中间往往有不确定个数的导航按钮，如果有 3 张轮播图，则显示 3 个导航按钮；如果有 5 张轮播图，则显示 5 个导航按钮。但不管有几个导航按钮，它们都在底部居中的位置，请利用所学的 Flex 布局知识制作不定项导航按钮居中布局效果，如图 8-15 所示。

图 8-15　不定项导航按钮居中布局效果

这个不难，可以将导航按钮看成一个整体，其实现代码 8-4 如下。013 行代码使用 justify-content 属性可以将它们整体居中，同时在交叉轴空间中，它们是居于底部位置的；014 行代码使用 align-items 属性将其置于结束位置。

代码 8-4　不定项导航按钮居中布局

```
#001    <!DOCTYPE html>
#002    <html>
#003        <head>
#004            <meta charset="utf-8">
#005            <title></title>
#006            <style>
#007                .wrap{
#008                    width: 500px;
#009                    height: 200px;
#010                    background-color: antiquewhite;
#011                    border:1px solid #eee;
#012                    display: flex;
#013                    justify-content: center;
#014                    align-items: flex-end;
#015                }
#016
#017                .wrap>li{
#018                    justify-content: center;
#019                    background-color: #999;
#020                    width: 20px;
#021                    height: 20px;
#022                    line-height: 20px;
#023                    text-align: center;
#024                    border-radius: 50%;
#025                    color:white;
#026                    list-style: none;
#027                    margin:5px 10px;
#028                }
#029            </style>
#030        </head>
#031        <body>
#032            <ul class="wrap">
#033                <li class="item">1</li>
#034                <li class="item">2</li>
#035                <li class="item">3</li>
#036            </ul>
#037        </body>
#038    </html>
```

任务 8-3 均分列布局

均分列布局

📖 打开城市学院的网站，可以看到如图 8-16 所示的均分列布局效果，该布局中有 4 列，4 列均匀、横向分布在主轴空间中，每列都显示一个图标和一段说明文字。

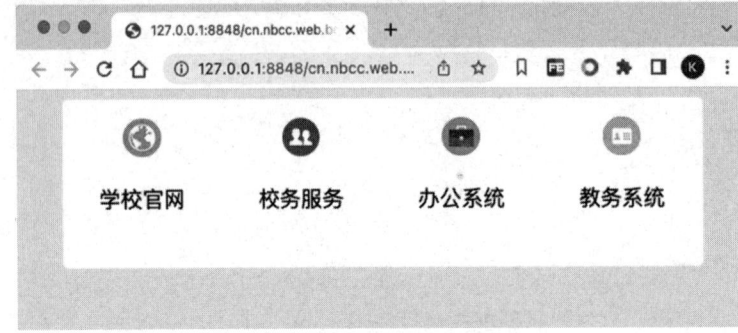

图 8-16 均分列布局效果

🎥 要实现这样的布局效果，可以将图标和说明文字看成一个整体，这样，就是一个典型的一维横向布局效果。接着，就可以利用 Flex 布局的 justify-content 属性值 space-between 实现均分列布局。

本任务的实现代码 8-5 所示。

代码 8-5 均分列布局

```
#001   <!DOCTYPE html>
#002   <html>
#003       <head>
#004           <meta charset="utf-8">
#005           <title></title>
#006           <style>
#007               body{
#008                   background-color: #dee9fb;
#009               }
#010               .wrap{
#011                   width: 540px;
#012                   height: 153px;
#013                   background-color: white;
#014                   border:1px solid #eee;
#015                   margin: 0 auto;
#016                   display: flex;
#017                   justify-content: space-between;
#018                   align-items: center ;
#019                   padding:0 30px;
#020                   border-radius: 6px;
#021               }
#022
```

```
#023            .wrap>.item{
#024                width: 91px;
#025                height: 120px;
#026                text-align: center;
#027            }
#028            .item>img{
#029                width: 35px;
#030            }
#031            .item>p{
#032                font-size: 20px;
#033            }
#034
#035        </style>
#036    </head>
#037    <body>
#038        <div class="wrap">
#039            <div class="item">
#040                <img src="./images/nbcc-icon01.png" alt="">
#041                <p>学校官网</p>
#042            </div>
#043            <div class="item">
#044                <img src="./images/nbcc-icon02.png" alt="">
#045                <p>校务服务</p>
#046            </div>
#047            <div class="item">
#048                <img src="./images/nbcc-icon03.png" alt="">
#049                <p>办公系统</p>
#050            </div>
#051            <div class="item">
#052                <img src="./images/nbcc-icon04.png" alt="">
#053                <p>教务系统</p>
#054            </div>
#055        </div>
#056
#057    </body>
#058 </html>
```

任务 8-4　组合嵌套布局

大美新疆首页的导航栏部分包括 logo、导航、分享按钮、登录按钮、注册按钮。请利用所学知识实现如图 8-17 所示的组合嵌套布局效果。

在实际开发页面中，并不是所有的容器子项都能以均匀的方式进行布局，从这个例子中就可以看出。其实方法很简单，就是把你不熟悉的页面布局转换为你熟悉的基本页面布局。

组合嵌套布局

图 8-17　组合嵌套布局效果

哦，我知道了，可以利用组合思想，将左侧的 logo 和导航看成一个整体，将右侧的分享按钮、登录按钮、注册按钮也看成一个整体，如图 8-18 所示。从整体上看，它具有 Flex 布局中 justify-content 属性值为 space-between 的典型特征。

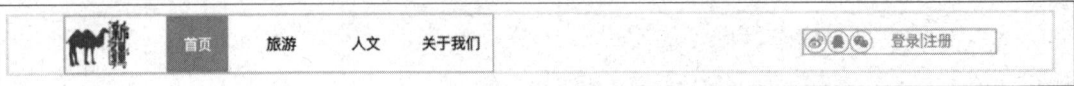

图 8-18　组合思想

非常不错，通过将相关元素组合到一个 div 容器中，将其作为一个整体，从而得到基本布局形态。代码 8-6 就是利用这个思想实现的。

代码 8-6　组合嵌套布局

```
#001  <!DOCTYPE html>
#002  <html>
#003      <head>
#004          <meta charset="utf-8">
#005          <title></title>
#006          <style>
#007              .wrap{
#008                  width: 1024px;
#009                  height: 60px;
#010                  background-color: white;
#011                  border:3px solid #eee;
#012                  padding:0 60px;
#013                  margin: 0 auto;
#014                  display: flex;
#015                  justify-content: space-between;
#016                  align-items: center ;
#017              }
#018              .lft{
#019                  display: flex;
#020                  align-items: center;
#021                  border:2px solid #ccc;
#022              }
#023              .lft>img{
#024                  width: 70px;
#025              }
#026              .nav{
#027                  margin:0 0 0 30px;
#028                  padding:0 10px;
#029
```

```
#030                    width: 350px;
#031                    height: 60px;
#032                    line-height: 60px;
#033                    list-style: none;
#034                    display: flex;
#035                    justify-content: space-between;
#036                    align-items: center;
#037                }
#038            .nav li{
#039                    width: 70px;
#040                    height: 60px;
#041                    text-align: center;
#042                    line-height: 60px;
#043                }
#044            .nav li:nth-child(1){
#045                    background-color: #ff9d00;
#046                    color:white;
#047                }
#048            .rt{
#049                    width: 210px;
#050                    display: flex;
#051                    border:2px solid #ccc;
#052                }
#053            .share{
#054                    display: flex;
#055                    margin-right: 20px;
#056                    align-items: center;
#057                    justify-content: space-between;
#058                }
#059            .login{ color:#ff9d00;}
#060
#061        </style>
#062    </head>
#063    <body>
#064        <div class="wrap">
#065            <div class="lft">
#066                <img src="./images/logo.png" alt="" class="logo">
#067                <ul class="nav">
#068                    <li class="item">首页</li>
#069                    <li class="item">旅游</li>
#070                    <li class="item">人文</li>
#071                    <li class="item">关于我们</li>
#072                </ul>
#073            </div>
```

```
#074                <div class="rt">
#075                    <div class="share">
#076                        <img src="./images/icon5.png" alt="">
#077                        <img src="./images/icon6.png" alt="">
#078                        <img src="./images/icon7.png" alt="">
#079                    </div>
#080                    <div class="login">登录|注册</div>
#081                </div>
#082            </div>
#083        </body>
#084    </html>
```

8.4　Flex 子项

前面介绍了 Flex 容器对子项的布局样式。从本节开始，将介绍与 Flex 子项相关的样式属性，利用它们可以对每个单独的子项进行更精确的控制，从而实现某些特殊的应用效果。

Flex 子项样式属性主要包括以下 6 种，如表 8-6 所示。

表 8-6　Flex 子项样式属性

属性名	描述
order	定义子项的排列顺序。数值越小，顺序越靠前，默认值为 0
flex-grow	定义子项的放大比例。默认值为 0，表示如果存在剩余空间，则子项不放大
flex-shrink	定义子项的缩小比例。默认值为 1，表示如果空间不足，则子项将缩小
flex-basis	定义在分配剩余空间之前子项在主轴中的空间大小。浏览器根据这个属性计算主轴是否有剩余空间。默认值为 auto，即子项的本来大小
flex	综合样式属性，是 flex-grow 属性、flex-shrink 属性和 flex-basis 属性的简写，默认值为 0 1 auto
align-self	允许单个子项有与其他子项不一样的对齐方式，可覆盖 align-items 属性。默认值为 auto，表示继承父元素的 align-items 属性，如果没有父元素，则等同于 stretch

下面通过一个综合示例来了解这些样式属性的应用效果，如代码 8-7 所示。

代码 8-7　Flex 子项综合示例

```
#001    <!DOCTYPE html>
#002    <html>
#003        <head>
#004            <meta charset="utf-8">
#005            <title></title>
#006            <style>
#007                .wrap{
#008                    display: flex;
#009                    border:2px solid #f00;
#010                    height: 50px;
#011                    margin:50px auto;
#012                }
#013                .item{
```

```
#014                        width: 200px;
#015                        border:1px solid #000;
#016                        text-align: center;
#017                    }
#018                    .gr1{
#019                        flex-grow: 1;
#020                    }
#021                    .sk0{
#022                        flex-shrink: 0;
#023                    }
#024                    .als{
#025                        align-self: flex-end;
#026                        flex-grow: 0;
#027                    }
#028                    .base{
#029                        flex-basis: 300px;
#030                    }
#031            </style>
#032        </head>
#033        <body>
#034            <div class="wrap">
#035                <div class="item gr1">grow=1</div>
#036                <div class="item sk0">shrink=0</div>
#037                <div class="item als">align-self=flex-end</div>
#038            </div>
#039            <div class="wrap">
#040                <div class="item base">flex-base=300px</div>
#041                <div class="item base">flex-base=300px</div>
#042            </div>
#043        </body>
#044    </html>
```

当宽度为 601px 时，由于 014 行代码将每个子项的宽度均设置为 200px，因此 035～037 行代码定义的 3 个具有.item 类的子项有足够的横向空间，能够正常显示，如图 8-19 所示。又由于 align-items 属性的默认值是 stretch，因此 035～036 行代码定义的两个子项在交叉轴空间中占满整个父容器高度。而 037 行代码中的子项具有.als 类，该类包含 align-self 属性的样式规则（025 行代码），并将其值设置为 flex-end。从图 8-19 中可以看出，交叉轴空间中 align-self=flex-end 的子项的位置默认为底部对齐效果。需要注意的是，我们没有设置 Flex 容器的宽度，请你尝试拉伸一下浏览器窗口，并观察这 3 个子项的宽度变化。

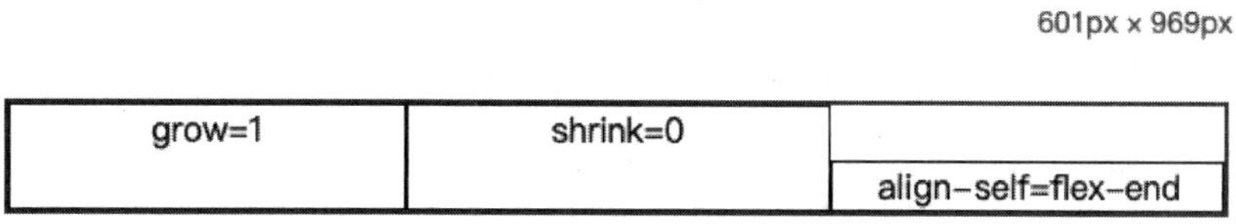

601px × 969px

grow=1	shrink=0	
		align-self=flex-end

图 8-19　宽度为 601px 时的显示效果

🎬 我观察到，由于浏览器窗口的拉伸，Flex 容器（即 .wrap）的宽度变为 801px。多出来的额外空间完全被 grow=1 的子项占据，其余两个子项的宽度保持不变，如图 8-20 所示。

801px × 969px

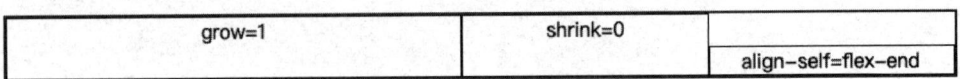

图 8-20　宽度为 801px 时的显示效果

🧑 再缩小浏览器窗口，观察子项的宽度变化。

🎬 还可以看到，由于 shrink 属性值默认为 0，因此，在容器宽度缩小到 400px 时，grow=1 的子项和设置了 align-self 属性的子项的实际宽度已经小于 200px 了，而 shrink=0 的子项在容器宽度缩小时始终保持宽度不变，如图 8-21 所示。

400px × 969px

grow=1	shrink=0	align-self=flex-end

图 8-21　宽度为 400px 时的显示效果

🎬 老师，表 8-6 中 flex-basis 属性描述的是子项在主轴中的空间大小，默认值为 auto。宽度不是可以使用 width 属性吗，为什么还要使用 flex-basis 属性呢？

🧑 非常好的问题，width 属性通常用于固定宽度，而在 Flex 布局中，flex-basis 属性描述的是子项在主轴中的空间大小。如果父容器超过所有子项的 flex-basis 属性值总和，则说明有额外空间。这时就会根据子项的 grow 属性进行计算，以便分配这些额外空间。因此，在 Flex 布局中，常使用 flex-basis 属性而非 width 属性。

🎬 那如果同时使用它们呢？会有什么效果？

🧑 从代码中可以看到，040～041 行代码定义了两个具有 .item 类样式和 .base 类样式的 <div> 标签，且 029 行代码指定 flex-basis 属性值为 300px，014 行代码指定 width 属性值为 200px。由图 8-22 可见，flex-basis 属性的优先级要高于 width 属性，所以最终显示的效果是宽度为 300px，而不为 200px。

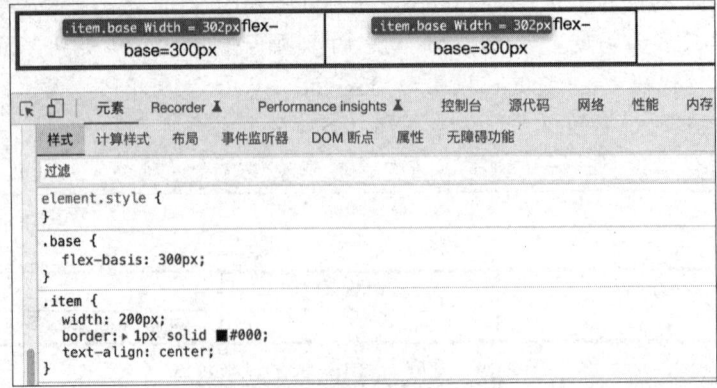

图 8-22　flex-basis 属性的应用效果

在图 8-22 中，因为子项宽度 300px 加上左、右各 1px 的边框宽度刚好是 302px，所以，显示的实际宽度为 302px。这下终于把子项的 5 个样式属性都搞清楚了，剩余的 Flex 综合样式属性就是对前面学过的 5 个样式属性的简写。

正是这样，Flex 布局在实际使用中非常灵活，应用场景非常广泛，同学们一定要熟练掌握哦。

任务 8-5　Flex 布局案例：轮播图的制作

使用 Flex 布局制作如图 8-23 ～图 8-25 所示的轮播图效果。将本书所附的教学项目源文件的 images 文件夹中的 pic1.png ～ pic3.png 图片显示在指定区域中。同时，在轮播图底部放置 3 个分页指示器，用于指定当前播放的图片。在轮播图区域左、右各分布一个控制器按钮，分别用于单击显示上一张图片和单击显示下一张图片。注意：不要求实现播放的效果和按钮触发时间。

轮播图的制作

图 8-23　slide1 轮播图效果

图 8-24　slide2 轮播图效果

图 8-25　slide3 轮播图效果

本任务的实现代码 8-8 如下。

代码 8-8　轮播图示例

```
#001  <!DOCTYPE html>
#002  <html>
#003      <head>
#004          <meta charset="utf-8">
#005          <meta name="viewport" content="width=device-width, initial-scale=1">
#006          <title>轮播图示例</title>
#007
#008          <link rel="stylesheet" href="css/reset.css">
#009          <link rel="stylesheet" href="css/bootstrap.min.css">
#010          <style>
#011              .swiper-container{
#012                  position: relative;
#013                  background-color: #FFE4C4;
#014              }
#015              .swiper-wrapper{
#016                  display: flex;
#017                  transition:0.5s;
#018                  transform:translateX(0px);
#019                  animation: move-slide 10s ease-in-out infinite;
#020              }
#021              .swiper-slide{
#022                  width: 100%;
#023                  flex-shrink: 0;/*不收缩，溢出布局*/
#024              }
#025              .swiper-slide img{
```

```
#026                    width: 100%;
#027                }
#028            .swiper-pagination{
#029                position: absolute;
#030                height: 28px;
#031                width: 100%;
#032                bottom:40px;
#033                display: flex;
#034                justify-content: center;
#035                align-items: center;
#036            }
#037            .swiper-pagination-bullet{
#038                width: 12px;
#039                height: 12px;
#040                border-radius: 50%;
#041                background-color: #c6bcaf;
#042                margin:0 4px;
#043            }
#044            .swiper-pagination-bullet-active{
#045                background-color: #fff;
#046            }
#047            .swiper-button-prev,.swiper-button-next{
#048                position: absolute;
#049                top:0%;
#050                height: 100%;
#051                display: flex;
#052                align-items: center;
#053            }
#054            .swiper-button-prev{
#055                left:10px;
#056            }
#057            .swiper-button-next{
#058                right: 10px;
#059            }
#060            .swiper-button-next span,.swiper-button-prev span{
#061                font-size:22px;
#062                color:#fff;
#063            }
#064
#065            @keyframes move-slide {
#066                0%,10%,100%{
#067                    transform: translateX(0px);
#068                }
#069                20%,40%{
```

```
#070                    transform: translateX(-500px);
#071                }
#072            60%,80%{
#073                transform:translateX(-1000px);
#074                }
#075            }
#076
#077        </style>
#078    </head>
#079    <body>
#080        <div class="swiper-container">
#081            <!-- Wrapper for slides -->
#082            <div class="swiper-wrapper">
#083                <div class="swiper-slide"><img src="./images/pic01.jpg"
        alt=""></div>
#084                <div class="swiper-slide"><img src="./images/pic02.jpg"
        alt=""></div>
#085                <div class="swiper-slide"><img src="./images/pic03.jpg"
        alt=""></div>
#086            </div>
#087            <!-- Indicators -->
#088            <div class="swiper-pagination">
#089                <span class="swiper-pagination-bullet
        swiper-pagination-bullet-active"></span>
#090                <span class="swiper-pagination-bullet"></span>
#091                <span class="swiper-pagination-bullet"></span>
#092            </div>
#093            <!-- controls -->
#094            <a class="swiper-button-prev" href="#">
#095                <span class="glyphicon glyphicon-chevron-left"
        aria-hidden="true"></span>
#096            </a>
#097            <a class="swiper-button-next" href="#">
#098                <span class="glyphicon glyphicon-chevron-right"
        aria-hidden="true"></span>
#099            </a>
#100        </div>
#101    </body>
#102 </html>
```

> 📌 实现轮播图效果的基本思路是这样的：从整体上来看，它由存放3张图片的幻灯片容器、分页指示器、控制器按钮3部分构成。首先，思考幻灯片容器的代码结构，为了实现起来简单，这里没有为幻灯片图片添加链接。因此，可以得到如图8-26所示的代码片段。

```
81              <!-- Wrapper for slides -->
82 □            <div class="swiper-wrapper">
83                  <div class="swiper-slide"><img src="./images/pic01.jpg" alt=""></div>
84                  <div class="swiper-slide"><img src="./images/pic02.jpg" alt=""></div>
85                  <div class="swiper-slide"><img src="./images/pic03.jpg" alt=""></div>
86              </div>
```

图 8-26　幻灯片容器的代码片段

其次，构造分页指示器的代码结构也不难，只要将 3 个行内元素放置在幻灯片容器中即可，代码片段如图 8-27 所示。

```
87              <!-- Indicators -->
88 □            <div class="swiper-pagination">
89                  <span class="swiper-pagination-bullet swiper-pagination-bullet-active"></span>
90                  <span class="swiper-pagination-bullet"></span>
91                  <span class="swiper-pagination-bullet"></span>
92              </div>
```

图 8-27　分页指示器的代码片段

最后，控制器按钮是通过<a>标签来实现的，代码片段如图 8-28 所示。

```
93              <!-- controls -->
94 □            <a class="swiper-button-prev" href="#">
95                  <span class="glyphicon glyphicon-chevron-left" aria-hidden="true"></span>
96              </a>
97 □            <a class="swiper-button-next" href="#">
98                  <span class="glyphicon glyphicon-chevron-right" aria-hidden="true"></span>
99              </a>
```

图 8-28　控制器按钮的代码片段

代码结构构造完成后，要将它们正确显示出来就需要 CSS 的帮助了。另外，这里的不同元素要出现在页面的合理位置上，需要借助 Flex 布局的强大功能。

代码 8-9 用于处理幻灯片在页面中的溢出情况。

代码 8-9　溢出情况处理

```
#001  …
#002  .swiper-container{
#003              position: relative;
#004              background-color: #FFE4C4;
#005      }
#006      .swiper-wrapper{
#007          display: flex;
#008      }
#009      .swiper-slide{
#010          width: 100%;
#011          flex-shrink: 0;    /*不收缩，溢出布局*/
#012      }
#013  …
```

需要注意的是，上述代码对.swiper-wrapper 使用 Flex 布局后，子元素.swiper-slide 需要溢出到父容器外，这是通过设置 width 属性值为 100%，flex-shrink 属性值为 0 实现的。通常，这种布局形式被称为溢出布局。

与任务 8-2 的原理类似，在代码 8-8 中，028～046 行使用 Flex 布局将 3 个分页指示器放置在幻灯片底部中间的位置上；047～063 行使用绝对定位，将两个控制器按钮分别放置在距离左、右两侧 10px 的水平位置上。同时，利用 Flex 布局的 align-items 属性使两个控制器按钮垂直居中。

> 这里需要补充的是，左、右两侧的控制器按钮图标是通过字体图标完成的。本任务使用了 Bootstrap 自带的 Glyphicons 字体图标，它包括 250 多个的 Glyphicon Halflings 字体图标，如图 8-29 所示。关于它的介绍已经超出了本书的范畴。这里我们只需要知道它的基本使用步骤：①导入 Bootstrap 的 CSS 样式，如代码 8-8 中的 009 行；②在项目中放入字体文件夹和 Bootstrap 样式，如图 8-30 所示；③对照 Glyphicon Halflings 字体图标，在标签中使用相应样式。例如，"<"图标对应的样式是"glyphicon glyphicon-chevron-left"，将其添加到代码 8-8 中的 095 行的 class 属性值中即可。

图 8-29　Bootstrap 的 Glyphicon Halflings 字体图标（局部）

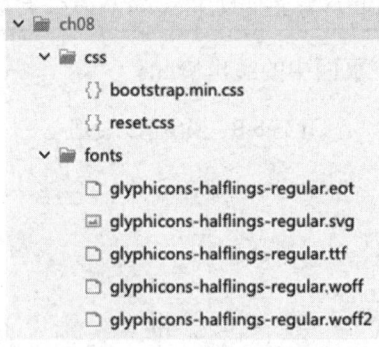

图 8-30　字体文件和 Bootstrap 样式

> 为了便于调试并查看效果，可以打开开发者工具，单击"移动设备查看模式"按钮，如图 8-31 所示，打开"移动设备查看模式"界面。为了便于计算滑动时偏移的数值，用户还可以单击"尺寸"选项右侧的下拉按钮，并在弹出的下拉列表中选择"修改"选项，如图 8-32 所示，从而进入设备尺寸的自定义界面。在该界面中，单击"添加自定义设备"按钮，并设置自定义设备的名称为"调试"，尺寸为 500 像素×700 像素，单击"添加"按钮，如图 8-33 所示。返回"移动设备查看模式"界面，在设备的下拉列表中可以看到多了一个刚刚定义的名为"调试"的自定义设备，如图 8-34 所示。通过选择该选项，可以快速切换到自定义设备尺寸的模式下查看效果。

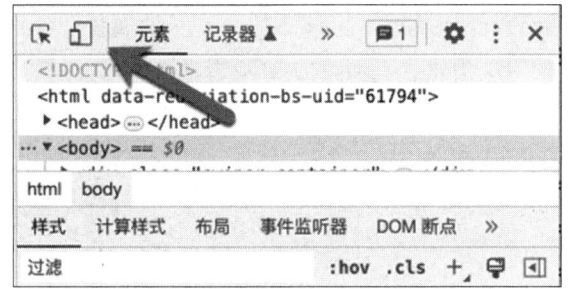

图 8-31 单击"移动设备查看模式"按钮

图 8-32 选择"修改"选项

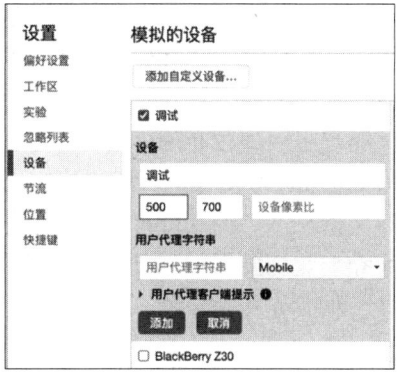

图 8-33 设置自定义设备

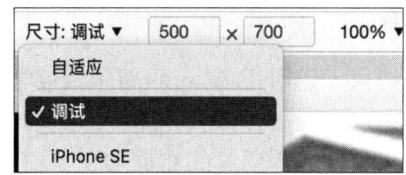

图 8-34 名为"调试"的自定义设备

在代码 8-8 中，017～019 行及 065～075 行的含义又是什么呢？

这些代码用于实现自动滑动的动画效果，从而能直观地看到轮播图的切换效果。项目 9 将对它们做详细介绍，学完该项目以后，你将会知道它们的确切含义。

8.5 小结

本项目介绍了 Flex 布局的原理及 Flex 容器的相关属性，详细介绍了这些属性的使用特性。我们需要熟练掌握 Flex 的常用布局，以及各属性的配套使用方法，从而能够熟练地制作出常见的 Web 前端页面布局效果。

8.6 作业

一、选择题

1.（   ）不是 flex-direction 属性值。

A．row　　　　　　　　B．row-reverse　　　　C．column　　　　　　D．both

2．要实现 Flex 布局元素自动换行，应该添加（ ）属性。

A．flex-direction   B．flex   C．flex-wrap   D．flex-grow

3．关于下面的语句，描述正确的是（ ）。

```
div:nth-of-type(1) {flex-grow: 1;}
div:nth-of-type(2) {flex-grow: 3;}
div:nth-of-type(3) {flex-grow: 1;}
```

A．div3 的尺寸是 div1 的 3 倍

B．div2 的尺寸是 div1 和 div3 的 3 倍

C．在扩展布局范围时，div2 获得的空间是 div1 和 div3 的 3 倍

D．在收缩布局范围时，div2 获得的空间是 div1 和 div3 的 3 倍

4．关于 Flex 布局，说法错误的是（ ）。

A．Flex 布局也叫弹性布局，可以在扩展、收缩页面时自动调整布局

B．使用 flex-direction:row 可以快速实现横向导航布局效果

C．在默认情况下，flex-direction 属性值是 column

D．Flex 布局是主要用于单行（列）的布局

5．在均分列布局中，设置（ ）不是必要操作。

A．display:flex;   B．justify-content:space-between;

C．align-items:center;   D．flex-shrink:0;

二、操作题

本项目提供了使用 Flex 布局制作城市学院功能均分列界面的局部效果。熟练掌握相关知识后，相信你利用现有知识制作整个界面的布局效果也不是难事。请你以慕课 App 中"我的课程"界面为例，利用所学的布局知识实现该界面的布局效果，如图 8-35 所示。

图 8-35 "我的课程"界面的布局效果

三、项目讨论

讨论主题

在移动应用快速发展的今天，通过慕课 App 学习成为一种免费、高效的学习方式。请结合自身的经历和感受：①举例说明信息技术是如何助力教育教学发展的？②网页制作技术在这些技术发展中有哪些作用和体现？③在未来的教育新技术条件下，作为新一代技术的应用开拓者，你有什么新想法？

项目 9

过渡和动画

学习目标

- 掌握 CSS3 2D 变换的相关概念
- 掌握 CSS3 3D 变换的相关概念
- 掌握 CSS3 过渡语法及其应用
- 掌握 CSS3 动画语法及其应用
- 掌握循环动画的制作技巧

技能目标

- 能使用 CSS3 过渡语法实现过渡效果
- 能使用 CSS3 动画语法实现 2D 动画效果
- 能使用 CSS3 动画语法实现 3D 动画效果
- 能使用 CSS3 动画语法实现循环动画效果

素养目标

- 培养精益求精的工匠精神
- 培养勇于探索、崇尚科学的意志和品德
- 培养严谨求实的学习态度

9.1 变换

变换（transform）是 CSS3 的新样式属性之一，它允许我们对元素进行旋转（rotate）、扭曲（skew）、缩放（scale）、平移（translate）、矩阵变形（matrix）等，从而实现元素的 2D 变换或 3D 变换。它的主要语法如下。

```
transform: none|transform-functions;
```

变换

其中，none 表示没有变换，transform-functions 表示一个或多个变换函数。

9.2 2D 变换

CSS3 的 2D 变换是基于 2D 图形坐标系的，它是一种原点(0,0)在元素的左上角，每个点均使用一组(*x*,*y*)构建的笛卡儿坐标系，如图 9-1 所示。坐标系中的每个坐标点都由一组横坐标和纵坐标构成，如 P_1、P_2、P_3。需要注意的是，*x* 轴向右为正方向，*y* 轴向下为正方向。

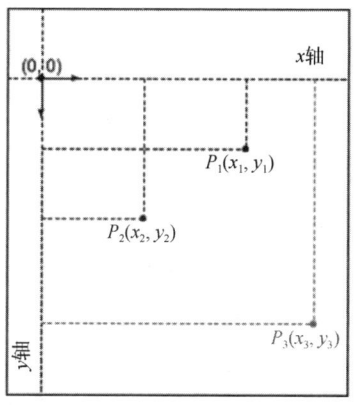

图 9-1 2D 图形坐标系（笛卡儿坐标系）

CSS3 提供了常用的 2D 变换函数，如表 9-1 所示。

表 9-1 常用的 2D 变换函数

2D 变换函数	效果示例	描述
translate(tx,ty)		包含两个参数值，分别指定 *x* 轴和 *y* 轴的平移量。根据左侧（*x* 轴）和顶部（*y* 轴）位置给定的参数，从当前元素位置开始移动
rotate(ra)		包含一个角度参数，用于指定元素顺时针旋转的角度。参数值为负表示元素逆时针旋转的角度
scale(sx[,sy])		包含两个参数值，第一个参数值表示 *x* 轴方向的缩放值，第二个参数值表示 *y* 轴方向的缩放值。如果第二个参数值为空，则 *y* 轴方向的缩放值等于 *x* 轴方向的缩放值

续表

2D 变换函数	效果示例	描述
skew(ax[,ay])		包含两个参数值，分别表示 x 轴和 y 轴倾斜的角度。如果第二个参数值为空，则默认值为 0。参数值为负表示向相反方向倾斜
matrix(a,b,c,d,tx,ty)		以包含 6 个值的转换矩阵的形式指定 2D 变换。其中，a、b、c、d 用于描述线变换，tx 表示水平偏移，ty 表示垂直偏移

如果要单独对某个轴方向进行变换，则 CSS3 还提供了以下变换函数。

translateX()、translateY()、scaleX()、scaleY()、skewX()、skewY()

需要注意的是，CSS3 支持对同一个元素进行多个变换函数的复合操作，多个变换函数之间需要使用空格分隔，其使用方式如下。

transform:transform-functions1 transform-functions2 …

示例代码如下。

transform:scale(2.0) translate(10px,20px);

常见的编程错误

使用逗号，而不使用空格分隔多个变换函数是一种常见的编程错误。

下面我们一起来看一个 2D 变换函数的综合示例，如代码 9-1 所示。

代码 9-1　2D 变换函数的综合示例

```
#001    <!DOCTYPE html>
#002    <html>
#003        <head>
#004        <meta charset="utf-8">
#005        <title>2D 变换</title>
#006        <style>
#007            .outer{
#008                background-color: #FFE4C4;
#009                height: 100%;
#010            }
#011            .box{
#012                background-color: #01FFFF;
#013                width: 100px;
#014                height: 100px;
#015                display: inline-block;
#016                margin: 50px;
#017                text-align: center;
#018            }
```

```
#019              .box2{
#020                  transform: rotate(45deg);
#021              }
#022              .box3{
#023                  transform: translate(10px,20px);
#024              }
#025              .box4{
#026                  transform:scale(2,0.5);
#027              }
#028              .box5{
#029                  transform:skew(30deg,20deg);
#030              }
#031              .box6{
#032                  transform:matrix(1,0.2,-1.2,1,0,0);
#033              }
#034          </style>
#035      </head>
#036      <body>
#037          <div class="outer">
#038              <div class="box1 box">box1</div>
#039              <div class="box2 box">box2</div>
#040              <div class="box3 box">box3</div>
#041              <div class="box4 box">box4</div>
#042              <div class="box5 box">box5</div>
#043              <div class="box6 box">box6</div>
#044          </div>
#045      </body>
#046  </html>
```

上述代码的运行效果如图 9-2 所示。

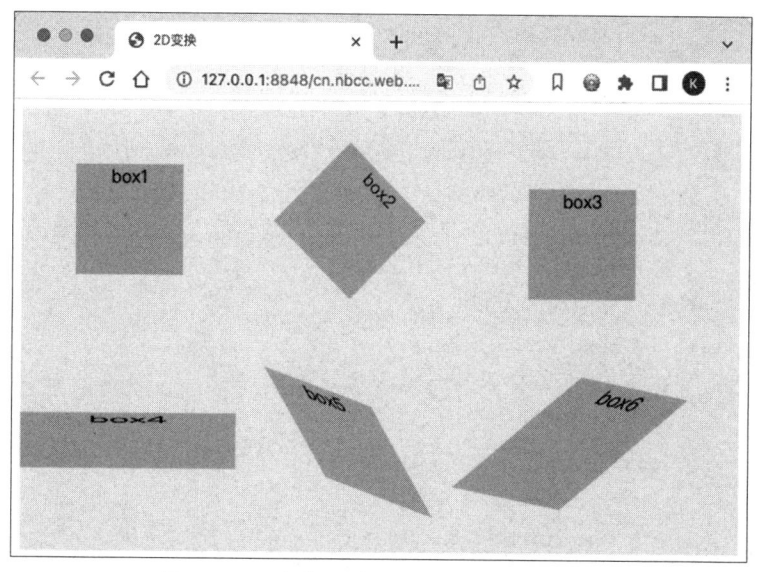

图 9-2　2D 变换函数的综合示例的运行效果

👨 上述示例不难理解，但是老师要考考你，你知道缩放、扭曲的变换轴心在哪里吗？

🙋 我猜它们的变换轴心在盒子的中心。那有没有办法调整它们的变换轴心呢？

👨 正确。CSS3 中提供了 transform-origin 样式属性，它的作用就是设置变换轴心，其语法如下。

```
transform-origin: x y;
```

👨 注意上述语法，属性值 x 和 y 之间使用空格分隔。在未指定 x y 时，默认的变换轴心是元素的中心点 50% 50%，也可以使用 center center 进行等价替换。因此，这里的 x y 还可以是具体的像素或 CSS3 预定义的方位值（top、bottom、left、right、center）。示例代码如下。

```
transform-origin: 50px 50px;
transform-origin: left bottom;
```

🙋 原来如此，这很容易。我用下面的代码 9-2 实现了将变换轴心调整至左上角的效果。

代码 9-2　变换轴心

```
#001    <!DOCTYPE html>
#002    <html>
#003        <head>
#004            <meta charset="utf-8">
#005            <title>变换轴心</title>
#006            <style>
#007                .outer{
#008                    display: inline-block;
#009                    background-color: #FFE4C4;
#010                    height: 300px;
#011                    width: 500px;
#012                    position: relative;
#013                }
#014                .box{
#015                    background-color: #01FFFF;
#016                    width: 100px;
#017                    height: 100px;
#018                    display: inline-block;
#019                    margin: 50px;
#020                    text-align: center;
#021                    position: absolute;
#022                }
#023                .box2,.box4{
#024                    opacity: 0.3;
#025                    transform: scale(2);
#026                }
```

```
#027                .box4{
#028                    transform-origin: top left;
#029                }
#030
#031        </style>
#032    </head>
#033    <body>
#034        <div class="outer">
#035            <div class="box1 box">box1</div>
#036            <div class="box2 box">box2</div>
#037        </div>
#038        <div class="outer">
#039            <div class="box3 box">box3</div>
#040            <div class="box4 box">box4</div>
#041        </div>
#042    </body>
#043 </html>
```

上述代码的运行效果如图 9-3 所示。

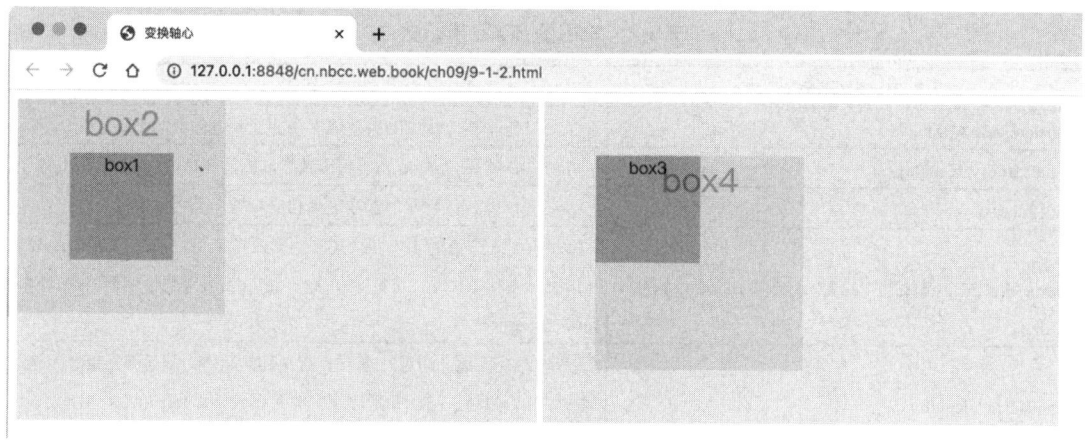

图 9-3   将变换轴心调整至左上角

014～022 行代码使用.box 定义盒子的基本样式；023～026 行代码使用 scale()函数将 box2、box4 放大 2 倍，并增加半透明效果。通过对比可以看出，在默认情况下，变换轴心在盒子的中心（如 box2），通过 028 行代码将其缩放点定位至左上角，从而实现了 box4 的效果。

9.3 3D 变换

3D 变换基于 3D 立体坐标系（见图 9-4）。其中，*x* 轴水平向右为正值，反之为负值；*y* 轴垂直向下为正值，反之为负值。需要注意的是，*z* 轴垂直屏幕，向外为正值，向内为负值。

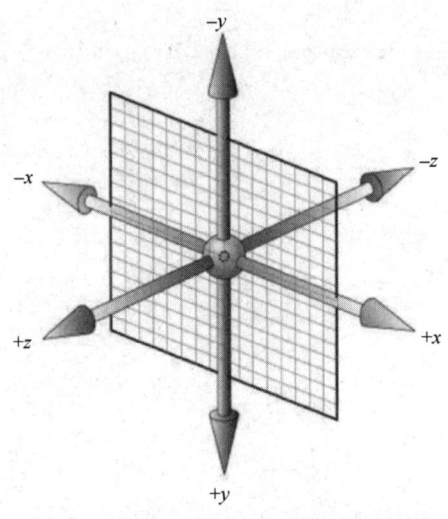

图 9-4　3D 立体坐标系

👤 与 2D 变换函数类似，3D 变换函数是 CSS3 为 3D 空间的变换提供的一组变换函数，它们大都以"*3d"的形式命名，从而与 2D 变换函数相区别。常用的 3D 变换函数如表 9-2 所示。

表 9-2　常用的 3D 变换函数

3D 变换函数	描述
translate3d(tx,ty,tz)	定义 3D 平移，相应的参数值为在相应轴方向上的平移量
rotate3d(rx,ry,rz,angle)	定义 3D 旋转，angle 为绕相应轴方向的旋转角度
scale3d(sx,sy,sz)	定义 3D 缩放，相应的参数值为相应轴方向上的缩放值
matrix3d(a1,b1,c1,d1,a2,b2,c2,d2,a3,b3,c3,d3,a4,b4,c4,d4)	以包含 16 个值的 4×4 转换矩阵的形式指定 3D 变换。其中，a1、b1、c1、d1、a2、b2、c2、d2、a3、b3、c3、d3 表示线性变换，a4、b4、c4、d4 表示平移
perspective（length）	指定透视距离，即观察者与 z=0 平面的距离，从而使元素产生透视效果。当 z>0 时，3D 元素比正常的元素大，而当 z<0 时，3D 元素比正常的元素小，其大小程度由该属性值决定
perspective-origin(x,y)	定义透视关系中消失点的坐标，可以使用方向预设值
transform-style(flat|preserve-3d)	flat：所有子元素在 2D 平面中呈现，默认值 preserve-3d：所有子元素在 3D 空间中呈现
backface-visibility(visible|hidden)	设置当元素背面朝向观察者时是否可见

👤 有了使用 2D 变换函数的经验，可以很容易地掌握 3D 变换函数。3D 变换函数只是在传统的 2D 变换函数的基础上增加了一个 z 轴方向。这里需要注意的是，通常为了让元素的子元素在 3D 空间中呈现，需要先将 transform-style 属性值设置为 preserve-3d。另外，perspective() 函数用于指定在透视关系中，观察者与平面的距离。

🎥 老师，您说 perspective 是指观察者与平面的距离，其值越大，就好像距离屏幕越远，物体看起来就越小；其值越小，表示距离越近，就好像凑到屏幕前，物体看起来就越大。

通过透视属性原理图，我们还可以看到，通过 translateZ()函数将矩形向 z 轴方向移动，从而可以让物体看起来比原本大，如图 9-5 所示。在保持 perspective 不变的前提下，减小 translateZ 函数值，其在绘制平面上的实际大小会缩小。这就实现了透视关系中近大远小的效果，如图 9-6 所示。

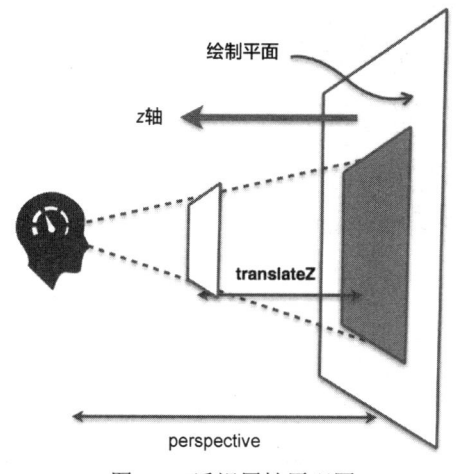

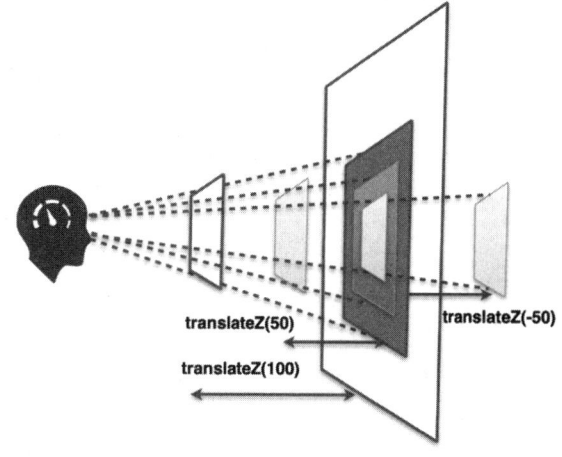

图 9-5 透视属性原理图　　　　　　　　图 9-6 透视关系中近大远小的效果

perspective 有两种写法：①指定父元素；②指定子元素。

（1）指定父元素：是指将样式规则设置在 3D 渲染元素的共同父元素上，示例代码如下。

```
.parent{
    perspective:800px;
}
```

（2）指定子元素：是指将样式规则设置在当前的 3D 渲染元素上，与 transform 属性写在一起，示例代码如下。

```
.parent .sub{
    transform:perspective(800px) rotate(45deg);
}
```

在本项目的任务 9-5 中，将演示以指定子元素的方式实现卡片翻转动画。

perspective-origin 属性用于指定消失点的位置，在默认情况下，它的值为 center center，也可以使用 50% 50%来代替，其效果如图 9-7 所示。将透视线延长，所得的焦点就是消失点，它的位置位于水平方向和垂直方向的中心。

哦，原来是这样。如果我将 perspective-origin 属性值设置为 left top，那么将看到如图 9-8 的效果。

利用这个原理，图 9-9 给出了 perspective-origin 属性在不同取值情况下，物体的透视效果对比。需要注意的是，如果用户只给定一个值，则另一个值取默认值 center。

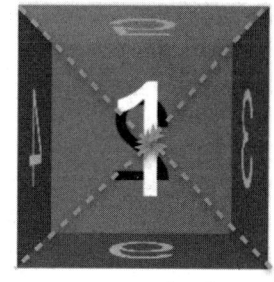

图 9-7 perspective-origin 属性
值为 center center 的效果

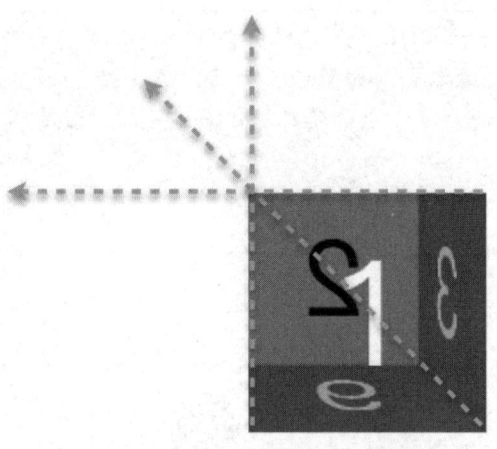

图 9-8　perspective-origin 属性值为 left top 的效果

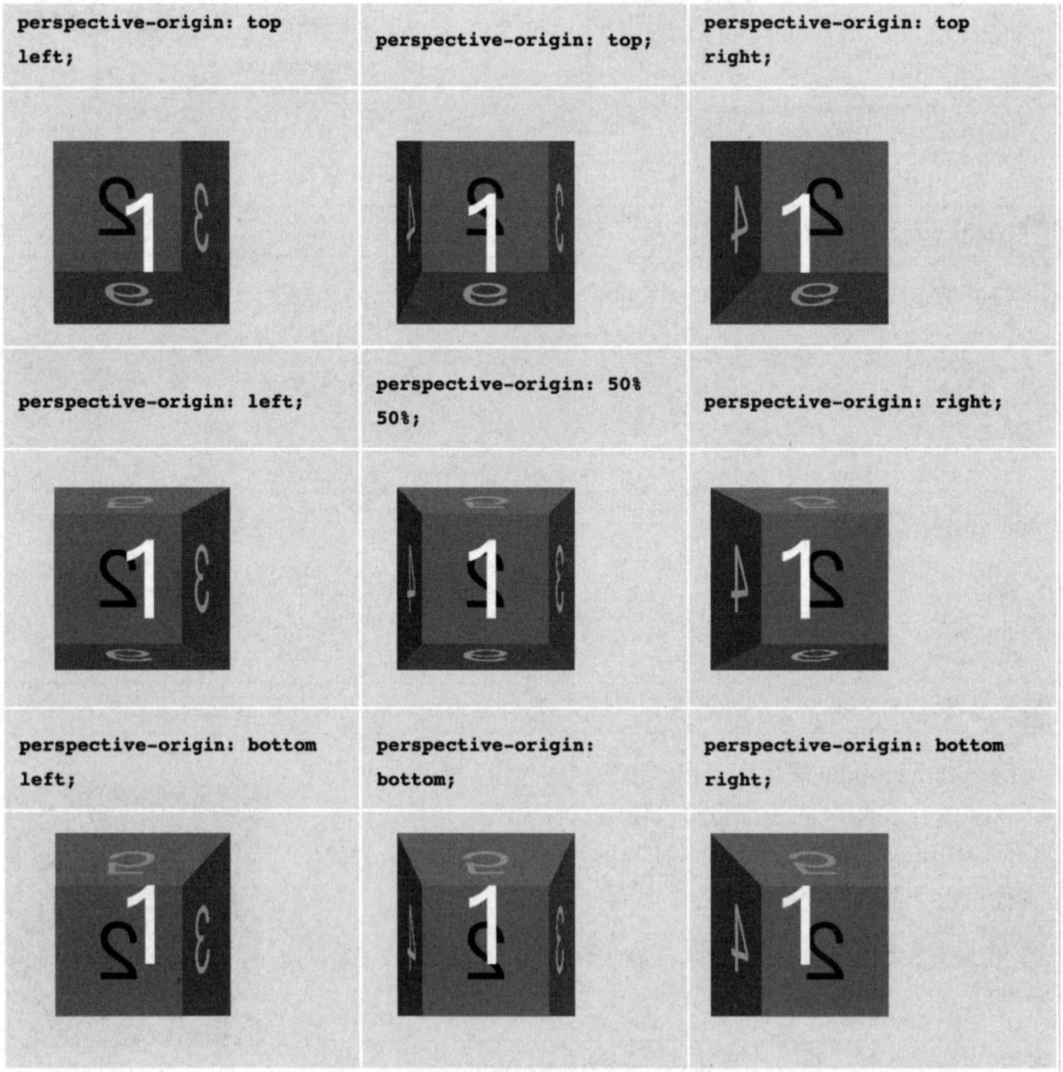

perspective-origin: top left;	perspective-origin: top;	perspective-origin: top right;
perspective-origin: left;	perspective-origin: 50% 50%;	perspective-origin: right;
perspective-origin: bottom left;	perspective-origin: bottom;	perspective-origin: bottom right;

图 9-9　perspective-origin 属性不同取值的透视效果对比

至于 backface-visibility 属性就比较简单了，它的作用是设置元素背面是否可见。图 9-10 给出了它不同取值的效果对比。

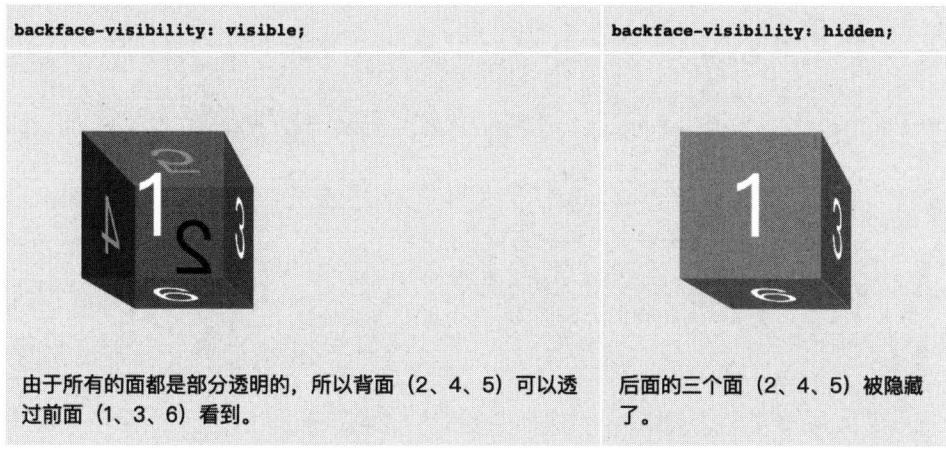

图 9-10　backface-visibility 属性不同取值的效果对比

任务 9-1　制作 3D 骰子

利用 3D 变换的相关知识，制作如图 9-11 所示的 3D 骰子效果，正方体尺寸为 100px×100px。

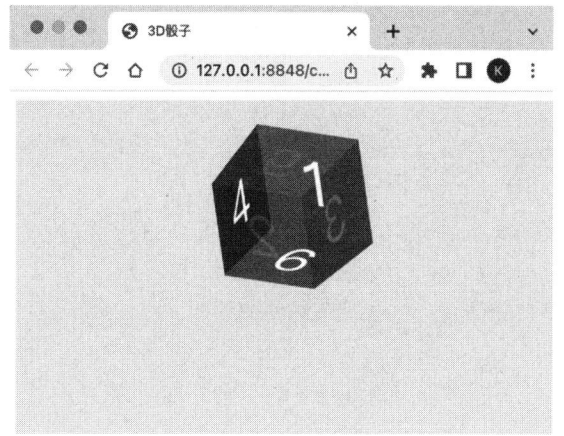

制作 3D 骰子

图 9-11　3D 骰子效果

本任务的实现代码 9-3 如下。

代码 9-3　3D 骰子

```
#001    <!DOCTYPE html>
#002    <html>
#003      <head>
#004        <meta charset="utf-8">
#005        <title>3D 骰子</title>
#006        <style>
#007          .outer{
#008            width: 400px;
```

```
#009                    height: 200px;
#010                    padding: 50px;
#011                    background-color: #FFE4C4;
#012                }
#013            #dice {
#014                width: 100px;
#015                height: 100px;
#016                margin: 0 auto;
#017                transform-style: preserve-3d;
#018                perspective: 800px;
#019                perspective-origin: bottom center;
#020                transform: rotate3d(1, 1, 0, 332deg);
#021            }
#022
#023            .face {
#024                display: flex;
#025                align-items: center;
#026                justify-content: center;
#027                width: 100%;
#028                height: 100%;
#029                position: absolute;
#030                backface-visibility: inherit;
#031                font-size: 60px;
#032                color: #fff;
#033            }
#034
#035            .front {
#036                background: rgba(90, 90, 90, 0.7);
#037                transform: translateZ(50px);
#038            }
#039
#040            .back {
#041                background: rgba(0, 210, 0, 0.7);
#042                transform: rotateY(180deg) translateZ(50px);
#043            }
#044
#045            .right {
#046                background: rgba(210, 0, 0, 0.7);
#047                transform: rotateY(90deg) translateZ(50px);
#048            }
#049
#050            .left {
#051                background: rgba(0, 0, 210, 0.7);
#052                transform: rotateY(-90deg) translateZ(50px);
```

```
#053                    }
#054
#055                .top {
#056                    background: rgba(210, 210, 0, 0.7);
#057                    transform: rotateX(90deg) translateZ(50px);
#058                }
#059
#060                .bottom {
#061                    background: rgba(210, 0, 210, 0.7);
#062                    transform: rotateX(-90deg) translateZ(50px);
#063                }
#064            </style>
#065        </head>
#066        <body>
#067            <div class="outer">
#068                <div id="dice">
#069                    <div class="face front">1</div>
#070                    <div class="face back">2</div>
#071                    <div class="face right">3</div>
#072                    <div class="face left">4</div>
#073                    <div class="face top">5</div>
#074                    <div class="face bottom">6</div>
#075                </div>
#076                <h3></h3>
#077            </div>
#078        </body>
#079    </html>
```

018～020 行代码针对 3D 骰子的父容器设置了 3D 透视相关样式,指定其透视距离为 800px,设置它的消失点为底部中间（bottom center）, 并使用 rotate3d()函数沿 x 轴、y 轴旋转 332 度。每个面均由.face 类样式定义,使用 Flex 布局将内容居中显示。针对正面（front）,使用 translateZ()函数向正方向平移 50px；背面（back）则向负方向平移 50px,为了前面朝外,需要沿 y 轴旋转 180 度；同样地,将左面（left）平移后,旋转–90 度；将右面（right）平移后,旋转 90 度。

9.4　过渡

👨‍🏫 掌握了变换和它的常用函数之后,就可以一起来学习并制作有趣的过渡效果了。

👧 老师,什么是过渡呢?

👨‍🏫 过渡（transition）样式规则能够让你定义元素在两种状态之间切换的过渡效果。举一个常用的例子：通过给同一个元素应用:hover 伪类和:active 伪类,并定义不同的样式,从而实现过渡效果。当然,在学了 JavaScript 之后,你也可以通过脚本来实现状态的切换。表 9-3 给出了常用的过渡样式属性。

过渡

表 9-3　常用的过渡样式属性

样式属性名	描述
transition-property	指定 CSS 属性的 name、transition 效果
transition-duration	指定 transition 效果需要多少秒或毫秒才能完成
transition-timing-function	指定 transition 效果的转速曲线
transition-delay	定义 transition 效果开始的时间

　　除了可以使用表 9-3 中的过渡样式属性来单独定义样式，还可以使用 transition 综合样式属性来统一定义样式，它的语法如下。

```
transition: property duration timing-function delay;
```

任务 9-2　制作简单过渡效果

> 📖 创建一个 div 元素，并设置其宽度为 100px。当鼠标指针悬停时，设置其宽度为 300px。请实现一个 2s 的宽度过渡效果（使用默认动画函数），默认状态和鼠标指针悬停时的状态可分别参考图 9-12、图 9-13。

制作简单过渡
效果

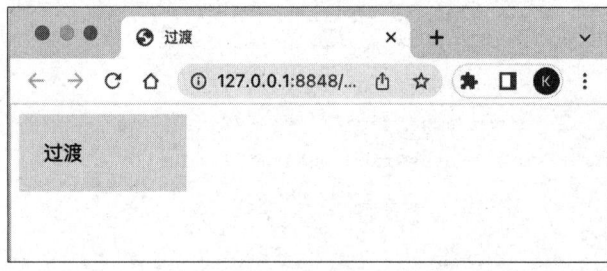

图 9-12　默认状态（1）

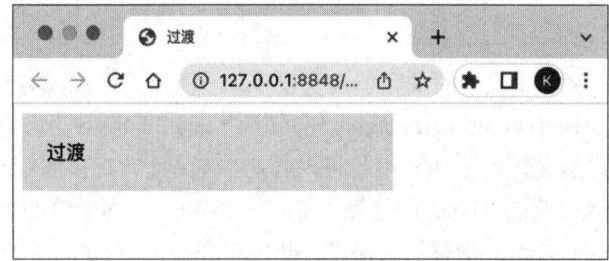

图 9-13　鼠标指针悬停时的状态

　　相关代码 9-4 如下。

代码 9-4　过渡

```
#001    <!DOCTYPE html>
#002    <html>
#003        <head>
#004            <meta charset="utf-8">
#005            <title>过渡</title>
#006            <style>
#007                div
```

```
#008                {
#009                    background-color: #FFE4C4;
#010                width:100px;
#011                    padding:20px;
#012                    transition: width 2s;
#013                    -webkit-transition: width 2s; /* Safari */
#014                }
#015            div:hover {width:300px;}
#016        </style>
#017    </head>
#018    <body>
#019        <div>过渡</div>
#020    </body>
#021 </html>
```

013 行代码为了让 Safari 浏览器支持该过渡效果，使用了-webkit 前缀，这是兼容性写法。010 行代码将 div 元素的宽度设置为 100px，而在:hover 伪类处，将其宽度设置为 300px，从而让两个状态有明显的区别。最重要的是 012 行代码，使用 transition 综合样式属性指定宽度属性执行 2s 的过渡变化。

老师，如果我想改变默认的动画函数效果，同时改变它的背景颜色，那么该如何操作呢？

例如，我们要改变如图 9-14 所示的默认状态，即在长度变宽的同时将背景颜色改成红色，如图 9-15 所示。只需将状态属性设置好，并使用 transition 综合样式属性进行多状态设置，在状态之间使用逗号隔开。示例代码 9-5 如下。

图 9-14 默认状态（2）

图 9-15 长度变宽的同时改变背景颜色

代码9-5 背景过渡

```
#001  <!DOCTYPE html>
#002  <html>
#003      <head>
#004          <meta charset="utf-8">
#005          <title>过渡</title>
#006          <style>
#007              div
#008              {
#009                  background-color: #FFE4C4;
#010                  width:100px;
#011                  padding:20px;
#012                  transition: width ease-in-out 2s,background-color ease-in-out 2s;
#013                  -webkit-transition: width ease-in-out 2s,background-color
       ease-in-out 2s; /* Safari */
#014              }
#015              div:hover {
#016                  width:300px;
#017                  background-color: #f00;
#018              }
#019          </style>
#020      </head>
#021      <body>
#022          <div>过渡</div>
#023      </body>
#024  </html>
```

除了逐一指定要执行过渡效果的样式属性，如果有多个样式属性都要实现过渡变化，则可以使用 all 来代替所有这些属性。因此，代码9-5 中的 012～013 行可以简写成如下形式。

```
transition: all ease-in-out 2s;
-webkit-transition: all ease-in-out 2s; /* Safari */
```

技巧

使用 all 代替所有要实现过渡变化的样式属性是一种常用的技巧。

常见的编程错误

将 transition 错拼成 transform 是一种常见的编程错误。

老师，我看到 ease-in-out 函数动画有一个缓入缓出的效果。默认的动画函数是什么？类似这样的动画函数又有多少？

非常好的问题，下面我列出过渡中相关样式属性的初始值。

```
transition-delay: 0s
transition-duration: 0s
transition-property: all
transition-timing-function: ease
```

> 👤 至于动画函数，告诉你一个小技巧，可以使用浏览器开发者工具查看所有预设的动画函数效果，如图 9-16 所示，甚至还可以自定义动画函数哦。

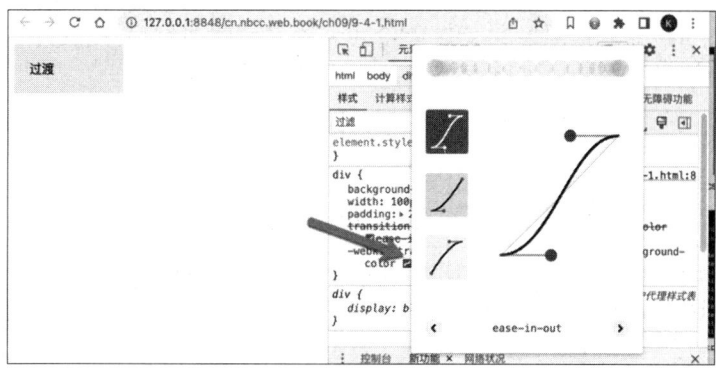

图 9-16　查看动画函数效果

9.5　动画

　　CSS3 中的一些样式属性除了可以用于过渡，还可以用于创建动画，以此取代许多网页中通过动画图像、Flash 动画和 JavaScript 实现的效果。其原理和过渡的原理非常类似，主要通过这些具备动画功能的属性实现从一个值变化到另一个值，如尺寸大小、数量、百分比和颜色变化等。

动画

> 👤 动画与过渡的最大区别是，动画支持自定义关键帧规则。这些关键帧规则通过 @keyframes 规则语法进行定义，通过在动画序列中定义关键帧（或 waypoints）的样式来控制 CSS 动画序列的中间步骤。和过渡相比，关键帧可以控制动画序列的中间步骤。因此，动画的可控性要比过渡的可控性高。

　　要使用关键帧，需要先创建一个带名称的@keyframes 规则，以便后续使用 animation-name 属性将动画同其关键帧声明匹配。每个@keyframes 规则都包含多个关键帧，也就是一段样式块语句；每个关键帧都将一个百分比作为关键帧选择器，需要改变的属性则通过"{}"进行相关样式定义。它的语法如下。

```
@keyframes animationname {keyframes-selector {css-styles;}}
```

示例代码如下。

```
@keyframes rotateDice {
    0% {
        transform: rotate3d(0, 1, 0, 0deg);
    }
    50%{
```

```
        transform: rotate3d(0, 1, 0, 180deg);
    }
100%{
        transform: rotate3d(0, 1, 0, 359deg);
    }
}
```

上述动画按照顺序列出关键帧百分比，在动画播放开始（0%）时，沿 *y* 轴旋转 0 度；在动画播放到中间（50%）时，沿 *y* 轴旋转 180 度；在动画播放结束（100%）时，沿 *y* 轴旋转 359 度。它们将按照其应该发生的顺序来处理。

 技巧

0%也可以使用预设值 from 来替代，100%也可以使用预设值 to 来替代。

定义好的@keyframes 规则无法独自运作，还需要使用 animation 样式属性指定如何执行该动画，其具体语法如下。

```
animation: name duration timing-function delay iteration-count direction
fill-mode ;
```

animation 为简写样式属性，它可以由相关样式构成。表 9-4 列出了常用的 animation 样式属性。

表 9-4　常用的 animation 样式属性

样式属性名	描述
animation	所有动画属性的简写样式属性
animation-name	规定动画的名称
animation-duration	规定动画完成一个周期所花费的时间，单位为秒或毫秒。默认值是 0
animation-timing-function	规定动画的速度曲线。默认值是 ease
animation-fill-mode	规定当不播放动画时（当动画完成播放时，或者当动画有延迟未开始播放时），要应用的元素样式
animation-delay	规定动画何时开始播放。默认值是 0
animation-iteration-count	规定动画的播放次数。默认值是 1
animation-direction	规定动画是否在下一个周期逆向播放。默认值是 normal
animation-play-state	规定动画是否正在播放或暂停。默认值是 running

需要注意的是，这里 animation-name 样式属性所规定的动画名称必须和前面定义的@keyframes 动画名称保持一致。animation-duration、animation-timing-function、animation-delay 样式属性的用法和过渡样式属性的用法非常类似。下面我们通过任务示例来展现它们的基本使用方法。

任务 9-3　制作旋转骰子

制作旋转骰子

在任务 9-1 的基础上，创建自定义动画，将其命名为 rotateDice，利用@keyframes 规则制作一个骰子沿 *y* 轴旋转的动画，并以 2s 为一个周期循环播放该动画，效果如图 9-17 所示。

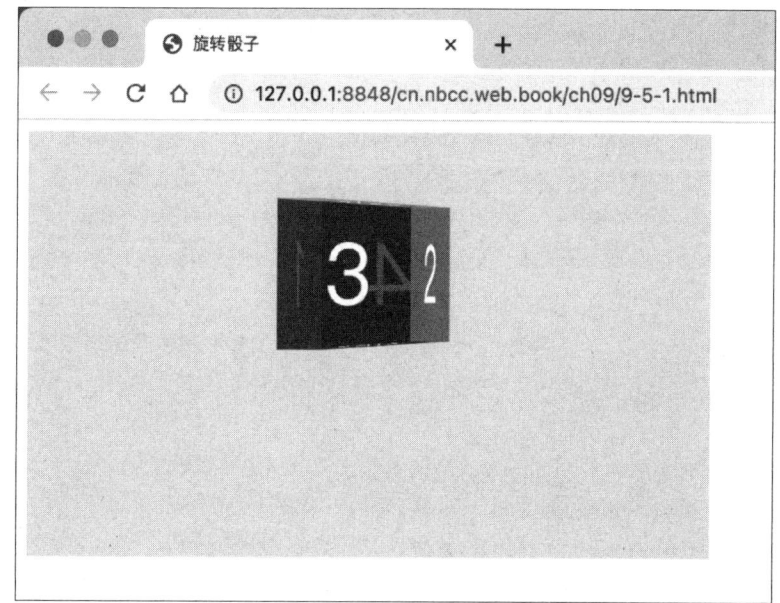

图 9-17　骰子沿 y 轴旋转的动画效果

这个任务非常有趣，我可以试一试，下面是我的实现代码（见代码 9-6）。

代码 9-6　旋转骰子

```
#001    <!DOCTYPE html>
#002    <html>
#003        <head>
#004            <meta charset="utf-8">
#005            <title>旋转骰子</title>
#006            <style>
#007                .outer{
#008                    width: 400px;
#009                    height: 200px;
#010                    padding: 50px;
#011                    background-color: #FFE4C4;
#012                }
#013                @keyframes rotateDice {
#014                    0% {
#015                        transform: rotate3d(0, 1, 0, 0deg);
#016                    }
#017                    50%{
#018                        transform: rotate3d(0, 1, 0, 180deg);
#019                    }
#020                    100%{
#021                        transform: rotate3d(0, 1, 0, 359deg);
#022                    }
#023                }
#024                #dice {
```

```
#025            width: 100px;
#026            height: 100px;
#027            margin: 0 auto;
#028            transform-style: preserve-3d;
#029            perspective: 800px;
#030            perspective-origin: center center;
#031            animation: rotateDice 2s  linear infinite;
#032        }
#033
#034        .face {
#035            display: flex;
#036            align-items: center;
#037            justify-content: center;
#038            width: 100%;
#039            height: 100%;
#040            position: absolute;
#041            backface-visibility: inherit;
#042            font-size: 60px;
#043            color: #fff;
#044        }
#045
#046        .front {
#047            background: rgba(90, 90, 90, 0.7);
#048            transform: translateZ(50px);
#049        }
#050
#051        .back {
#052            background: rgba(0, 210, 0, 0.7);
#053            transform: rotateY(180deg) translateZ(50px);
#054        }
#055
#056        .right {
#057            background: rgba(210, 0, 0, 0.7);
#058            transform: rotateY(90deg) translateZ(50px);
#059        }
#060
#061        .left {
#062            background: rgba(0, 0, 210, 0.7);
#063            transform: rotateY(-90deg) translateZ(50px);
#064        }
#065
#066        .top {
#067            background: rgba(210, 210, 0, 0.7);
#068            transform: rotateX(90deg) translateZ(50px);
```

```
#069                    }
#070
#071             .bottom {
#072               background: rgba(210, 0, 210, 0.7);
#073               transform: rotateX(-90deg) translateZ(50px);
#074             }
#075         </style>
#076     </head>
#077     <body>
#078         <div class="outer">
#079             <div id="dice">
#080                 <div class="face front">1</div>
#081                 <div class="face back">2</div>
#082                 <div class="face right">3</div>
#083                 <div class="face left">4</div>
#084                 <div class="face top">5</div>
#085                 <div class="face bottom">6</div>
#086             </div>
#087             <h3></h3>
#088         </div>
#089     </body>
#090 </html>
```

> 013 ~ 023 行代码定义了骰子沿 y 轴旋转的动画，将整个动画命名为 rotateDice，它由 3 部分构成：0%对应传统动画制作中的起始帧，100%对应结束帧，50%对应中间帧。031 行代码使用 animation 简写样式属性来启用该动画，按要求设置了周期为 2s 的无限循环。

> 你做得非常好，为了展现动画中更多的样式属性和应用技巧，下面老师给大家整理了几个实用的综合案例。让我们一起来学习吧！

9.6　综合案例

任务 9-4　制作呼吸灯动画

> 使用 CSS3 动画的相关知识制作一个呼吸灯动画。它由交替的圆圈 1、圆圈 2 构成，圆圈的尺寸为 50px×50px，颜色为 rgb(250,0,0,0.5)。请使用 CSS3 动画规则，实现如图 9-18 所示的动画效果。

制作呼吸灯动画

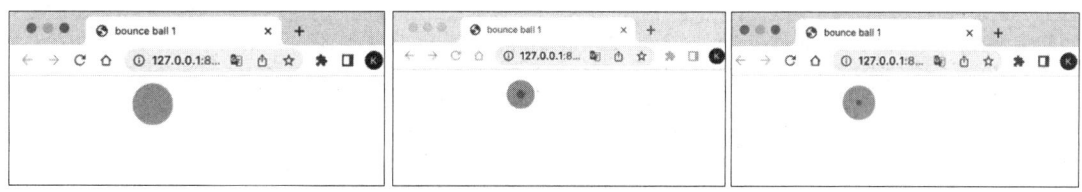

图 9-18　呼吸灯动画效果

通常，在制作动画时，可以先从动画的构造开始分析。这个过程就需要建立关于时间的动画影像，圆圈 1 关于时间的动画影像如图 9-19 所示。

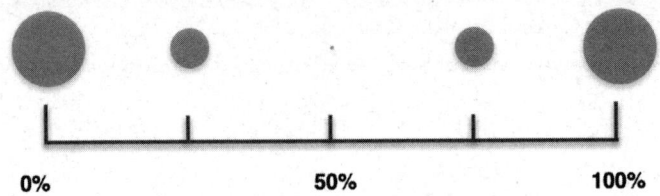

0%　　　　　50%　　　　　100%

图 9-19　圆圈 1 关于时间的动画影像

以此为依据，可以构建圆圈 1 的动画规则，具体如下。

```
@keyframes bounce1{
    0%,100%{
        transform: scale(1.0);
    }
    50%{
        transform: scale(0);
    }
}
```

类似地，还可以建立圆圈 2 关于时间的动画影像，如图 9-20 所示。

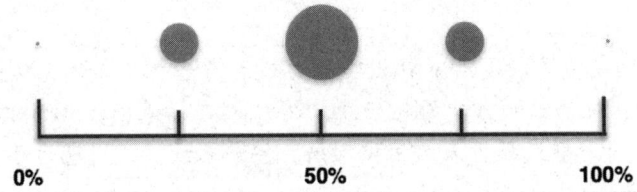

0%　　　　　50%　　　　　100%

图 9-20　圆圈 2 关于时间的动画影像

以此为依据，可以构建圆圈 2 的动画规则，具体如下。

```
@keyframes bounce2{
    0%,100%{
        transform: scale(0.0);
    }
    50%{
        transform: scale(1.0);
    }
}
```

我明白了，剩下的工作交给我吧，以下是我的实现代码（见代码 9-7）。

代码 9-7　呼吸灯动画

```
#001  <!DOCTYPE html>
#002  <html lang="en">
#003  <head>
```

```
#004        <meta charset="UTF-8">
#005        <title>bounce ball 1</title>
#006        <style>
#007            .ball{
#008                width: 50px;
#009                height: 50px;
#010                border-radius: 50%;
#011                position: absolute;
#012                top: 0;
#013                left: 0;
#014                background-color: rgba(250,0,0,0.5);
#015
#016            }
#017            @keyframes bounce1{
#018                0%,100%{
#019                    transform: scale(1.0);
#020                }
#021                50%{
#022                    transform: scale(0);
#023                }
#024            }
#025            @keyframes bounce2{
#026                0%,100%{
#027                    transform: scale(0.0);
#028                    -webkit-transform:scale(0.0);
#029                }
#030                50%{
#031                    transform:scale(1.0);
#032                }
#033            }
#034
#035            .ball1{
#036                -webkit-animation: bounce1 2s ease-in-out infinite ;
#037                -o-animation: bounce1 2s ease-in-out infinite ;
#038                animation: bounce1 2s ease-in-out infinite ;
#039            }
#040
#041            .ball2{
#042                -webkit-animation: bounce2 2s ease-in-out infinite ;
#043                -o-animation: bounce2 2s ease-in-out infinite ;
#044                animation: bounce2 2s ease-in-out infinite ;
#045            }
#046            .outer{
```

```
#047                    width: 200px;
#048                    margin:0 auto ;
#049                    position: relative;
#050             }
#051         </style>
#052     </head>
#053     <body>
#054         <div class="outer">
#055             <div class="ball ball1"></div>
#056             <div class="ball ball2"></div>
#057         </div>
#058     </body>
#059     </html>
```

做得非常好，但是有没有更好的做法呢？找找看 bounce1 动画和 bounce2 动画有什么关系？

延长 bounce1 动画的时间线，当我将 bounce1 动画和 bounce2 动画的时间线放在一起时，发现它们有一个时间差，而它们的运动规律是一样的，如图 9-21 所示。

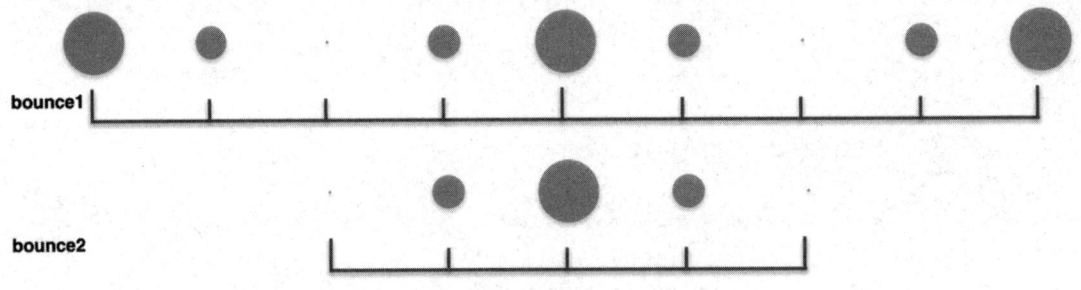

图 9-21　bounce1 动画和 bounce2 动画的关系

哦，我知道了，我可以只定义一个动画，并使用 animation-delay 样式属性让它延迟执行。这绝对是一个好思路，以下是我的实现代码（见代码 9-8）。

代码 9-8　呼吸灯动画代码优化

```
#001     <!DOCTYPE html>
#002     <html lang="en">
#003     <head>
#004         <meta charset="UTF-8">
#005         <title>bounce ball 2</title>
#006         <style>
#007             .ball{
#008                 width: 50px;
#009                 height: 50px;
#010                 border-radius: 50%;
#011                 position: absolute;
#012                 top: 0;
```

```
#013                left: 0;
#014                background-color: rgba(250,0,0,0.5);
#015                -webkit-animation: bounce 2s ease-in-out infinite ;
#016                -o-animation: bounce 2s ease-in-out infinite ;
#017                animation: bounce 2s ease-in-out infinite ;
#018            }
#019        @keyframes bounce{
#020            0%,100%{
#021                transform: scale(1.0);
#022            }
#023            50%{
#024                transform: scale(0);
#025            }
#026        }
#027
#028
#029        .ball2{
#030            animation-delay: 1s;
#031        }
#032        .outer{
#033            width: 200px;
#034            margin:0 auto ;
#035            position: relative;
#036        }
#037    </style>
#038 </head>
#039 <body>
#040    <div class="outer">
#041        <div class="ball ball1"></div>
#042        <div class="ball ball2"></div>
#043    </div>
#044 </body>
#045 </html>
```

它确实运行了，效果和前面的一样。019~026 行代码统一定义了 bounce 动画。为了区别于圆圈 2，030 行代码将其延迟 1s（整个动画执行时长为 1s）。这样大大减少了代码的重复，优化了整体设计。

非常棒，这就是工匠精神的体现。在工作中我们需要不断思考如何优化产品，这也是互联网迭代思维的体现。

良好的编程习惯

　　不断思考如何优化产品，是互联网迭代思维的体现，也是工匠精神的体现。

任务 9-5　制作卡片翻转动画

制作卡片翻转动画

📝使用 CSS3 动画的相关知识，制作一个卡片翻转动画。它由一个正方形卡片构成，尺寸为 60px×60px，颜色为#67cf22。请使用 CSS3 动画规则，实现如图 9-22 所示的卡片翻转动画效果。

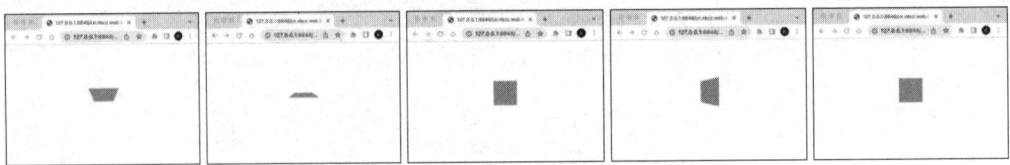

图 9-22　卡片翻转动画效果

👨注意：这个动画效果首先沿 x 轴翻转，然后沿 y 轴翻转，是一个具有透视效果的 3D 动画。

🎥 这就需要用到 3D 变换的相关样式属性了，我来试一试吧。以下是我的实现代码（见代码 9-9）。

代码 9-9　卡片翻转动画

```
#001  <!DOCTYPE html>
#002  <html>
#003      <head>
#004          <meta charset="utf-8">
#005          <title></title>
#006          <style>
#007              @keyframes animPlane {
#008                  0%{
#009                      transform: perspective(120px) rotateX(0deg) rotateY(0);
#010                  }
#011                  50%{
#012                      transform: perspective(120px) rotateX(-180deg) rotateY(0);
#013                  }
#014                  100%{
#015                      transform: perspective(120px) rotateX(-180deg) rotateY(-180deg);
#016                  }
#017              }
#018              .spinner{
#019                  width: 60px;
#020                  height: 60px;
#021                  background-color: #67cf22;
#022                  margin:100px auto;
#023                  transform-style: preserve-3d;
#024                  animation: animPlane 1.0s infinite ease-in-out;
#025              }
#026          </style>
```

```
#027            </head>
#028            <body>
#029                <div class="wrap">
#030                    <div class="spinner"></div>
#031                </div>
#032            </body>
#033        </html>
```

> 需要注意的是，只有在 008～016 行代码中加上 transform 属性的 perspective() 函数才能在补间动画时产生 3D 透视效果。

9.7 小结

动画在前端页面中，尤其是在呈现特效和游戏开发中具有广泛的应用。同时，它也是页面用于吸引人注意的重要方式。通过本项目的学习，我们可以深入了解 CSS3 的变换、过渡属性，以及常用的变换函数。通过示例和综合案例的学习与制作，我们可以具备一定的动画分析、制作和优化能力。

9.8 作业

一、选择题

1. CSS3 中的 @keyframes 规则是用于（　　）的。

A．定义动画名称　　　　　　　　　B．定义动画关键帧

C．定义动画函数　　　　　　　　　D．定义动画播放的时长

2. 在 CSS3 中，animation-fill-mode 属性用于设置（　　）。

A．动画播放的时长　　　　　　　　B．动画运动的函数

C．动画结束后元素的样式　　　　　D．动画的延迟

3. 在 CSS3 中，（　　）不是用来控制动画的速度曲线函数。

A．ease　　　　　　B．linear　　　　　C．linear-gradient　　D．ease-in-out

4. 关于 CSS3 中的 transition 属性，说法正确的是（　　）。

A．可以应用于所有 CSS3 属性　　　　B．只能应用于盒子模型的相关属性

C．可以应用于所有关于动画的 CSS 属性　D．以上均不对

5. 关于 CSS3 中的 animation 属性，说法不正确的是（　　）。

A．它是一个简写样式属性，可以定义动画的相关样式

B．它可以定义动画规则

C．它可以指定动画播放的时长

D．它可以指定动画播放的循环次数

二、简述题

1. 在判断 3D 旋转时，有左手法则和右手法则。以右手法则为例，伸出右手，大拇指指向旋转轴的正方向，其余四指的环绕方向恰好对应旋转的正方向，符合这样的旋转规则就被称

为右手法则，如图 9-23 所示。

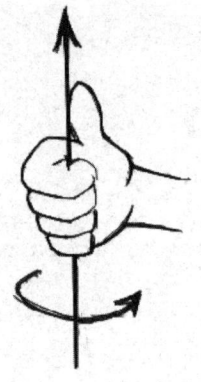

图 9-23　右手法则

请结合本项目的示例，验证并说明 CSS3 的 3D 空间旋转符合左手法则还是右手法则？

2. 任务 9-5 使用指定子元素的方式实现了卡片翻转动画。请根据 3D 变换的知识，将其实现代码修改成使用指定父元素的方式。比较它们在写法上的区别，分析使用哪种方式更加简洁？

三、项目讨论

讨论主题

迭代思维作为互联网的重要思想之一，在工程实践中具有非常重要的作用。它是产品思维的过程化体现，请结合你的开发实践示例说明你的迭代过程，并描述你的体会和感悟！

思政课堂

　　基于 Web 的网络多媒体为红色文化的传承和发扬提供了全新的平台。通过互联网，人们可以随时随地访问各种红色文化资源，如图片、视频、音频等，从而能更加深入地了解红色历史。此外，网络多媒体通过其互动性、社交性等特点，让红色文化更加贴近群众，增强群众对红色文化的认同感和归属感。同时，网络多媒体也为红色文化的传播提供了更加广阔的渠道，让红色文化在全球范围内得到更广泛的传播和推广。因此，基于 Web 的网络多媒体在红色文化传承和发扬中发挥着越来越重要的作用。

学习目标

- 掌握<object>标签的语法及使用方法
- 掌握<embed>标签的语法及使用方法
- 掌握<video>标签的语法及使用方法
- 掌握<audio>标签的语法及使用方法

技能目标

- 能使用<object>标签实现在页面中嵌入 PDF 文档
- 能使用<video>标签实现在页面中播放视频
- 能使用<audio>标签实现在页面中播放音频

素养目标

- 培养民族自信、文化自信，弘扬社会主义文化价值
- 讲好中国故事，传播好中国声音

10.1　常见的多媒体标签

　　随着 Web 技术的不断发展，网页制作从嵌入文字、链接、一些简单的图片逐渐向嵌入视频、音频、PDF、Canvas 动画等多媒体对象发展。为了满足这些不同多媒体对象的嵌入需求，

HTML 提供了<object>、<embed>、<video>和<audio>等标签。但这些标签在使用时存在兼容性问题，需要额外注意。

10.1.1 <object>标签

<object>标签（也被称作 HTML 嵌入对象元素）表示一个外部资源，可以将其视为图像、嵌套的浏览上下文或插件要处理的资源，主要包括音频、视频、Java Applets 小程序、ActiveX 控件、PDF、Flash 等。设置<object>标签的初衷是取代<img>标签和<applet>标签，但由于漏洞及缺乏浏览器的支持，因此这一初衷并未实现。

<object>标签可用于 Windows IE 3.0 及以上版本的 IE 浏览器或其他支持 ActiveX 控件的浏览器。但是，主流浏览器都使用不同的代码来加载相同的对象类型。幸好针对不同的浏览器，<object>标签可以通过设置不同的语法来解决兼容性问题。

1. 针对 IE 6~9 等低版本的 IE 浏览器的语法

```
<object classid="clsid" codebase="url" width="w-value" height="h-value">
    <param name="movie" value="file_name">
    <param name="quality" value="high">
    <param name="wmode" value="opaque">
    …
</object>
```

上述语法只对 IE 9 及以下低版本的 IE 浏览器有效，对 IE 10/11 浏览器和非 IE 浏览器是无效的。针对这些浏览器，需要在<object>标签中再嵌入一个<object>标签。通常的做法是如果未显示<object>标签，则会执行位于<object>和</object>标签之间的代码。通过这种方式，能够嵌套多个<object>标签（每个<object>标签对应一个浏览器），从而实现对浏览器的兼容。

2. 针对 IE 10/11 浏览器和非 IE 浏览器的语法

```
<object classid="clsid" codebase="url" width="w_value" height="h_value">
    <param name="movie" value="file_name">
    …
    <!--[if !IE]>
        <object type="media_type" data="media_fileName" width="w_value"
height="h_value">
    <![endif]-->
    <param name="quality" value="high">
    <param name="wmode" value="opaque">
    <!--[if !IE]>
        </object>
    <![endif]-->
</object>
```

上述语法在非 IE 浏览器中执行时，将会执行条件注释[if !IE]内部的语句，从而实现对非 IE 浏览器的兼容。

常见的编程错误

　　　　Firefox 浏览器不支持<object>标签，上述语法应用在 Firefox 浏览器中是常见的编程错误。

<object>标签属性如表 10-1 所示。

表 10-1　<object>标签属性

属性名	属性值	描述
align	top bottom middle left right	HTML5 不支持。根据周围元素指定<object>标签的对齐方式
archive	URL	HTML5 不支持。以空格分隔的归档 URL 列表。存档包含与对象相关的资源
border	pixels	HTML5 不支持。指定<object>标签周围边框的宽度
classid	class_ID	HTML5 不支持。在 Windows 注册表或 URL 中定义类 ID 值
codebase	URL	HTML5 不支持。定义在何处查找对象的代码
codetype	media_type	HTML5 不支持。classid 属性引用的代码的媒体类型
data	URL	指定对象要使用的资源的 URL
declare	declare	HTML5 不支持。定义只能声明对象，而不能在需要之前创建或实例化对象
form5	form_id	指定对象所属的一个或多个表单
height	pixels	指定对象的高度
hspace	pixels	HTML5 不支持。指定对象左侧和右侧的空白
name	name	指定对象的名称
standby	text	HTML5 不支持。定义在加载对象时要显示的文本
type	media_type	定义 data 属性中指定的数据的媒体类型
usemap	#mapname	指定与对象一起使用的客户端图像映射的名称
vspace	pixels	HTML5 不支持。指定对象顶部和底部的空白
width	pixels	指定对象的宽度

　　Flash 作为嵌入网页的动画和多媒体应用，在网页发展历史中曾辉煌一时。但由于其对浏览器搜索引擎不友好，无法实现搜索引擎优化，加上它存在安全隐患，因此自 2021 年起，Adobe 已停止为 Flash 提供支持。在随后任何版本的 Google Chrome 浏览器中，Flash 内容（包括音频和视频）都无法再正常显示。目前，尚有部分浏览器支持 Flash，如 360 浏览器和 QQ 浏览器，但并不保证以后还支持。

10.1.2　<embed>标签

　　<embed>标签和<object>标签一样，用户可以使用它在网页中嵌入 Flash 动画、音频和视频等多媒体内容。不同之处在于，<embed>标签用于 Netscape Navigator 2.0 及其以后版本的浏览器或其他支持 Netscape 插件的浏览器，包括 IE 浏览器和 Google Chrome 浏览器，而 Firefox 浏览器目前尚不支持，其语法如下。

```
<embed src="file_url"></embed>
```

　　src 属性用于指定嵌入对象的文件路径。嵌入对象的格式可以是 MP3、MP4、SWF 等。除此之外，还可以设置所嵌入对象的其他属性。\<embed\>标签的常用属性如表 10-2 所示。

表 10-2　\<embed\>标签的常用属性

属性名	描述
src	指定嵌入对象的文件路径
width	以像素为单位定义嵌入对象的宽度
height	以像素为单位定义嵌入对象的高度
loop	指定嵌入对象是否循环播放
hidden	设置多媒体软件的可视性，默认值为 false
type	定义嵌入对象的 MIME 类型

任务 10-1　嵌入 PDF

嵌入 PDF

📝根据\<object\>标签和\<embed\>标签的语法，将本书所附的教学项目源文件中的 assets/zhang.pdf 显示在页面中，嵌入 PDF 的页面效果如图 10-1 所示。

图 10-1　嵌入 PDF 的页面效果

本任务的实现代码 10-1 如下。

代码 10-1　嵌入 PDF

```
#001  <!DOCTYPE html>
#002  <html>
#003      <head>
#004          <meta charset="utf-8">
#005          <title>红色印记-张人亚党章学堂</title>
#006          <style>
```

```
#007                    .outer{
#008                        margin:0 auto;
#009                        background-color: #CCC;
#010                        width: 800px;
#011                        text-align: center;
#012                    }
#013            </style>
#014        </head>
#015        <body>
#016            <div class="outer">
#017                <embed src="assets/zhang.pdf" width="95%" height="600"></embed>
#018            </div>
#019        </body>
#020    </html>
```

需要注意的是，大多数现代浏览器已经弃用并取消了对浏览器插件的支持，所以如果希望制作的网站可以在普通用户的浏览器中运行，则建议尽量不使用<embed>标签。

10.1.3　<video>标签

老师，你说基于<object>标签和<embed>标签嵌入多媒体对象，不仅存在浏览器兼容性问题，还无法得到浏览器的有效支持，甚者Flash已经不再被现在的浏览器支持。那在HTML5中，如何嵌入视频和音频呢？

在HTML5中，会通过专用的<video>标签和<audio>标签来分别实现视频、音频的嵌入，从而取代<object>标签和<embed>标签。它们是HTML5新增的标签，IE 9及其以上版本的IE浏览器，以及Firefox、Opera、Google Chrome、Safari等主流浏览器都支持这些标签。下面我们先来看一下<video>标签的语法。

```
<video src="file_url"></video>
```

在<video>标签中，必须设置引用的视频存放地址，可以是相对路径，也可以是网络路径。除了可以使用src属性，还可以对嵌入对象设置其他相关属性。<video>标签的常用属性如表10-3所示。

表10-3　<video>标签的常用属性

属性名	属性值	描述
autoplay	autoplay	如果出现该属性，则视频在就绪后马上播放
controls	controls	如果出现该属性，则向用户显示控件，如播放按钮
height	pixels	设置视频播放器的高度
loop	loop	如果出现该属性，则当多媒体文件完成播放后再次开始播放
preload	preload	如果出现该属性，则视频在页面加载时进行加载，并预备播放。如果使用autoplay属性，则忽略该属性
src	url	设置要播放的视频的URL
width	pixels	设置视频播放器的宽度

续表

属性	值	描述
muted	muted	如果出现该属性，则视频的音频输出为静音
poster	URL	规定视频正在下载时显示的图像，直到用户单击播放按钮
type	MIME	定义嵌入对象的 MIME 类型

此外，<video>标签支持的多媒体文件格式为 MP4、WebM、OGG，如表 10-4 所示。

表 10-4　<video>标签支持的多媒体文件格式

格式	MIME-type	扩展名	描述
Mpeg-4	video/mp4	.mp4	MP4 文件使用 H264 视频编解码器和 AAC 音频编解码器
WebM	video/webm	.webm	WebM 文件使用 VP8 视频编解码器和 Vorbis 音频编解码器
OGG	video/ogg	.ogg	OGG 文件使用 Theora 视频编解码器和 Vorbis 音频编解码器

任务 10-2　嵌入视频

根据<video>标签的语法，将本书所附的教学项目源文件的 intro.mp4 显示在页面中，嵌入视频的页面效果如图 10-2 所示。

嵌入视频

图 10-2　嵌入视频的页面效果

本任务的实现代码 10-2 如下。

代码 10-2　嵌入视频

```
#001    <!DOCTYPE html>
#002    <html>
```

```
#003        <head>
#004            <meta charset="utf-8">
#005            <title>课程宣传片-视频播放</title>
#006        </head>
#007        <body>
#008            <video src="./assets/intro.mp4" controls loop width="80%"></video>
#009        </body>
#010    </html>
```

10.1.4 \<audio\>标签

\<audio\>标签用于在页面中嵌入音频。嵌入的音频格式包括 MP3、WAV、OGG、WebM 等，其语法如下。

```
<audio src="file_url" control></audio>
```

\<audio\>标签中至少要包含 src 属性，它指定了音频文件的路径。除了该属性，还可以通过设置表 10-3 中的一些属性来获得所嵌入对象的不同表现效果。\<audio\>标签和\<video\>标签的绝大多数属性相同，只是\<audio\>标签中不包含 poster 属性，其余属性用法相同，在此不再赘述。

嵌入音频

任务 10-3 嵌入音频

📝根据\<audio\>标签的语法，将本书所附的教学项目源文件的 intro.mp3 显示在页面中，嵌入音频的页面效果如图 10-3 所示。

图 10-3 嵌入音频的页面效果

本任务的实现代码 10-3 如下。

代码 10-3 嵌入音频

```
#001    <!DOCTYPE html>
#002    <html>
#003        <head>
#004            <meta charset="utf-8">
#005            <title>课程宣传音频</title>
#006            <style>
```

```
#007            .outer{
#008                margin:0 auto;
#009                background-color: #FFE4C4;
#010                width: 800px;
#011                text-align: center;
#012            }
#013            h2{
#014                color:red;
#015                text-shadow:3px 4px #c3610863;
#016            }
#017        </style>
#018    </head>
#019    <body>
#020        <div class="outer">
#021            <h2>课程宣传音频</h2>
#022          <audio controls="controls" autoplay="autoplay" loop="loop" >
#023            <source src="./assets/intro.mp3" type="audio/mpeg">
#024               <source src="./assets/intro.ogg" type="audio/ogg">
#025            您的浏览器不支持 audio 元素。
#026            </audio>
#027        </div>
#028    </body>
#029 </html>
```

022～026 行代码使用<audio>标签将源文件中的指定音频文件嵌入页面。这里采用了一种与任务 10-2 不同的实现方法，即使用<source>标签而不是标签属性来定义音频文件。

任务 10-2 的实现方法不是更简单吗？

023～024 行代码使用了两种不同的音频格式（MP3 和 OGG），尽可能地确保用户浏览器能正常播放所支持的文件格式的音频，从而实现更加友好的兼容。同时，在不支持<audio>标签的浏览器中，还使用了显式文字“您的浏览器不支持 audio 元素”。不仅便于代码的调试和验证，还极大地提升了用户体验，是一种更加推荐的做法。

良好的编程习惯

使用兼容性写法，尽可能满足不同浏览器的需求，是良好的编程习惯的体现。

10.2 小结

通过本项目的学习，我们深入了解了网页中多媒体对象嵌入的传统做法及发展历史，并了解了基于 HTML5 的新增<video>标签和<audio>标签及其用法。通过项目化的任务，我们掌握了在页面中嵌入 PDF、视频、音频的常用实现方法。

10.3 作业

一、选择题

1. 以下不是视频格式的是（　　）。

A. MP4 　　　　　　　B. MP3 　　　　　　C. OGG 　　　　　　D. WebM

2. 以下不是音频格式的是（　　）。

A. MP3 　　　　　　　B. MOV 　　　　　　C. OGG 　　　　　　D. WAV

3. 要嵌入 PDF 应该使用（　　）标签。

A. embed 　　　　　　B. video 　　　　　　C. audio 　　　　　　D. 以上均不是

4. 在播放视频时，要想实现静音效果应使用（　　）属性。

A. poster 　　　　　　B. preload 　　　　　C. loop 　　　　　　D. muted

5. 使用（　　）属性可以让视频循环播放。

A. poster 　　　　　　B. preload 　　　　　C. loop 　　　　　　D. muted

二、操作题

1. 以"中国传统美德"为题，讲述一个经典故事，并将其录制成音频，命名为 ctmd.mp3。将该音频置于项目资源文件夹 assets 中，其完整路径为 assets/ctmd.mp3。通过代码实现音频的自动播放。

2. 为向世人展现物产丰富、风景迷人的新疆，请以"大美新疆"为题，将搜集、选取的相应素材制作成视频，并设计一个宣传页面。要求：嵌入视频、图片和文字。

三、项目讨论

讨论主题

本项目介绍了 Web 中视频和音频的处理方式，请结合实际网页或手机应用：①找 1~2 个包含视频、音频的页面，并探讨实现方法；②谈一谈在通过网络宣传中国文化时，需要注意的问题。

拓展学习

某工业互联网 MES 管理平台

反侵权盗版声明

电子工业出版社依法对本作品享有专有出版权。任何未经权利人书面许可，复制、销售或通过信息网络传播本作品的行为；歪曲、篡改、剽窃本作品的行为，均违反《中华人民共和国著作权法》，其行为人应承担相应的民事责任和行政责任，构成犯罪的，将被依法追究刑事责任。

为了维护市场秩序，保护权利人的合法权益，我社将依法查处和打击侵权盗版的单位和个人。欢迎社会各界人士积极举报侵权盗版行为，本社将奖励举报有功人员，并保证举报人的信息不被泄露。

举报电话：（010）88254396；（010）88258888

传　　真：（010）88254397

E-mail:　dbqq@phei.com.cn

通信地址：北京市万寿路 173 信箱

　　　　　电子工业出版社总编办公室

邮　　编：100036